民防空政策における国民保護

——防空から防災へ——

大井昌靖　著

錦正社

目次

第二部　空襲への準備

第四章 「消防・防火」……177

第四部　空襲後の処置

第二章 空襲に際する防疫対策（「防毒」「防疫」「応急復旧」「給水」「清掃」）……242

民防空政策における国民保護

——防空から防災へ——

第一部　研究の進め方

第一章　問題の所在

二〇〇三年に「武力攻撃事態等における我が国の平和と独立並びに国及び国民の安全の確保に関する法律（平成十五〈二〇〇三〉年六月十三日法律第七十九号）」（以下、事態対処法）が成立した。[1] そして、この法律の示す枠組みに基づき整備する個別の事態法として、「武力攻撃事態等における国民の保護のための措置に関する法律（平成十六〈二〇〇四〉年六月十八日法律第百十二号）」（以下、国民保護法）が二〇〇四年に成立した。[2] この国民保護法に基づき、各自治体では国民保護計画が作成され、訓練が実施されている。

日本における国民保護の施策は、国民保護法の成立により、初めて実施されたような印象がある。しかし、第二次世界大戦以前の日本では、敵航空機からの空襲に備えて「民防空」という政策がとられていた。これは、太平洋戦争開戦四年前の一九三七年、本土空襲に備えて成立した「防空法」（昭和十二〈一九三七〉年四月五日法律第四十七号、昭和十六〈一九四一〉年及び昭和十八〈一九四三〉年に改正）という法律を中心とする政策である。(3)この政策は、国家総動員体制のひとつであったともされる。(4)この「民防空政策」における国民保護の一面を明らかにすることが、本書の大きな目的である。

民防空政策の中心となった防空法の下、「防空法施行令」（昭和十二〈一九三七〉年九月二十九日勅令第五四九号）などにより実施された施策もあれば、防空法を法的な根拠として、閣議決定により実施された施策、さらには、防空法とは別個に閣議決定により実施されながらも、防空法の施行に寄与する施策もあった。それらは、どこまでが民防空政策で、どこからが別の政策であるのかの線引きは明確ではない。このため、本書では防空法を中心として、防空法の施行に関連がある施策を民防空政策としてとらえることとした。

防空法の目的は、「戦時又は事変に際し航空機の来襲に因り生ずべき危害を防止し又は之に因る被害を軽減する」ことであり、「陸海軍の行う防衛に則応して陸海軍以外の者」、すなわち市民が実施すべき項目が「監視、通信、警報、燈火管制、分散疎開、転換、偽装、消防、防火、防弾、防毒、避難、救護、防疫、非常用物資の配給、応急復旧其の他勅令を以て定むる事項」（昭和十八〈一九四三〉年改正防空法第一条）とされていた。(5)そして、勅令をもって定むる事項として、「被害現場の後片付其の他の清掃（清掃）」「気球等に依る阻塞（阻塞）」「飲料水の供給（給水）」「応急運輸」及び「応急労務の調整」が、「防空法施行令」（昭和十九〈一九四四〉年一月八日改正　勅令第二十一号）により示され、全部で二一項目となった。(6)

防空法は、「消防」や「防火」に関して、批判されることが多く、そこでは、悪法のように論じられる。たとえば、東京空襲を記録する会『東京大空襲・戦災誌』では、防火義務を定めた防空法への批判が、次のように記述されている。

都民には、絶対に逃げることのできない防火義務が、法律として、頭の中にたたきこまれていたのである。防火手段はといえば、隣組を基礎にしたバケツリレーと、敢闘精神だけであった。三月一〇日の恐るべき悲劇の原因は、（中略）都民をがんじがらめにしていたおよそ非科学的な防空精神と防空体制、防空義務とを指摘しないわけにはいかない。(7)

一九四五年三月十日の東京大空襲当時、警視総監であった坂信弥は、戦後になって『日本経済新聞』の連載「私の履歴書」に東京大空襲の話として、「防火を放棄して逃げてくれればあれほどの死人は出なかっただろうに、長い間の防空訓練がかえってわざわいとなったのだ」(8)と述べている。この一文は、さまざまな文献などで引用され、防空法に悪法のイメージをもたせる原因ともなっている。(9)このため防空法における国民保護のイメージは極めて薄い。さまざまな批判をそのまま受け取ると、防空法は国民に負担を強いるだけで国民を保護する意図はなかったかのように思われる。果たして、防空法は、何もかもが「悪」だったのか。その効果は全くなかったのか。さらには、この法律を中心に国策として整備した民防空体制の下で実施したさまざまな活動は、全て無駄だったのであろうか。

戦前の防空体制を「国民防空」体制と定義し、その成立に至る経緯を研究した土田宏成は、『近代日本の「国民防空」体制』のなかで、「国民防空」史研究不振の理由として、「戦前の日本にまともな防空などははじめから存在しなかったのだ、（中略）不存在の証明にはその惨憺たる結果を示すだけで事足りる。これが『国民防空』研究が進展を見せなかった一因ではないだろうか」と分析している。(10)

これまで、研究者から切り捨てられていたとも言える防空法である。しかし、防空法は、焼夷弾火災に対する「敢闘精神とバケツリレー」だけを定めたものではない。「監視、通信、警報、燈火管制、分散疎開、転換、偽装、消防、防火、防弾、防毒、避難、救護、防疫、非常用物資の配給、応急復旧」という項目を見ていくと、これは事象が起きる順に並べられていることがわかる。まず敵機を「監視」し、敵機の存在を認めたならば、それを連絡するために「通信」手段があり、さらに、「警報（空襲警報など）」を発する。その警報を受けて、「燈火管制」が実施される。また、事前の準備として、「分散疎開」「転換」「偽装」があり、その効果は、敵機による攻撃を受けるときに現れる。そして空襲を受けたことで、「消防」「防火」の段階となる。さらには、落下する爆弾の種類によっては、「防弾」「防毒」対策が必要となり、状況によって「避難」し、空襲後は、被害に対する対処として「救護」「防疫」「非常用物資の配給」「応急復旧」といった処置が続く。

このような空襲の流れを網羅し、準備から空襲後の処置、さらに復旧にまで対処するように定められた防空法を「消防」「防火」の失敗だけで評価することが妥当とは言えない。全ての項目についてその結果を調査し、包括的に評価するのが健全な思考と言うものであろう。

また、「消防」「防火」にあっては、焼夷弾攻撃により荒廃した国土という結果のみをもって評価されてはいないだろうか。圧倒的な焼夷弾になすすべもなかった、という一言で評価されてはいないだろうか。「敢闘精神とバケツリレー」で火災と戦った市民の成果・実績はなかったのか。わずかでも火災を消し止めた事実があれば、それに費やした代償とそれによって救われた命及び財産を比較して評価されるべきではないのか。これが防空法へのさまざまな評価に対する筆者の疑問である。

註

(1) 国立印刷局『法令全書　平成十五年六月号』(国立印刷局、二〇〇三年)一〇六―一〇九頁。

(2) 国立印刷局『法令全書　平成十六年六月号』(国立印刷局、二〇〇四年)五二四―五五四頁。

(3) 内閣印刷局『昭和年間　法令全書　昭和十二年(第11巻―2)』(原書房、一九九七年)六二―六五頁、内閣印刷局『昭和年間　法令全書　昭和十六年(第15巻―1)』(原書房、二〇〇一年)二〇一―二〇七頁、内閣印刷局『昭和年間　法令全書　昭和十八年(第17巻―2)』(原書房、二〇〇四年)一九〇―一九四頁。

(4) 古屋哲夫「民衆動員政策の形成と展開」(『季刊現代史』第六号、一九七五年八月)、鈴木栄樹「防空動員と戦時国内体制の再編」(『立命館大学人文科学研究所紀要』第五十二号、一九九一年九月)などは、防空法を国家総動員政策のひとつとして見たものである。

(5) 内閣印刷局『昭和年間　法令全書　昭和十八年(第17巻―2)』二九〇―二九四頁。

(6) 内閣印刷局『昭和年間　法令全書　昭和十九年(第18巻―2)』(原書房、二〇〇五年)一四―二一頁。

(7) 『東京大空襲・戦災誌』編集委員会『東京大空襲・戦災誌　第1巻　都民の空襲体験記録集　3月10日篇』(東京大空襲を記録する会、一九七三年)二一一―二一三頁。

(8) 坂　信弥「私の履歴書」(『私の履歴書　第18集』日本経済新聞社、一九六三年)一六八頁。

(9) 水島朝穂・大前　治著『検証　防空法』(法律文化社、二〇一四年)、『三省堂ぶっくれっと』の水島朝穂氏の連載(No.116～123)、『東京大空襲・戦災誌』編集委員会『東京大空襲・戦災誌　第4巻　報道・著作記録集』(東京大空襲を記録する会、一九七三年)、大阪大空襲訴訟の原告団の証拠甲B30として提出されている。〈http://osakanet.web.fc2.com/osaka-kusyu/syoko.htm〉(二〇一六年六月三十日アクセス)。

(10) 土田宏成『近代日本の「国民防空」体制』(神田外語大学出版局、二〇一〇年)一八、一九頁。

第二章　先行研究

民防空の全体像に限らず、米国による対日戦略爆撃にかかわる事項をまとめた文献に、第二次世界大戦後の米国戦略爆撃調査団（以下、「調査団」）の報告書である『THE UNITED STATES STRATEGIC BOMBING SURVEY』（以下、『USSBS報告』）がある。この調査団は、米国大統領ルーズベルト（Franklin Delano Roosevelt）が一九四四年に発した指令に基づき設置された大統領に直属する臨時独立機関で、その目的は「航空攻撃の効果を公正かつ専門的見地から研究し、軍事戦略の要として空軍力の重要性と将来性を見きわめ、軍の進歩発展と軍事政策の立案に役立てる」ものとされた(1)。

一九四五年八月十五日、トルーマン（Harry S. Truman）大統領は、対日戦争におけるあらゆる種類の空中攻撃の効果の研究と、その報告書の提出を調査団に要請した。調査団は、文官三〇〇人、士官三五〇人、下士官兵五〇〇人で、九月、東京に本部を設置して活動を開始し、大阪、名古屋、広島及び長崎に支部を設け、また、日本の各地、太平洋の島々及びアジア大陸には移動支部を置いた。調査団は七〇〇人に及ぶ日本の元軍人、政治家、産業人及び技術者などに対しあらゆる証言を求め、各種統計や史料の提示を要求し、多くの文書や記録を接収翻訳した。日本政府もあらゆる参考史料の作成と提出を指令された。そして、『USSBS報告』は、一九四六年七月以降相次いで刊行され、内容は全般要約、民間関係研究、経済関係研究、軍事関係研究の四大部門に分かれ、合計一〇八種に及ぶ。これらの報告書は、対日戦における戦略爆撃の効果や影響を包含しているばかりでなく、日本の戦争計画をはじめとして、戦力の消長、海上交通破壊の経過、敗戦への過程など太平洋戦争の全局面を記述し、さらに戦争経済の崩壊や敗因の綿密な分析にまで及んでいる。日本にとって太平洋戦争の研究上極めて貴重な資料記録であることは確かとされている。[2]『USSBS報告』は、民防空について、全体像だけでなく、それぞれの項目についての詳細な調査結果の記載がある。この記載内容は、防空法を効果、成果及び実績という視点でとらえるためには、重要な史料と言え、各章で参照をする。

民防空の全体像をとらえた先行研究としては、防衛省防衛研究所「大東亜戦争間における民防空政策」がある。[3] これは防衛省の内部研究資料なので、公刊されてはいないが、水島朝穂「『内なる敵』はどこにいるか」（三省堂『ぶっくれっと』№115）で、引用されており、一般に出回っているものと解釈できる。

この「大東亜戦争間における民防空政策」では、「空襲様相」の見積もり、空襲対策の過程なども含め、民防空政策について、整理されている。しかし、政策を述べるのが、主であり、効果、成果及び実績という視点では、とらえられていない。このため、民防空についての評価は、『USSBS報告』を引用して、「多くの制約があったにもかかわらず実施した民防空の諸措置は死傷を最小限に食いとめるのに大いに役立った。空襲が日本側が予想していたよりもはるかに猛烈であって、到底これに対応できず大規模な焼夷攻撃を受けると民防空組織は苦もなく圧倒された」という記載で済まされている。[4]

また、その他にも防空法のいくつかの項目については、その効果、成果及び実績という視点からの先行研究もなされている。「監視」「通信」「警報」については、服部雅徳が「大東亜戦争中の防空警報体制と活動」において、その実態を明らかにし、反省すべき材料はあるものの「監視」「通信」「警報」に有効性があったことを論証した。[5]

「燈火管制」の効果は、これまで研究されてこなかった。太平洋戦争中の「燈火管制」を語る手記には、「精密な地図とレーダーで攻撃して来たのだから、いくら『電灯を消せ』とドナって燈火管制をやかましくいっても何にもならなかつた」と「燈火管制」を無意味とするものが少なくない。(6)それが、これまで研究されてこなかった理由であろう。しかし、「燈火管制」は、「ドナってやかましくいって」市民に徹底して啓蒙され、浸透し、実施されていた。そこまでやっていながら全く効果がなかったのだろうか。この実態については、拙稿「防空法の功罪」により、「燈火管制」に意義があったことを論証した。(7)

「消防」「防火」に関しては、前述の土田が、『近代日本の「国民防空」体制』において、防空体制確立の経緯を論じた。この研究は防空体制に焦点をあてたものであるが、その体制でどのように空襲に対処したのかには言及されず、「膨大な死傷者を出して、『国民防空』体制は崩壊した」という一文で結論が、述べられている。(8)また、黒田康弘は、『帝国日本の防空対策』で都市防火の観点から民防空の問題点を明確にし、「消防」「防火」や「避難」及び防空壕の問題点をさまざまな角度から分析した。(9)しかし、問題点の分析が主であって、効果、成果及び実績といった視点からの考察はない。

「分散疎開」については、学童疎開にその成果が代表される。浄法寺朝美は『日本防空史』のなかで、次のように結論づけた。

　一部に多少の欠陥はあったにせよ、何十万という学童を、あの惨烈な空襲の恐怖を味わわせることなく、生命の不安のない地方で順調な成長を遂げさせることができた点と（中略）所期以上の効果と功績は非常に大きなものがあった。(10)

「防弾」については、前述の黒田によって、防空壕の問題点が分析された。また、浄法寺が防弾建築について『日本防空史』で、いくつかの防弾効果があった建築物について述べた[11]。

「避難」については、前述の黒田による問題点の分析のほか、今市宗雄が「太平洋戦争期における『住民避難』政策」においてその実態を明らかにし、次のように述べている。

> 史実は、国土防衛に当たり地域住民の避難を措置し、その生命・財産を保護して行くことは、本来の目的であることはもとより併わせて軍事行動に対する国民の理解と協力を得て作戦環境を整備して総合的な戦力を発揮するためにも、不可欠の要件であることを示している[12]。

これは「避難」の正当性を主張していると言って良い。

「救護」については、山本唯人が「東京大空襲時の民間救護」において民間による救護活動のいくつかを明らかにしたが、そこには防空法との関連性は述べられていない[13]。

「防疫」については、拙稿「空襲対策としての防疫活動」において、伝染病予防法との関係を明らかにした[14]。

このように防空法の下で実施された事項及び関連性が考えられる事項について、いくつかの実態が明らかにされている。一方、先行研究がなされていないのが、「転換」「偽装」「防毒」「非常用物資の配給」「応急復旧」及び「勅命を以て定むる事項(「清掃」「阻塞」「給水」「応急運輸」「応急労務の調整」)」である。

「転換」については、関連する法令がなく、どのようなことが実行されたのか不明な点が多い。このため、研究するには資料が不足している。

「偽装」については、空襲により壊滅した日本本土を見れば、一般的な「燈火管制」への評価と同様、意味がなかったとも考えられる。しかし、建築工学的な観点からの偽装技術の研究は、防空法に「偽装」が追加された一九四一年の法改正の七年前、一九三四年には始まっており、この実態を調査する意義はある。[15]

「防毒」については、実際に米軍による空爆において、毒ガスは使用されなかったので、効果という点からは研究の必要性は高くない。

「防疫」「非常用物資の配給」及び「応急復旧」は、空襲を受けた爾後の対処であって、いかなる空襲にあっても、そこに空襲を逃れた人がいる限り活動の実態があったはずで、これを研究することに意義はある。

加えて、「消防」「防火」については、黒田康弘が、その反省点、問題点を追求したが、「敢闘精神とバケツリレー」で戦った市民の成果・実績という視点での分析まではなされていないことから、これらの視点で研究をすることに意義はある。

さらに「勅命を以て定むる事項（「清掃」「阻塞」「給水」「応急運輸」「応急労務の調整」）」が、いかなるものであったのかを研究することにも意義がある。

註

（1）THE UNITED STATES STRATEGIC BOMBING SURVEY, *OFFICE OF THE CHAIRMAN*〔米国戦略爆撃調査団『太平洋戦争白書　第1巻　本部報告』（日本図書センター、一九九二年）〕解説、一頁。

（2）『東京大空襲・戦災誌』編集委員会『東京大空襲・戦災誌　第3巻　軍・政府〔日米〕公式記録集』（東京大空襲を記録する会、一九七三年）七一二、七一三頁。

（3）「大東亜戦争における民防空政策」研究資料87ＲＯ－４Ｈ（防衛省防衛研究所、一九八七年）。

（4）同右、三〇二頁。
（5）服部雅徳「大東亜戦争中の防空警報体制と活動」（『新防衛論集』第十二巻第二号、朝雲新聞社、一九八四年十月）。
（6）大越一二『東京大空襲時に於ける消防隊の活躍』（警察消防通信社、一九五七年）四〇頁。その他にも、「大量の爆撃機による無差別連続の空襲にたいして燈火管制が効果をあげなかったことは事実が示している」（青木哲夫「桐生悠々『関東部空大演習を嗤ふ』の論理と歴史的意味」（『生活と文化』豊島区立郷土資料館紀要第十四号、二〇〇四年十二月）五頁）などがある。
（7）大井昌靖「防空法の功罪――燈火管制に意義はあったのか――」（『拓殖大学大学院国際関係研究科紀要』第五号、二〇一二年三月）。
（8）土田宏成『近代日本の「国民防空」体制』（神田外語大学出版局、二〇一〇年）三〇二頁。
（9）黒田康弘『帝国日本の防空対策』（新人物往来社、二〇一〇年）。
（10）浄法寺朝美『日本防空史』（原書房、一九八一年）一七三頁。
（11）同右、一〇八―一一一頁。
（12）今市宗雄「太平洋戦争期における『住民避難』政策」（『軍事史学』第二十四巻第一号、一九八八年六月）二二頁。
（13）山本唯人「東京大空襲時の民間救護――東京大空襲・戦災資料センター『民間救護活動調査』の分析を中心に――」（『政経研究』第八十七号、二〇〇六年）。
（14）大井昌靖「空襲対策としての防疫活動――防空法と伝染病予防法の関係を中心に――」『防衛大学校紀要（社会科学分冊）』第百九輯、二〇一四年）。
（15）田辺平学ほか「近畿防空演習に見たる偽装の諸形態」（『建築雑誌』第四十九巻第六〇〇号、一九三五年六月）。一九三四年の近畿防空演習に建築学会から調査委員が派遣され、偽装の諸形態について調査、報告がされている。

第三章　研究の必要性

なぜ、防空法の効果、成果及び実績を研究する必要があるのか。それをいくつかの国の民間防衛（Civil Defense）という分野について述べ、そこから日本の国民保護の成り立ちを考えることで、述べていきたい。

第一節　民間防衛の歴史

民間防衛とは、河木邦夫「民間防衛の史的変遷について」によれば、「一般的には、敵対行為などから一般住民を保護し、生存のための必要な条件を提供する非軍事活動の総称とされている」(1)。また、福富繁「我が国における市民防衛のあり方」では、「その一般的な解釈は、有事に際して、軍隊（自衛隊）の支援或はその復拠といったような意味での住民の組織的活動、若くは民兵とか郷土防衛隊というような住民の対敵組織活動等の凡てを包含するもの、或はその何れかに力点をおいた意味で広く用いられてきた」と述べられている(2)。

一九一二年ナポレオンが大軍を率いてモスクワに遠征したとき、双方で約五五万人の軍人が死亡しながら、一般人の死亡は微々たるものだったとされている。第一次世界大戦の軍人の死亡者数は約一〇〇〇万人、一般国民の死亡者数は約五〇〇万人であったが、第二次世界大戦においては、軍人の死亡者数約二六〇〇万人に対して一般人の死亡数者は二四〇〇万人にのぼったとされる[3]。

このような状況にあって、第一次世界大戦中にイギリスで小規模の民間人が防護活動をしたことが、民間防衛の始まりと言われる[4]。

戦間期においては、もっとも急進的なエア・パワーの信望者とされるイタリアのジウリオ・ドウーエ（Giulio Douhet）将軍は、敵国の戦争遂行能力の基盤となる都市の産業施設と国民の抗戦意志を一挙に撃破するためには、大量の爆弾を載せた航続距離の長い航空機が必要になることを唱えた。そして、自国を最大限に守るためには、敵の中枢に対して爆撃攻勢をしかけることが唯一の方法という、戦略爆撃の思想を提唱した。この戦略爆撃が現実になることで、戦争を銃後で支える産業地域とそこで働く人々が敵国の攻撃にさらされるようになった。そして、前線の戦場と銃後の区別ができなくなるとともに、戦闘員と非戦闘員の区別も意味をなさなくなり、戦争は総力戦の様相をさらに強めることとなったとされる[5]。このようなことから、総力戦となった第二次世界大戦においては、国家指導の下での空襲に対する対策が組織的に活用されるようになった[6]。

第二次世界大戦中、ヨーロッパにおいて大きな空襲被害にあったのは、イギリスとドイツが主であることから、この二ヶ国の当時の対応と戦後の施策について、主に山田康夫『民間防衛体制』から抜粋してまとめる。

第一次世界大戦後、イギリスでは、ドイツ軍の空襲による被害にかんがみて、「民間防衛法」「空襲警戒法」を制定し空襲に備えた。そこでは、地方自治体を中心とした組織に重点を置き、有給の基幹要員が専門的指導を行い、補助組織により増強された。待避壕は重爆弾の直撃への防護ではなく、各個人への爆風や破片による危険を減少することを狙いとした。一九四〇年のロンドン大空襲、以後のV‐1、V‐2兵器といった今で言う巡航ミサイルや弾道ミサイルによる空襲によって、かなりの損害を受けたが、最後まで耐え抜き、民間防衛実施の効果は立証されたと、山田は述べている。[7]

一方、ドイツでは一九三三年にヒトラー（Adolf Hitler）が防空機構の設置を命じ、ナチスの一組織である「防空協会」が設けられ、国民に対しては多くの書物、講演、学校教育などを通じて空襲の実態と対策が示され、多数の基幹要員が養成された。イギリスと違って自己防衛に重点が置かれ、世帯主はその家と家族をできる限り保護することが要求された。[8] 各自が独力で一応の防空処置がとれるように訓練され、自力で及ばなくなった場合に保安救護隊が救援することになっていた。[9] 一般住民用に待避壕が作られ、耐爆、耐瓦斯装置もあったが、その数は、人口の一〇パーセントを目標に整備された。都市への集中爆撃では、火災が最大の脅威となり、貯水が枯渇、装備不完全なため、延焼防止が限界であった。[10]

第二次世界大戦後は、核兵器出現に対する脅威から戦時中の民間防衛に追加するものとして、イギリスは、一九四八年に「民間防衛法」が制定され、所管大臣の管理の下、民間防衛隊の組織・編成を確立して訓練を行うこと、警察や消防隊を本来の業務のほかに民間防衛に備えて組織し、装備し、訓練すること、民衆に民間防衛教育を行うことなどが定められた。[11] 一方ドイツは、一九五七年に防空対策としての「市民保護のための措置に関する第一法律」（防空法）が制定され、一九七六年に全面改正された。その任務は「非軍事的措置により住民、その住居および職場、生活上重要な民間企業、事務所および施設ならびに文化財を戦争の影響から防護し、かつ、その効果を除去または軽減すること」であり、民間防衛の部隊、設備、施設及び装備は平時から配置することができるようになった。[12]

このようにイギリス、ドイツいずれの国も第二次世界大戦において空襲被害から国民を防護するために民間防衛は国策として実施され、戦後は、東西冷戦の高まりと核兵器が開発されたことで、市民に対する被害の拡大を防止するために、さらに必要な法律を制定し、自国の体制を整備した。

第二節　国際法的な国民保護と我が国の国民保護

第二次世界大戦中、戦時における国際的な国民保護の取り決めとして「陸戦の法規慣例に関する規則」（一九〇七年、第四ハーグ条約付属書）があった。これは占領軍の行動を規制することで、被占領地の市民を保護するものであったが、国家の総力で戦われる近代戦における市民の保護については不十分であった。第二次世界大戦における二四〇〇万人という市民の死亡についての反省の産物として、「戦争における文民の保護に関する一九四九年八月十二日のジュネーブ諸条約」（以下、「ジュネーブ諸条約」）が一九五〇年十月二十一日発効した。[13]条約名にある「文民の保護」とは、原文で、"Protection of Civilian Persons"と記載され、戦争の相手国の文民の保護が主に規定されている。さらに第二次世界大戦以降、民族解放戦争・ゲリラ戦の増大など武力紛争の形態が多様化し、軍事技術が発達した等の現代的状況に対応するため、この「ジュネーブ諸条約」の内容を「補完・拡充」、新たな規定を追加し、「一九四九年八月十二日のジュネーヴ諸条約の国際的な武力紛争の犠牲者の保護に関する追加議定書」（以下、「第一追加議定書」）が作成された。[14]この「第一追加議定書」は、二〇〇四年に外務省によって、正式な日本語訳が作られた。[15]

「第一追加議定書」の第四編第六章第六十一条に"Civil Defense"という項目があり、これは、「文民保護」と訳されている。そして、文民保護とは、「文民たる住民を敵対行為又は災害の危険から保護し、文民たる住民が敵対行為又は災害の直接的な影響から回復することを援助し、及び文民たる住民の生存のために必要な条件を整えるため次の人道的任務の一部又は全部を遂行すること」と定義されている。[16]

前述した福富の言う民間防衛の定義と「第一追加議定書」にある文民保護の記述からは、民間防衛の一部に文民保護の分野があると見なすことができる。また、イギリス、ドイツの例からも、民間防衛のなかには、「第一追加議定書」に示される文民保護の実態があったものと解釈できる。

一方、我が国における国民保護法の成立の過程については、河木の記述を要約すると次のようになる。

戦後、民間防衛・国家総動員に関する法律は廃止され、組織も解体された。以後いくつかの動きがあったものの民間防衛を含めた有事法制の研究は停滞していた。第一追加議定書の作成された一九七八年、有事法制の研究が着手されたが、一九九一年のソ連崩壊により、棚上げとなった。一九八三年九月の大韓航空機撃墜事件によって、民間防衛の検討をすることを当時の中曽根総理大臣は表明したが、国民的なコンセンサスをえられないまま年月は過ぎ、一九九八年八月、北朝鮮による日本列島を越えたテポドンの発射事案や、一九九九年三月の日本海における不審船事案などの事件を受けて、二〇〇〇年三月与党三党が有事法制の整備を推進することで合意、さらに九・一一テロと小泉政権に対する高い支持率と相まって有事法制としての「事態対処法」が成立し、その枠組みに基づき整備する個別の事態法として「国民保護法」が二〇〇四年に成立した。(17)

そして、日本は二〇〇四年八月三十一日に「第一追加議定書」に署名した。この「第一追加議定書」第四編第六章第六十一条に示される文民保護のための行為は、(国民保護法の)国民保護のための措置と同様の行為であるとされている。(18)総務省の国民保護法を説明するホームページでは、イスラエルにおける隣国レバノンからの弾道ミサイルの脅威への対応が、細かく紹介されている。しかし、第二次世界大戦時の日本の民防空政策の中心である防空法については、その他の事例の中のひとつとして、「戦前の防空行政と空襲」というタイトルで、わずか一ページに年表が記されているだけである。そこに防空法を中心とした民防空政策と国民保護の関連は述べられていない[19]。

国民保護法と防空法を関連づけて考察した研究は、極めて少ない。宮崎繁樹は、「市民防衛（民間防衛）について」（一九八〇年）において、「空襲に対し、わが国では、一九四三年に防空司令部を設けて軍による防空統制を行なったが、市民防衛的業務は、県知事が主として警察を通じて行ない、警防団、隣組が末端組織として市民防衛にあたった」と述べた。そこでは、これらの活動の中心となったはずの防空法の存在が明確にされていない。さらに宮崎は、わが国において「市民防衛」を考えるとすれば、不完全ではあるが、災害対策基本法を中心とし、災害救助法、大規模地震対策特別措置法と自衛隊法（災害派遣）の規定に従うことになると述べており、防空法への考慮はない[20]。

国民保護法を解説する図書で、国民保護法成立以前の空襲対処を目的とした防空法の存在や、国民保護と防空法の関連を述べた図書もまた少ない[21]。そのなかで、国民保護法制運用研究会『有事から住民を守る』では、「戦時中の民間防衛を振り返って」という章において、ドーリットル帝都空襲（一九四二年四月）、東京の防空体制及び広島の民間防衛を紹介している。ドーリットル帝都空襲については、初めての本土空襲という事象を紹介しているもので、どのように対処したのかに言及したものではない。また、東京の防空体制については、東京空襲を記録する会の『東京大空襲・戦災誌』からの引用による当時の東京の防空組織について述べたのち、組織上の問題点に言及している。広島の民間防衛については、『USSBS報告』からの抜粋により、当時の民防空政策を紹介し、「インタビューをしたほとんどの人々は、民間防衛措置は原子爆弾の破壊力に対しては全く効果がなかったことを認めた」と記述されている[22]。

原子爆弾による被害や、約一〇万人が犠牲になった東京大空襲に対して、当時の民防空政策が無力だったと語るのは容易であるが、同じことが起きた場合に対処できることを目的に国民保護法は制定されているのだろうか。過去の政策に欠陥はあったとしても、それを頭から否定して、効果、成果及び実績のあった面を明確にすることなく、新しく法律を作っても、それ以上に強固な体制ができるとは考えられない。今日の国民保護法制をめぐるさまざまな視点からの説明は、戦時中の体制では対処できなかったことを主張しながら、その強化を語ることなく、戦時中の体制を否定するという矛盾を抱えている。

すなわち、日本の国民保護法は、自らの経験と歴史のなかで必要とされたというよりは、「ジュネーブ諸条約」の「第一追加議定書」という国際間の取り決めと九・一一テロが大きなきっかけとなって、その必要性が唱えられたということができる。そして、第二次世界大戦における日本本土空襲に対抗するための防空法の果たした役割は、過去のものとされ、時代にあわせた検討が十分になされないままに現在に至っていると考えられる。

第三節　研究の必要性

防衛省の氏家康裕は、「国民保護の視点からの有事法制の史的考察」において、次のように述べた。

「防空法を中心とする民防空の事象、(中略)今日における国民保護の政策の推進において、その政策の推進の仕方や個別の内容等において、多々関連性があり、参考になると考えられる。」

「『過去』との対話を怠り、民防空のような、明らかに今日の国民保護の政策を推進する上で参考となりそうなものから学ぶ機会を逸し、あるいは『過去』との対話のみに没頭して、『未来』と『現在』の対話の視点を欠いて、国民保護に遺漏を生じるようなことはあってはならないと思われる。」(23)

氏家の言うとおりに、各自治体の政策担当者が、それぞれの自治体の国民保護計画作成にあたって、関連性が多々あるので防空法を参考にしようとしても、効果がなかったと宣伝された防空法に習う部分があるのか。効果がなかったのであれば、逆に参考としない方が妥当とも言える。過去に経験した空襲に対し、どのように準備して、どう対応したのか、その結果はどうだったのか、どんな効果と失敗・反省があったのかを解明して、国民保護行政への資とすることが、過去と対話し、未来と現在の対話の視点をもつことではないだろうか。そのため、本書では、防空法を中心とする民防空政策が国民を保護するための政策としての「歴史的な意義と位置づけを明確にする」ことを目的とし、「防空法を中心とした民防空政策は、国民を保護するための政策であった」という仮説をたて、防空法の国民保護的な側面をとらえ、民防空政策の歴史的意義について考えていく。

防空法がどのような法律で、どのように施行されたのかを調査し、その法律を中心とした民防空政策の効果、成果及び実績を明確にすることは、防空法への一般的な理解を深めるのに必要なことであり、それは今日の国民保護法制を施行するにあたっての各自治体による国民保護計画の策定などに大きな役割を果たすものと考える。

註

（1）河木邦夫「民間防衛の史的変遷について」（『防衛大学校紀要　社会科学分冊』第百輯、二〇一〇年三月）五八頁。
（2）福富　繁「我が国における市民防衛のあり方――世界の現状と我が国への提言――」（『新防衛論集』第十一巻第四号、朝雲新聞社、一九八四年三月）一四〇頁。
（3）郷田　豊『世界の市民防衛』（日本市民防衛協会、一九八七年）一一―一六頁。
（4）河木「民間防衛の史的変遷について」五八頁。
（5）石津朋之・永松　聡・塚本勝也『戦略原論』（日本経済新聞社、二〇一〇年）一一〇、一一一頁。
（6）河木「民間防衛の史的変遷について」五八頁。

（7）山田康夫『民間防衛体制──諸外国の実例に学ぶその仕組み──』（入門新書：時事問題解説、教育社、一九七二年）一八─二〇頁。
（8）同右、九五─九七頁。
（9）田辺平学『ドイツ防空・科学・国民生活』（相模書店、一九四二年。国立国会図書館デジタルコレクション）六八─七〇頁（〈http://dl.ndl.go.jp/info:ndljp/pid/1267175〉）。
（10）山田『民間防衛体制』九五─九七頁。
（11）同右、八一、八二頁。
（12）同右、九五─九七頁。
（13）郷田『世界の市民防衛』一九頁。
（14）外務省ホームページ〈http://www.mofa.go.jp/mofaj/gaiko/k_jindo/pdfs/giteisho_01.pdf〉（二〇一六年六月三十日アクセス）。
（15）国民保護法制運用研究会『有事から住民を守る』（東京法令出版、二〇〇四年）はじめに。
（16）防衛法規研究会監修『自衛官国際法小六法　平成20年版』（学陽書房、二〇〇七年）二二四、二二五頁。
（17）河木「民間防衛の史的変遷について」六七─七一頁。
（18）国民保護法制研究会『有事から住民を守る』三八頁。「第一追加議定書」第四編第六章第六十一条に示される文民保護のための行為は、（国民保護法の）国民保護のための措置と同様の行為であると書かれている。
（19）「事態に応じた国民保護計画策定上の留意点について──過去の事例、各国の事例から──」平成十六年十月十二日　総務省消防庁国民保護室（総務省ホームページ〈http://www.fdma.go.jp/html/intro/form/pdf/kokumin_041014_s2.pdf〉）（二〇一六年六月三十日アクセス）。
（20）宮崎繁樹「市民防衛（民間防衛）について」（『法律論議』第五十二巻第六号、一九八〇年三月）二七─三〇頁。
（21）国民保護法を解説する図書には、磯崎陽輔『国民保護法の読み方』（時事通信出版局、二〇〇四年）、上原公子ほか『国民保護計画が発動される日』（自治体研究社、二〇〇六年）、森本　敏・浜谷英博『早わかり国民保護法』（ＰＨＰ研究所、二〇〇五年）、地方自治体における国民保護研究会『地方自治体における国民保護』（東京法令出版、二〇〇六年）などがあるが、いずれも防空法に関する記載はない。
（22）国民保護法制運用研究会『有事から住民を守る』一八一─一九八頁。
（23）氏家康裕「国民保護の視点からの有事法制の史的考察──民防空を中心として──」（『戦史研究年報』第8号、防衛省防衛研究所、二〇〇五年三月）二一─二四頁。

第四章　防空法とはどんな法律だったのか

民防空政策の中心となった防空法とは、どのような法律であったのか。その成立と法体系について整理しておく。

第一節　本土防空の基本理念

大本営陸軍部の作戦課長であった服部卓四郎（当時陸軍大佐）は、戦後になって、その著書『大東亜戦争全史』において、戦時中の日本本土防空の基本理念は、「開戦後速かにわが国土空襲の基地たり得る地域を迅速にわが手中に収めんとする積極防空」で、「限られた国力で尨大な野戦軍と防空軍とを同時に編成装備することは、事実不可能であったであろうが、（中略）外征軍を極力強大にし、その神速なる作戦により、困難なる国土防空の問題を解決しよう」とし、さらに、「南東方面及び中部太平洋方面で我が第一線部隊が敵に押され、前記の基本理念が近き将来通用しなくなるかも知れないと判断された昭和十九年春頃に至り、防空態勢の整備強化は、不十分ながら漸く軌道に乗った」と述べている[1]。

一般的に本土防空とは、積極防空と軍防空及び民防空という三層の防御手段によると言うことができる。積極防空で制圧しきれなかった航空基地・航空母艦から来襲する敵航空機に対しては、軍防空、すなわち、迎撃戦闘機及び高射砲などで応戦する。それでも爆撃を受けた場合に民防空によって被害を局限する。服部の言う防空体制の整備強化とは、軍防空及び民防空のことであり、これが不十分であったことを服部は、認めている。実際の空襲被害からも、それは明らかであり、軍による積極防空に敗れた日本は、軍防空により防護されてはいたが、そこには、わずかな成果しかなく、結果的に徹底した空襲を米軍から受けた。この空襲に対して、軍以外の組織で対応したのが民防空であり、その中心となる法律が防空法であった。

第二節　防空法の成立と改正

防空法成立の経緯については、土田宏成が『近代日本の「国民防空」体制』のなかで、まとめており、この記述を中心に述べていく。日本の空襲認識は、水野広徳（海軍中佐）が第一次世界大戦中、ヨーロッパに私費留学し、帰国後、そこで見聞したドイツによるロンドン空襲について、『東京朝日新聞』に連載したのが始まりとされる。そこでは、将来の航空機の発達と日本の都市の火災に対する脆弱性にかんがみて、国土防空の必要性が指摘されていた(2)。

関東大震災（一九二三年）を経て、火災に対する脆弱性の問題は、不燃都市の主張及び防空体制の確立により解決されようとしていた。この震災により三〇万戸を焼失した東京を不燃都市として復興させるためには、防火地区を指定して耐火建築により都市を再建していくことであった。耐火建築は費用のかかるものであり、耐火建築補助制度などにより近代不燃住宅の建設が進められたが、日中戦争の開始によって打ち切られた。耐火構造をもった鉄筋コンクリートのアパートも建てられたが、木造家屋が密集するなかに鉄筋コンクリートの建物が点在するだけでは、窓ガラスが割れ、そこから火の粉が吹き込んでくるために効果を発揮できなかったとされる(3)。

一方、さらなる研究や数々の防空演習を経るなかで陸軍は、警察系統とは別に、陸軍－市町村－防護団という系統を通じ防空体制を確立しようとしていた。防護団とは、非常変災（空襲を含む）時に公的機関の活動を援助する団体として青年団などの各種団体が市長の下で統合されたもので、東京では一九三二年に設立された。それは、内務省にとっては自己の権限の侵害であった。このため内務省は、警察－市町村－防護団の系統を主張し、陸軍が関係各省に回付した防空法案を時間稼ぎすることで、一九三四年の帝国議会への法案提出を見送らせた(4)。

しかし、極東ソ連軍航空兵力の急速な増強により、空襲への現実味が拍車をかけ、内務省と陸軍省との調整の結果、最終的に内務省が法案を作成することとなった。参謀本部の判断によれば、一九三一年九月頃までは、極東ソ連軍に飛行機はほとんど配備されていなかったが、一九三五年末には九五〇機に達し、そのなかには日本本土との間を往復可能な航続距離をもつ大型爆撃機も含まれていた(5)。当時、ソ連軍機による日本本土空襲については次のように予測されていた。

一　対日空襲目標は第一東京、第二関門及び北九州、第三阪神及び名古屋であろうが、国内擾乱の目的をもって、来襲の容易な対空防禦のない沿岸都市なども空襲するであろう。

二　空襲経路は、原則として短距離航路または対空防禦の少ない方面であろう。

三　空襲時期については、相手国が開戦決意をしたならば、わが方の応急防空の手配完了（これに少なくとも半日必要）前を選んで空襲を決行し、その後、機を見て繰り返し実施するであろう。

その時刻は、多くの場合夜間または払暁であろう。

四　来襲機数については、数機編隊または数十機の編隊群であろう。そのうちの一～五割が対空防禦を突破して空襲目標に到達し得るであろう。

五　都市爆撃に当たっては、数千米の上空から一瓩程度の焼夷弾数百～数千個を幅数百米の帯状に散布して、多数の個所に火災を同時に発生させるとともに、一時性のガス弾（数十瓩程度のもの）を多数投下して住民を一大恐怖混乱状態に陥らせようとするであろう。

なお、時には比較的低空に降下し、数十～数百瓩の爆弾をもって官庁、交通、通信、給水、電力などの諸施設を爆撃するであろう。(6)

このような情勢下、陸軍は法案成立を第一とし、法案作成を内務省に委ねた。そして、防空を国民の義務として動員の強化を図ることよりも、国民に義務を負わせすぎないようにすることに注意し、一九三七年に内務省の主管として、防空法は成立した。(7) 内務省としては、どの程度の義務を国民に課すのが適当であるのかわからなかったので、必要以上に重い義務を負わせてしまうことを恐れたと土田は述べている。(8) 成立当時、極東ソ連軍の大型爆撃機による焼夷弾及び毒ガス弾による脅威に対し、防空法に定められたのは八項目「燈火管制」「消防」「防毒」「避難」「救護」、並びに「これらに関し必要な監視、通信、警報」であった。これを実施するのは、①地方長官（筆者註：府県知事をさしている）、②地方長官の指定する市町村とされていた。(9) 成立時の防空法では、第一条に示された「陸海軍以外の者の行う」という条文のとおり、軍の関与は、ほとんど示されていなかった。そして、「当時は主として従来の防空演習等の経験と外国の立法例を土台にして立案された」とされている。(10) 防空法制定に至る経緯を研究した服部雅徳の論文「『防空法』制定に到る経緯」からは、一九二五年、第一次世界大戦で本土防空戦を経験したイギリスに深山亀三郎（陸軍大尉）を派遣し、調査にあたらせ、帰国後参謀本部における、さらなる研究の成果と一九二八年以降の防空演習後に提出された意見などから、法令による強制力が必要な事項が、法制化されたと読み取ることができる。[11]さらに、その後の防空情勢の変化と防空法施行の実際とにかんがみ、現下の国際情勢に即応するため一九四一年十一月二十五日に改正され、「偽装」「防火」「防弾」「応急復旧」の四項目が追加された。[12]

この改正について、土田は、対米戦の危機を前にしての抜本的な体制の見直しで、より実戦を想定したものへと改正されたと述べている。陸・海軍大臣が主務大臣（内務大臣等）へ「防空計画設定上の基準」を示すこととなり、それを受けて、計画設定者に加えられた「主務大臣」は、政府として「中央防空計画」を設定し、これが地方長官の作成する計画に準拠と指針を与えることとなった。ここで軍が、民防空に関与することが明確に示された。[13]

戦局の悪化にともなって、本土が空襲にさらされる危険が高まってきた一九四三年十月三十一日に防空法は再々度改正された。そこでは地方長官以外の地方官庁が防空計画設定者に追加され、「防空計画設定上の基準」の作成提示者に、軍司令官、鎮守府司令長官または警備司令長官が加わり、この「防空計画設定上の基準」を地方官庁へ提示することとなった。[14]これにより地方の特性に応じた防空計画を策定することが可能になった。さらに「分散疎開」「転換」「防疫」「非常用物資の配給」及び「その他勅令を以て定むる事項」が追加された。[15]そして改正防空法施行令（昭和十九〈一九四四〉年一月八日改正　勅令第二十一号）によって、「被害現場の後片付けその他の清掃（清掃）」「気球等による阻塞（阻塞）」「飲料水の供給（給水）」「応急運輸」及び「応急労務の調整」が定められた。[16]この改正は、「疎開の実施に必要なる規定を整備」するとともに、「戦局の現段階に鑑み来るべき広汎複雑な実戦防空に於て遺憾なきを期する為、防空業務の範囲を拡大し之に対処せん」とするもので、「本改正に依り、現在予想せられる空襲に対処する防空態勢の確立を図る為必要な法制的措置は」「一応整備せられた」と、当時の防衛総本部総務局長の上田誠一は述べている。[17]土田は、この改正を「防火のためにより一歩進んだ疎開政策を採用したこと、空襲後の被害対策を加えたこと、今後の防空業務の増加にすばやく対応するため防空業務を勅令で定められるようにしたこと」と分析した[18]。

防空法は、実質その規定の多くを防空法施行令によっていた。そして、さらに防空法施行規則が制定された。一九三七年の防空法成立後、防空法施行令が同年制定されたが、施行規則はなかった[19]。一九四一年の防空法改正時は、その翌月に防空法施行令が改正され、新たに防空法施行規則が制定された[20]。一九四三年の改正にあっては、二、三ヶ月遅れではあるが、防空法施行令及び防空法施行規則が改正された[21]。

法律の運用にあたっては、法律の規定に則り、陸軍大臣・海軍大臣が、一九四二年五月、一九四三年二月及び一九四四年一月に「防空計画ノ設定上ノ基準」を示した[22]。この「防空計画ノ設定上ノ基準」を受け、一九四三年は内務省によって、翌一九四四年は内務省・厚生省・軍需省・農商省・運輸通信省により「中央防空計画」が定められた[23]。さらに地方長官に対して、軍司令官、鎮守府司令長官及び警備司令長官が防空計画設定上の基準を提示した上で、これらを受けて地方長官による防空計画が制定され、さらに市町村の防空計画が制定された[24]。

註

（1）服部卓四郎『大東亜戦争全史』（原書房、一九六五年）八五七、八五八頁。
（2）土田宏成『近代日本の「国民防空」体制』（神田外語大学出版局、二〇一〇年）四二頁。
（3）黒田康弘『帝国日本の防空対策』（新人物往来社、二〇一〇年）二九―四三頁。
（4）土田『近代日本の「国民防空」体制』一四七頁。
（5）同右、二一六頁。
（6）防衛庁防衛研修所戦史室『戦史叢書19　本土防空作戦』（朝雲新聞社、一九六八年）二五―二七頁。
（7）土田『近代日本の「国民防空」体制』二一二―二三〇頁。
（8）同右、二三〇頁。

(9) 内閣印刷局『昭和年間　法令全書　昭和十二年(第11巻—2)』(原書房、一九九七年)六二一—六五頁。
(10) 内務省「改正された防空法」(『週報』第272号、一九四一年十二月二十四日、内閣情報局、JACAR(アジア歴史資料センター)Ref.A06031043400、週報(国立公文書館))五頁。
(11) 服部雅徳「『防空法』制定に到る経緯」(『新防衛論集』第一一巻第四号、朝雲新聞社、一九八四年三月)。
(12) 内閣印刷局『昭和年間　法令全書　昭和十六年(第15巻—1)』(原書房、二〇〇一年)二〇一—二〇七頁、内務省「改正された防空法」。
(13) 土田『近代日本の「国民防空」体制』二九二、二九三頁。
(14) 同右。
(15) 内閣印刷局『昭和年間　法令全書　昭和十八年(第17巻—2)』(原書房、二〇〇四年)二九〇—二九四頁。
(16) 内閣印刷局『昭和年間　法令全書　昭和十九年(第18巻—2)』(原書房、二〇〇五年)一四—二一頁。
(17) 上田誠一「防空法の改正について」(『斯民』第三九編三号、一九四四年三月)一、二頁。
(18) 土田『近代日本の「国民防空」体制』二九三頁。
(19) 内閣印刷局『昭和年間　法令全書　昭和十二年(第11巻—4)』(原書房、一九九八年)四〇五—四一〇頁。
(20) 内閣印刷局『昭和年間　法令全書　昭和十六年(第15巻—4)』(原書房、二〇〇一年)八九〇—八九六頁、同『昭和年間　法令全書　昭和十六年(第15巻—5)』(原書房、二〇〇二年)五八—六〇頁。
(21) 内閣印刷局『昭和年間　法令全書　昭和十九年(第18巻—2)』一四—二二頁、同『昭和年間　法令全書　昭和十九年(第18巻—6)』(原書房、二〇〇五年)一五頁。
(22) 「防空計画ノ設定上ノ基準」陸軍大臣・海軍大臣、昭和十七(一九四二)年五月(「防空計画ノ設定上ノ基準ノ件」国立公文書館デジタルアーカイブ/防空関係資料・防空ニ関スル件(三)/件名番号:034)、「昭和十八年度防空計画設定上ノ基準」陸軍省・海軍省、昭和十八(一九四三)年二月(「昭和十八年度防空計画設定上ノ基準ニ関スル件」国立公文書館デジタルアーカイブ/防空関係資料・防空ニ関スル件(四)/件名番号:031)、「緊急防空計画設定上ノ基準」陸軍省・海軍省、昭和十九(一九四四)年一月(「緊急防空計画設定上ノ基準ニ関スル件」国立公文書館デジタルアーカイブ/防空関係資料・防空ニ関スル件(六)/件名番号:001)。
(23) 「中央防空計画」内務省、昭和十八(一九四三)年七月(「中央防空計画改定ニ関スル件」国立公文書館デジタルアーカイブ/防空関係資料・防空ニ関スル件(五)/件名番号:001)、「中央防空計画」内務省・厚生省・軍需省・農商省・運輸通信省、昭和十九（一九四四）年七月（「中央防空計画設定ニ関スル件」国立公文書館デジタルアーカイブ／防空関係資料・防空ニ関スル件（六）／件名番号：019）。

（24）氏家康裕「国民保護の視点からの有事法制の史的考察――民防空を中心として――」（『戦史研究年報』第8号、二〇〇五年三月）六、七頁。

第五章　研究の進め方

これまで、問題の所在と、防空法の概要について述べてきた。前述のとおり、防空法は、一九四三年改正によって、「監視」「通信」「警報」「燈火管制」「分散疎開」「転換」「偽装」「消防」「防火」「防弾」「防毒」「避難」「救護」「防疫」「非常用物資の配給」「応急復旧」「清掃」「阻塞」「給水」「応急運輸」「応急労務の調整」の二一項目となった。この項目の検討に入る前に、まず、民防空全体としてとらえるために、民防空を支えた「組織」「訓練」及び、どのような空襲を受けると予想していたのかを見積もる「空襲判断」などの考察をこころみる。次に、防空法の項目を可能な限りひとつひとつ検証して、効果、成果及び実績があったのかを調査し、防空法の国民保護の一面をとらえることで、最終的に、仮説「防空法を中心とした民防空政策は、国民を保護するための政策であった」ことを証明するのが本論文のめざすところである。

そのために、民防空による空襲対処を大きく三つの流れ、すなわち、「空襲への準備」「空襲時の対処」「空襲後の処置」に分けてとらえることとする。

第二部「空襲への準備」は、空襲を受ける前に準備した事項を整理するとともに、事前の予想と実際の空襲との相違点や、事前に準備したことで実績があったものについて、これを明らかにするため、第一章「組織・訓練」、第二章「空襲判断」、第三章「事前の防御措置」という章立てで論述する。第一章では、国家総動員体制と民防空政策の関係に触れつつ、民防空政策を支えた組織及び防空演習について述べ、第二章では、「空襲判断」と実際の「空襲様相」を整理するとともに、東京への空襲について分析し、第三章では、事前の住民避難、木造建築の防火改修及び防空壕の建設について述べる。

第三部「空襲時の対処」は、米軍の爆撃機が飛来してから、空襲が終わるまでの状況における民防空の対処について、第一章「監視・通信・警報」、第二章「燈火管制」、第三章「偽装」、第四章「消防・防火」という章立てで論述する。第一章は、先行研究からの引用が主体である。第二章は、「燈火管制」の効果について述べる。これは、前述した拙稿「防空法の功罪」(1)で述べた内容が主である。第三章の「偽装」については、事前に施すものであるが、その効果が直接空襲に対して現れることから、「空襲時の対処」に含め、偽装技術の歴史を調査するとともに、その効果について言及する。そして第六章では、焼夷弾火災に対する「消防・防火」による対処について、数値的な分析をこころみる。

そして、第四部「空襲後の処置」は、これまで関心の薄かった分野に焦点をあてた。空襲被害が甚大すぎて、空襲への準備や空襲への対処に関心（批判）が集中するあまり、空襲後に行われた活動には、明らかにされていない部分が多い。これを明らかにするため、第一章「応急復旧」、第二章「空襲に際する防疫対策」、第三章「防空法の災害対処」について記述する。第一章では、市民のライフラインの復旧努力について記述し、第二章では、空襲被害後の伝染病の発生を防ぐための防疫効果を発揮したと考えられる事項について「防毒」「応急復旧」「清掃」「給水」を含めてまとめる。第三章では、防空法が空襲だけでなく、災害においても有効だったという部分に焦点をあて、軍の実施する災害、戦災後の救援活動との関係のなかでの防空法の位置づけを明らかにするために「救護」「非常物資の配給」及び「応急復旧」について考察する。これは、拙稿「昭和期の軍隊による災害・戦災救援活動」(2)において論述した内容を多く含んでいる。

第四部で述べようとする「空襲後の処置」が、これまであまり研究されてこなかったのは、日本全国の状況を実証するには資料が不足しているのが理由のひとつである。ここでは、実証的な分析には至っていないものの、自治体などに残されている記録から、空襲後にさまざまな処置が実施された事実を整理し、明らかにする。

最後に第五部では、第二部から第四部までに述べた事項から、民防空政策への全体的な評価を実施し、結論を導く。

各項目については最終的に分析と評価が必要となるが、なかには、明確にできないものも含まれている。そこで、次の手順により評価を試みる。

まず、効果の有無を判定する。これは、全ての項目について実施することが可能である。その上で、効果があれば、それに対する定性的な評価として、わずかでも具体例があれば、成果があったものと考える。さらに成果の蓄積が明確であれば、これを実績として、すなわち定量的な評価として数的に算出する。その上で、制度構築の上から、法の施行の実態（運用面も含む）から、国民保護の一面があったのかを評価する。

一方で、効果はあっても成果が見出せないケースも存在しうる。そのような定量的な評価のできないものについては、制度構築の想定から、法施行の実態として、①想定された事態に対応できたのか、②想定以上の事態に対応できたのか、③想定された事態でさえ対応できなかったのか、という三つの基準に照らしてそこに、国民保護の一面があったのかを評価する。

なお、拙稿「空襲判断と空襲様相[3]」「防空法の功罪」「空襲対策としての防疫活動[4]」及び「昭和期の軍隊による災害・戦災救援活動」に加筆、修正の上、それぞれ本書の第二部の第二章、第三部の第二章、第四部の第二章及び第三章として収録してある。

註

（1）大井昌靖「防空法の功罪――燈火管制に意義はあったのか――」（『拓殖大学大学院国際関係研究科紀要』第五号、二〇一二年）。

（2）同右「昭和期の軍隊による災害・戦災救援活動――衛戍令、戦時警備及び防空法の関係から――」（『軍事史学』第四十八巻第一号、二〇一二年）。

（3）同右「空襲判断と空襲様相――太平洋戦争中の日本本土空襲における焼夷弾の落下密度の分析から――」（『防衛大学校紀要（社会科学分冊）』第百十輯、二〇一五年）。

（4）同右「空襲対策としての防疫活動――防空法と伝染病予防法の関係を中心に――」（『防衛大学校紀要（社会科学分冊）』第百九輯、二〇一四年）。

第六章　用語の整理など

研究を進める上で、用語について、その定義を明確にし、整理しておく。

第一節　「空爆」と「空襲」

「空襲」は、攻撃を受ける側の表現である。攻撃をする側からは、「攻撃」「爆撃」もしくは「空爆」という用語が使用される。「攻撃」は、さまざまな手段があり、航空機によらないもの（艦砲射撃など）も含まれる。「爆撃」は、爆弾による攻撃をさすので、「焼夷弾爆撃」という表現は、使われていない。焼夷弾による場合は攻撃（焼夷弾攻撃）と使用するのが一般的である。

「空爆」は、敢えて航空機による爆撃であることを強調する場合に使用される。このような定義の下、前後の意味から、攻撃した側（米軍）の視点であれば「攻撃」「爆撃」または「空爆」と記述し、攻撃を受けた側（日本）の視点であれば「空襲」と記述する。しかし、「東京大空襲」「ドーリットル帝都空襲」など、すでに固有名詞的に使用されている言葉については、そのまま使用する。

第二節　「かな」、旧漢字等の使い方

資料の引用にあたっては、第二次世界大戦以前の法律、法令または報告書などは、カタカナが使用されているが、本論文では読みやすくするために必要と考えられるものについては「かな」書きとし、漢字は常用漢字を使用した。また、句読点の省略が明らかな場合や読みにくい場合には適宜補充をした。

年号については、西暦を原則とした。ただし、日本の法令関係の施行年月日については、元号〈西暦〉とした。

なお、『ＵＳＳＢＳ報告』に関する箇所は、全て筆者の翻訳による。

第二部　空襲への準備

ここでは、空襲を受ける前の段階となる準備に関わる内容を「空襲への準備」として、三つの章にまとめた。第一章では「組織・訓練」、第二章では「空襲判断」、第三章では「分散疎開・避難」、について述べていく。

第一章「組織・訓練」

民防空政策を支えた組織を考える上で、その重要な役割を果たしたのは、「警防団」と「家庭防空隣保組織（隣組）」である。これらの組織は、「国家総動員体制」を助長したかのように批判されることがある。この批判は、民防空政策の国民保護的な面を論ずることとは相反する視点であり、この視点からは、適切に民防空政策をとらえることが困難となる。このため、第一節で、国家総動員体制と民防空政策について整理し、民防空政策を支えた代表的な組織について述べる。さらに、第二節では市民への周知という視点から防空演習について述べる。

第一節　国家総動員体制と民防空

はじめに

国家総動員体制とは、一九三八年に成立した「国家総動員法」を根幹法（基本法）とする体制であり、その目的は「戦時（戦争に準ずべき事変の場合を含む）に際し、国防目的達成の為、国の全力を最も有効に発揮せしむる様、人的及び物的資源を統制運用する」（国家総動員法第一条）ことで、これは正しく有事立法であると国家総動員法を研究した中埜喜雄は述べている。(1) そして、根幹法の立法趣旨を体して、各々の運用法が整備されている。それらを列挙すると、工場事業管理令、物資統制令、価格等統制令、国民職業能力申告令、重要産業団体令、銀行等資金運用令、会社経理統制令、貿易統制令、電力調整令、陸運統制令であり、ここに防空法と関連づけられるような法律はない。なぜならば、「国家総動員法はその実体規定という点からいえば、ほとんどが経済条項であった」からである。(2) 一方で、浄法寺朝美は、国家総動員法に基づく法令として、上記のほかに、臨時軍事費特別会計法、臨時資金調整法、鉄鋼工作物築造許可規則、銅使用制限規則、鉄鋼配給統制規則、セメント配給統制規則、総動員業務指定令、工場事業場使用収用令、企業許可令、企業整備令、労務配置転換令、労務供給事業規則、学校卒業者使用制限令、青少年雇入制限令、従業者移動防止令、国民徴用令などを挙げているが、これもまた、経済条項と言えよう。(3)

昭和初期、陸軍にとっての国家総動員は、欧州戦争（第一次世界大戦）の教訓のなかでもっとも大きなもののひとつとされ、将来戦、特に国力戦においては国家としての必然的事項であるとされた。その影響する範囲は極めて広く、たとえば、人員の補充、教育、財政経済、建築、土木諸工事など国家の全機能の活動と言われていた(4)。

それらの内容は、国民動員、産業動員、交通動員、財政経済動員及びその他の諸動員に分けられた。このなかで国民動員は、国家の全人員を挙げて戦争遂行という大きな目的に向かって集中するように、国家が国民を統制按排することとされていた(5)。この国民動員が民防空ともっとも関連が深いと考えられ、防空動員という表現で結びつけられる(6)。本節では、この国民動員、防空動員と防空法の関係について述べるとともに、国家総動員体制と民防空政策の関係についてまとめ、民防空を支えた組織について考察する。

一　国家総動員体制に見る防空動員

国家総動員体制、国民動員及び防空動員について、先行研究を引用しつつ、民防空政策との関連を整理する。

戦争に対する国家総動員という考え方は、第一次世界大戦中から、陸軍の総力戦準備構想として開始され、陸軍参謀本部では、一九一七年九月に「全国動員計画必要ノ議」が作成された。これは、大戦で明らかとなった戦争形態の変化に注目していた参謀本部次長田中義一が、参謀本部の課員に、参戦諸国の動員計画の調査と日本の国情に適合する総力戦体制樹立計画の立案を命じたことに対する報告書であった(7)。

戦後の国家総動員に関する先行研究は多々あるが、その多くは、戦時経済に焦点をあてている。最近の研究では、荒川憲一『戦時経済体制の構想と展開』、山崎志郎『戦時経済総動員体制の研究』、小林英夫『帝国日本と総力戦体制』など、いずれも戦時経済に焦点があてられ、一九三八年の国家総動員法成立から始まる戦時統制経済の実態を解明している(8)。

一方、国家総動員を国民動員や防空動員との関連で論じたものとして、鈴木栄樹「防空動員と戦時国内体制の再編」がある。鈴木は、「国民義勇隊という形での防空動員（防衛動員）・生産動員・軍事動員の一体化が、防空態勢が崩壊した後の本土決戦態勢期になってやっと形式的に実現した(9)」と述べている。これは、民防空を国家総動員体制のなかで論じている例と言える。

国家総動員体制は、一九三八年に成立した根幹法の下に制定された一一本の法律により、国家全体を戦争という総力戦のために経済分野において動員したもので、終戦までの七年間にわたる政策であり体制であった。一方、民防空政策は、訓練において国民動員とされる一面はあったものの、実戦としては、一九四四年十一月から一九四五年八月までの約一〇ヶ月間の空襲対処が主なもので、ここでの空襲被害によって評価されていると言っても過言ではない。米軍により、工場周辺の労働力を壊滅させる焼夷弾攻撃がなされたのは事実であり、その意味で、日本国民は国家総動員体制の被害を受けたと考えることはできる。

鈴木は、「防空動員」と「防衛動員」を同じものとして論述しているが、河木邦夫による、「民防空」と「民防衛」という分類を用いれば、これは異なるものとしてとらえることができる。「民防空」とは、空襲による被害を局限するものであり、「民防衛」とは、より広い国内防衛施策である(10)。すなわち、「民防空」のために「防空動員」され、「民防衛」のために「防衛動員」がされたのである。鈴木の主張は、「民防衛」にかかわることを「民防空」と一体的にとらえていることから、空襲被害を局限しようとする防空法の目的を果たすために国民を動員したこと（すなわち「民防空」）と自ら戦争に加担したかのような「民防衛」を区別せず、民防空政策が国民を戦争に駆り立てたかのような主張となっている。

国民を戦争に駆り立て、社会を戦争化した原因は、戦争そのものであって、国家総動員体制は、戦争遂行を維持するための手段である。「防空動員」が「防衛動員」と一体化して、国民義勇隊となったかのような鈴木の主張には疑問が残る。空襲が予期される以上はその対策を講じるのは当然のことであり、「防空動員」を進めるもととなった防空法が、戦争遂行の手段であるような批判は適切ではない。戦争の遂行は、国権の発動に始まり、戦争指導により実行されたものであるのに対し、防空法は、予期される空襲からの被害局限を企図したものである。さらに、当時の民防空体制は崩壊していたとする文献もあるが、[11] 空襲後の処置を見れば、崩壊などはしていない。空襲対処は、家が焼かれてしまって終わりではない。その後の救護活動や応急復旧活動もまた空襲対処である。これらについては、第四部「空襲後の処置」において詳しく述べる。

民防空政策による空襲対処の体制が全く整えられていなくとも、空襲は受けたであろう。それは、第一部で述べたイタリアのドウーエ将軍の理論に見られるように、自国を最大限に守るためには敵の中枢に対して爆撃攻勢をしかけることが唯一の方法という、戦略爆撃の思想があったからである。[12] 当時は、「戦う民防空」という宣伝をしていたが、戦う相手は、米軍機ではない。焼夷弾攻撃による火災及び爆撃の被害と戦ったのである。そして、被害局限を目的としたのが、防空法を中心とする民防空政策である。次項では、その民防空政策を支えた組織について考えてみる。

二　民防空を支えた組織

防空法の規定を実行するために、いくつかの組織が作られ、民防空政策を支えた。それは、防空法の規定に則り組織されたものに限らない。警防団と家庭防空隣保組織(隣組)は、防空法の規定により設置された組織ではないが、民防空にとって重要な役割を果たした。ここでは、その二つの組織について述べる。また、防空法の規定により設置された組織については、必要に応じ、それぞれの章のなかで記述していく。

(一) 警防団

「警防団」は、一九三九年、戦時に対応することを目的として、当時存在した「防護団」と「消防組」を合併して組織されたものである。防護団とは、陸軍が市町村を指導して、防空実施の団体として組織したもので、その中核は在郷軍人と青年団員であり、事実上、陸軍の指導下に置かれていたが法制化はされていない組織であった。また、消防組とは、歴史的な民間消防組織であり、警察－市町村－消防組という系統で実施され、「水火災警戒防禦」(「消防組規則」第一条、明治二十七〈一八九四〉年二月十日勅令第十五号)が業務であった。警防団は、防護団を消防組へ事実上吸収合併し、それにあわせて消防組を再編成して、「警防団令」(昭和十四年〈一九三九〉年一月二十五日勅令第二十号)により組織された(13)。このため、防護団と消防組の性格をあわせもつ警防団は、「防空、水火消防其の他の警防に従事」(警防団令第一条)するとされ、防空を実施するだけではなく、災害にも対応する組織であった(14)。

そして、国内治安の維持のために内務省が所轄する「総動員警備」を定めた、「総動員警備要綱」(昭和十九〈一九四四〉年八月十五日閣議決定)では、総動員警備の主体として警察消防官吏と並んで警防団が示された。総動員警備は、「非常事態に際し人及び物的資源の被害を防止軽減し治安を維持」(「総動員警備要綱」第一条)するもので、非常事態とは、「沿岸に対する敵の攻撃、空襲、災害、騒擾其の他の非常事態」(同第二条)とされ空襲と災害が含まれていた(15)。防空法(法律)に災害対処の規定はないが、その防空(空襲対処)を実施する重要な組織である警防団が、警防団令(勅令)と「総動員警備要綱」(閣議決定)によって、空襲及び災害に対処する組織と定められたことから、実行上、防空法は災害対処に準用されるという構造になっていた。その実態については、第四部の第三章「防空法の災害対処」で述べる。

さらに、警防団が治安維持に従事する組織と定められたことから、治安維持と防空が同じようにとらえられ、警防団は国家総動員の片棒を担いだという印象に加え、防空と国家総動員が一体化して語られる一因となっている。

また、「国民義勇隊」の組織化が、一九四五年三月二十三日の閣議決定「国民義勇隊組織ニ関スル件」によって決められた。その任務は、「生産防衛の一体的強化に任ずるもの」とされ、「特に当面の任務は飽く迄も軍需食糧の増産等戦力の充実に邁進すること」とされていたが、「状勢急迫せる場合」には戦闘隊組織（国民義勇戦闘隊）への転化を予定されていた。[16]同年四月三十日の閣議において「警防団は国民義勇隊の組織に一体化することを目途」とすることが決定され、さらに同年五月二十一日の警視庁より各府県警察の警務部長・消防部長宛通達では、「国民義勇隊の内部組織として警防団員たる者を以て現在の警防団の区域毎に警防隊を組織すること」、その編成は「特殊の編成を為すことなく現在の警防団の編成を以て」することとされた。[17]

防空をなす主体となる警防団が、国民義勇隊として、まさに戦闘に参加するような状況になったために、ますます防空と戦闘が一体化されて解釈されることとなった。しかし、防空法の定めるところは、あくまでも被害の局限であり、敵と直に戦うものではなかった。防空という視点からすれば、警防団の果たした役割は、国民防護のための組織としての役割であり、それを小島郁夫は、「愛知県における警防団」で以下のように述べている。

「警防団の業務が被災前の防空監視、燈火管制、警報伝達から被災時の消火、救護活動、被災後の配給、避難所管理、ライフラインの復旧に至る一連の業務を包括した総合的な防災組織を目指していたことがわかる。」「警防団は、防護団から、警報伝達、防毒、傷病者の救護、罹災者に対する物資の配給さらには避難所の管理といった任務を引き継いだが、これは、今日でいう国民保護であり大規模災害に対する防災に共通するものであった。想像を絶する空襲により、想定以上の任務を達成できなかったとはいえ、それまでは、臨時的、応急的に行われていたこれらの任務を担当する常設の組織が設置されたことの意義は小さくない。[18]」

(二)　家庭防空隣保組織(隣組)

一九三九年八月内務省から「家庭防空隣保組織要綱」が示された。このなかで、家庭防空隣保組織は、国民全般の自衛行為を基調として応急的自衛消防の強化充実を急務とすることにかんがみ、防空に関する自主的・自衛的機関とされた。そして一〇戸内外をもって組織し、育成担当は市町村長、行動の指導統制は市町村長、警察・消防署長が担当に応じて実施とされた。[19]さらに一九四〇年に内務大臣から「部落会町内会等整備要領」が通達され、[20]市町村の補助的下部組織となる町内会(市街地に組織)若しくは部落会(村落に組織)を設置し、その下に実行組織として一〇戸内外の戸数からなる隣保班(隣組)を組織することとされた。そして内務省は「隣保班と家庭防空隣保組織との関係に関する件」(昭和十五〈一九四〇〉年十一月五日内務省計第六二七号)により、[21]家庭防空隣保組織を「部落会町内会等整備要領」に基づく隣保班に統合させることを求めた。[22]この統合された組織は、東京都では、「隣組防空群」と呼称された。空襲に対しては、この組織が、現場において「消防」「防火」にあたり、空襲後も「非常用物資の配給」「応急復旧」などを実施する主体となった。この組織は、防空法を施行する上では必要な組織であったが、防空法にその組織の設置が規定されていたわけではなかった。

本間重紀は、「国家総動員法と国家総動員体制」において、国家総動員における町内会、部落会、隣保班(家庭防空隣保組織(隣組)をさしている)などの位置づけについて、次のように述べている。

国民の消費生活等の経済生活の組織的統合において、(中略)町内会・部落会・隣保班等のはたした役割は決定的である。それは一九四三年の地方制度改革によって公認され、生活物資の配給機構の最末端機構として再編成された。私的独占と国家との機構的結合としての戦時国家独占資本主義は、まさに社会の末端における人民支配の機構としてその展開を完結しえたのである。経済史的な観点からみた国家総動員法の最大の意義は、まさにこの点にあったといわなければならない。(23)

本間の考え方は、「町内会・部落会及び隣保班等は、社会の末端における人民支配の機構として、国家総動員の片棒を担いだ」と解釈することができる。それほどの組織であるからこそ、戦後解体されたことは納得できる。(24)しかし、町内会・部落会は、戦後、日本が連合国との講和条約を結び独立した後、立法化されないまま復活し、現在では、行政と市民を繋ぐひとつの組織として、日本中どこにでも存在している。この組織の役割は大きい。行政にとって見れば、この組織なしに市民へのサービスを行き渡らせることはできない。市が直接市民に対して行政をアピールする広報誌の配布を考えても、これを全市民に郵送するのは困難で、費用がかかる。しかし、町内会・部落会を経由することで、低コストで配布することが可能になる。このような中間組織としての町内会・部落会の存在は必要性が高いと言える。

現在は、ボランティアで運営されているこの町内会・部落会は、任意団体であり、自主組織であるため、入会・脱会は自由で、強制されるものではない。このため結果的に把握できない市民が増えているのも事実である。入会を拒否することは、町内会・部落会経由の行政サービスを放棄したことになり、その本人は不利益を被ることになるが、命にかかわるようなことではない。しかし、防災という側面から見た場合どうであろうか。町内会・部落会は、自主防災組織としての機能も果たしている。把握されないことを選択した市民は、災害時に救助される可能性までも自ら放棄していると言っても過言ではない。そのような視点に立った場合、戦時中の町内会・部落会は「人民支配の機構」とまで呼ばれるような「悪い」存在であったのだろうか。

組織を挙げて遂行していたことへの批判が、末端で動いていた組織に集まることには疑問がある。末端組織は、上のめざす目的に向かって動くものであって、末端組織が自ら上級の組織の目的や方針と反する行動をとるものではない。批判を受けるべきは上級にある組織の目的、方針そして行動であり、それは、戦争を起こしたこと、国家総動員法、閣議決定「国民義勇隊組織ニ関スル件」であり、それらが国民を戦争に駆り立てた法律・閣議決定である。これらの法律・閣議決定が批判されるべきであって、その批判を防空法や家庭防空隣保組織（隣組）が受けることには違和感がある。防空法の目的は「戦時又は事変に際し航空機の来襲に因り生ずべき危害を防止し又は之に因る被害を軽減する」であり、これが、国民とその財産の被害局限をめざしていることは、その条文からは明らかであり、これを現場で実行した組織が、前述の警防団や隣組であり、すなわち民防空政策であった。では、他の国の状況はどうだったのか。当時、日本が参考にした同盟国であるドイツの状況について次項で述べる。

三　ドイツとの比較

内務省の調査資料では、一九三七年頃のドイツの防空事情が掲載されており、また田辺平学『ドイツ防空・科学・国民生活』によっても、広く紹介された。このことから、同盟国としてのドイツ、さらにはすでに空襲対処を実践しているドイツの実情は、日本の民防空政策にとっても参考になったものと考えられる。

当時、ドイツの防空事情を調査した田辺平学は、その著書において、おおよそ次のようなことを記している。

ドイツにおける防空は空軍省の所轄で、航空大臣兼空軍総司令官ゲーリング元帥による一元指揮がとられていた。そして、戦時は空軍総参謀長に指揮命令権が与えられ、軍民全防空の指揮をとった。防空の実施は警察（内務省所轄）で、戦時は、内務大臣の下に監督官（指揮官）を起き、これを空軍管区司令官の指揮下に入れたことで、空軍管区司令官からの命令が監督官（指揮官）に与えられ、そこから地方地区の防空責任者（警察署長、市長、村長など）に命令が下された。防空の任務は、警報、保安救護、特別自衛防空（官公署、学校、劇場等）、自衛防空（隣組）、軍関係消極防空、鉄道防空、水路防空、自動車道路防空であり、その目的を果たすための技術的防空手段として、焼夷弾対策、建築防空、偽装、燈火管制があった。[25]

ドイツの防空は、自衛防空が原則であり、まず、各自が独力で一応の防空処置がとれるように訓練され、自力で及ばなくなった場合に保安救護隊が救援することになっていた。保安救護隊は、ドイツ版のいわゆる警防団であり、警察に属する防空関係の特別組織であった。[26]

防空協会は、防空に関して空軍を積極的に援助する組織で、その任務は、「自警防空組織の建設」、と「国民の防空教育」であった。自警防空組織とは、隣組を基本とするものであった。隣組は一軒の家（アパート式で数家族が生活単位で、五階建てで、各階に二～三家族が生活するので、一〇～一五家族で一つの隣組を構成していた。防空教育は、隣組、自衛消防（学校、工場など）及びヒトラーユーゲントへの教育も任務であった。党青少年教化組織であるヒトラーユーゲントの少年（十五、十六歳）は婦人達と協力して働き「少年無しではドイツの自衛防空は成り立たなかった」とさえ言われている。[27]

技術的手段としては、ドイツの場合は、建築物が耐火構造でできており、道路幅が大きく、さらに防護室としての地下室が整備されていた。偽装は、ドイツでは高く評価されており、都市内部の大きな水面、広く長い道路といった夜目にも誘導目標になりやすいもの、飛行機格納庫、発電所、軍需工場、兵営等の重要施設で大規模なものに対して偽装がなされた。また、偽工事によって重要目標を隠蔽した[28]。

このようにドイツでは、日本と同様に住民組織による防空が基本とされ、日本の隣組とほぼ同規模の組織が最小単位となって、自衛組織として独力で消火に努め、それが不可能な場合には、日本の警防団にあたる保安救護隊が救援することになっていた。これらの点で日本の民防空に近いところがある。また、徴兵により青年男子が不足していたという実態も日本と同様であるが、当時の日本では、学徒の勤労動員により、中学生は工場等での生産に従事していたので、ドイツのヒトラーユーゲントにあたる年齢の少年は、自衛防空の担い手とはなりえなかった点で、状況が異なっている。そのため、日本では年配者と女性が、自衛防空の人手不足を補ったと言える。

組織という面から、日本とドイツで異なるのは、軍民防空の一元指揮にあると考えられる。日本では、軍防空は軍（防衛総軍）、民防空は内務省が担当していた。これは混乱の原因となったであろうが、元々軍防空の目的は、武器を使用しての敵航空機の撃破である一方で、民防空の手段に武器はない。その意味では全く異なった手段であって、空襲被害の原因がここにあるとは考え難い。

ベルリンでは一九三九年九月から一九四一年七月までの二年間に七〇回のイギリス空軍による空爆を受け、死者三、〇〇〇人、負傷者六、〇〇〇人を出したが、これは大都市の空襲被害としては極めて少ない数字とされている[29]。日本での空襲の犠牲者は、東京大空襲だけでも約一〇万人にのぼる。このような被害となった理由については、本論文のなかで論述していきたい。

錦正社 図書案内 ⑥ 新刊

〒162−0041 東京都新宿区早稲田鶴巻町544−6
電話03（5261）2891 FAX03（5261）2892

現代語訳でやさしく読む 「中朝事実」 日本建国の物語

山鹿 素行原著、秋山 智子編訳

尊い国柄を次代に伝える

現代の私たちにも大きな価値を有し、儒教や仏教などの外来思想が入ってくる以前の日本古来の精神を究明し、わが国の国柄を明らかにした『中朝事実』を、やさしい現代語訳で丁寧にひもといていく。

定価3,080円
〔本体2,800円〕
四六判・320頁
令和6年6月発行
9784764601536

大和魂・大和心の語誌的研究

若井 勲夫著

日本人固有の魂・心の本質を見つめなおす

大和魂・大和心は、「魂」・「心」に大和を冠することによって、日本人の精神面・生活面において、どのように意識され、発想され、言語に表されてきたのか。

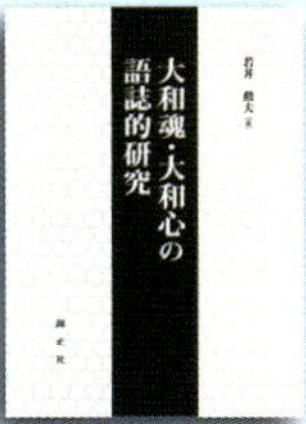

定価5,500円
〔本体5,000円〕
A5判・400頁
令和5年9月発行
9784764601512

伝統芸能と民俗芸能のイコノグラフィー〈図像学〉

児玉 絵里子著

時を超え意匠から鮮やかに蘇える
近世期―珠玉の日本文化論

初期歌舞伎研究を中心に、近世初期の芸能（歌舞伎・能楽・琉球芸能）と絵画・工芸・文芸を縦横に行き来し、日本文化史を図像学の観点から捉えなおす。

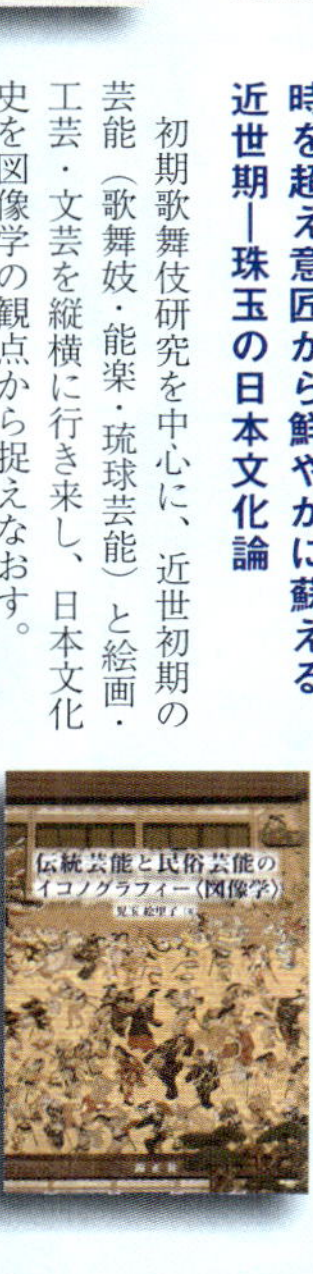

定価1,980円
〔本体1,800円〕
四六判・192頁
令和6年8月発行
9784764601543

初期歌舞伎・琉球宮廷舞踊の系譜考

三葉葵紋、枝垂れ桜、藤の花

児玉 絵里子著

数百年の時を超えて今蘇る、初期歌舞伎と近世初期絵画のこころ

初期歌舞伎研究に関わる初の領域横断研究。舞踊図・寛文美人図など近世初期風俗画と桃山百双、あるいは大津絵「藤娘」の画題解釈、元禄見得や若衆歌舞伎「業平踊」の定義などへの再考を促す、実証的研究の成果をまとめた珠玉の一冊。

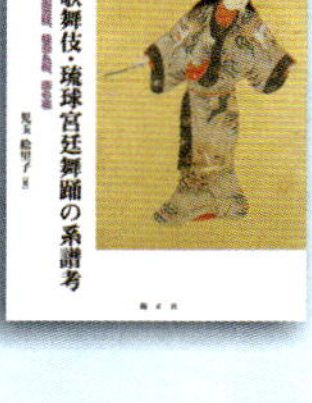

定価11,000円
〔本体10,000円〕
A5判・526頁
令和4年7月発行
9784764601468

昭和晩期世相戯評

小咄 燗徳利

村尾 次郎著、小村 和年編

令和の今こそ読むべき昭和晩期の世相戯評

昭和五十三年から平成元年の十年にわたり週刊誌『月曜評論』の「声ある声」欄に連載した〝やんちゃ〟談義、全五百三十編のコラムのうち、たまたま耳目を驚かせた時事問題、旅先での経験や身辺の小事など、著者選りすぐりの二百五十八編を収載。洒脱な文章の中に「良き国風を亨け且つ伝える」という著者気概が溢れ、読む者に何とも云えぬ爽快感を与えてくれる。

定価2,420円
〔本体2,200円〕
四六判・288頁
令和5年2月発行
9784764601499

東京大神宮ものがたり

大神宮の一四〇年

藤本 頼生著

神前結婚式創始の神社・東京大神宮の歴史を繙く

神宮司庁東京皇大神宮遥拝殿として創建され、戦前期には広く「日比谷大神宮」「飯田橋大神宮」の名称で崇敬されてきた東京大神宮。伊勢の神宮との深い由緒と歴史的経緯を持ち「東京のお伊勢さま」とも称される東京大神宮の創建から現在までのあゆみを多くの史料や写真をもとに紹介。

定価1,980円
〔本体1,800円〕
四六判・328頁
令和3年12月発行
9784764601451

津軽のイタコ

笹森 建英著

知られざる津軽のイタコの実態をひもとく

津軽のイタコの習俗・口寄せ・口説き・死後の世界・地獄観・音楽・生活など、死者と交流をしてきた彼女たちの巫業や現状とは一体どういうものなのか？ 長きに亘りイタコと関わり、研究を行ってきた著者ならではの視点から、調査体験に基づき多角的に実態を明らかにする。

定価3,080円
〔本体2,800円〕
A5判・208頁
令和3年4月発行
9784764601437

好評第３刷

日本語と英語で読む

神道とは何か

小泉八雲のみた神の国、日本

What is Shintō?

Japan, a Country of Gods, as Seen by Lafcadio Hearn

平川祐弘・牧野陽子著

ハーン研究の第一人者である二人の著者が「神道」の核心に迫る

神道とは何か、この問いに小泉八雲を介し、客観的で分かりやすく纏めた一冊。日本文と英文がほぼ同じページ数で左右両側からそれぞれ読み進められるようになっており、日本の神道の宗教的世界観を世界に発信する。

定価1,650円
〔本体1,500円〕
四六判・252頁
平成30年9月発行
9784764601376

先哲を仰ぐ【四訂版】

平泉　澄著　市村　真一編

代表的日本人の心と足跡を識り、その崇高な道を学ぼうという青年に贈る書

平泉澄博士の論稿の中から、①日本の道義を明らかにし実践された先哲の事蹟と精神を解説された論考、②第二次世界大戦前、日本の政治と思想問題に関して平泉澄博士が書かれた御意見、戦後我が国再建のため、精神的支柱を立て、内政外交政策を論じられたもの、③先哲の御遺文の講義、二十一編を収録。今回の四訂版では、「二宮尊徳」の章を追加し、刊行に合わせて書き直した市村真一博士の解説を附して復刊。

※並製本・カバー装の「通常版」のほか、上製本・函入りの「愛蔵本」を数量限定で刊行。

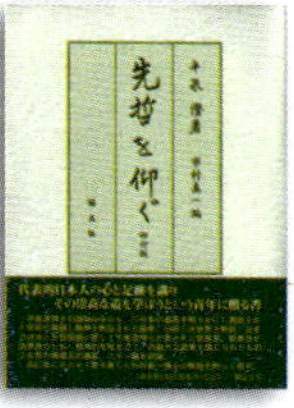

◀〔通常版〕
定価4,950円
〔本体4,500円〕
A5判・並製本・カバー装・588頁
令和3年5月発行
9784764601413

〔愛蔵本〕
定価6,600円
〔本体6,000円〕
A5判・上製本・函入・588頁
令和3年5月発行
9784764601420

水戸学の道統

名越　時正著　《水戸史学選書》

水戸史学会創立五十周年を前に、待望の復刊

「水戸学」は、徳川光圀をはじめとして数多くの先人たちが、われわれの想像も及ばない苦心によって探究し、長い年月の間の錬磨を積み重ね、そして、自分一身の生命を賭けて実践してきたものである。したがって、そこに終始一貫した道統があった。（「まえがき」より抜粋）

定価2,860円
〔本体2,600円〕
B6判・212頁
令和4年7月発行
9784764601475

鹿島神宮と水戸

梶山　孝夫著　《錦正社叢書13》

鹿島神宮と水戸藩の関係に迫る

水戸藩の歴代藩主と家臣が崇敬の誠を捧げてきた鹿島神宮。その鹿島神宮と水戸藩、松尾芭蕉、佐久良東雄との関係に焦点を当てる。光圀研究に、ひいては水戸学における神道の背景を探究する上で必読の書。

定価990円
〔本体900円〕
四六判・121頁
令和6年1月発行
9784764601529

歴史家としての徳川光圀

梶山　孝夫著　《錦正社叢書12》

水戸学の深奥にせまる

徳川光圀を水戸学あるいは水戸史学の創始者としての歴史家という視点から捉え、史家・史書・始原・憧憬・教育の五つのキーワードから水戸学の把握を試みる。

定価990円
〔本体900円〕
四六判・124頁
令和4年8月発行
9784764601482

明治維新と天皇・神社

一五〇年前の天皇と神社政策

藤本　頼生著　《錦正社叢書11》

明治維新期に行われた天皇・神社に関わる種々の改革がどのようなものであったのか

明治維新当初のわずか一年余になされた政策が、近代日本の歩み、現代へと繋がる天皇・神社にかかる諸体制の基盤となっている。

定価990円
〔本体900円〕
四六判・124頁
令和2年2月発行
9784764601406

陸軍航空の形成
軍事組織と新技術の受容

松原　治吉郎著

陸軍航空の草創期を本格的かつ系統的に明らかにした実証研究

「陸軍航空の形成期を鮮やかに浮かび上がらせている。近代日本の軍事史に対する重要な貢献であるとともに、防衛力のあり方を考える上で示唆に富む一冊だ。」――北岡伸一（東京大学名誉教授）

今日的なインプリケーションも多く含む、近代日本の軍事史研究に必読の書。

定価5,940円
〔本体5,400円〕
A5判・432頁
令和5年3月発行
9784764603554

竹内式部と宝暦事件

大貫　大樹著

竹内式部の人物像を明らかにし、宝暦事件の真相に
歴史・神学・思想の各視点から迫る総合研究書

竹内式部の人物像・学問思想及び式部門弟の思想的背景を明らかにするとともに、江戸時代を代表する社会的事件である宝暦事件を、歴史・社会・神学・思想の各視点から多角的かつ実証的に真相に迫る。

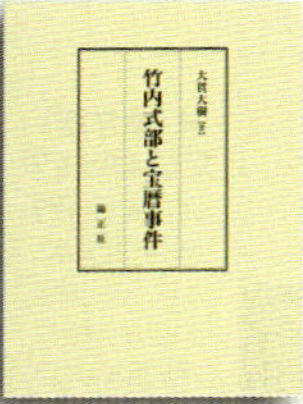

定価11,000円
〔本体10,000円〕
A5判・556頁
令和5年2月発行
9784764601505

第一次世界大戦と民間人
「武器を持たない兵士」の出現と戦後社会への影響

鍋谷　郁太郎編

「銃後」における民間人の戦争を検証する

「総力戦」といわれる第一次世界大戦を「武器を持たない兵士」としての民間人が、どの様に受け止め、如何に感じ、そして生き抜いていったのか。

ドイツ史、フランス史、イタリア史、ロシア史、ハンガリー史、そして日本史の立場からの研究成果をまとめた論集。

定価4,950円
〔本体4,500円〕
A5判・334頁
令和4年3月発行
9784764603547

日本海軍と東アジア国際政治
中国をめぐる対英米政策と戦略

小磯　隆広著

日本海軍の対英米政策・戦略を繙く

満州事変後から太平洋戦争の開戦に至るまで、日本海軍が東アジア情勢との関係において、英米の動向をいかに認識・観測し、いかなる政策と戦略を講じようとしたのか。

歴史学的検証により、昭和戦前期における日本の対外関係に海軍が果たした役割を解明する。

定価4,620円
〔本体4,200円〕
A5判・320頁
令和2年5月発行
9784764603523

〒162-0041 東京都新宿区早稲田鶴巻町544-6
電話03(5261)2891 FAX03(5261)2892

沖縄戦における住民問題

原　剛著

沖縄戦の住民問題を史料に基づき実証的に再検証

住民の疎開・避難を中心に、防衛召集、スパイ視問題、集団自決問題など、やや感情に走りがちで、事実が誤認されたり、隠蔽されたり、正しく伝えられていない一面もある沖縄戦における住民問題について史料に基づき実証的に再検証する。

定価1,980円
〔本体1,800円〕
四六判・192頁
令和3年3月発行
9784764603530

丹波・山国隊

時代祭「維新勤王隊」の由来となった草莽隊

淺川　道夫・前原　康貴著

平安神宮の時代祭に参加する維新勤王隊のルーツを探る

丹波山国の郷士たちによって結成された草莽隊＝山国隊の結成から戊辰戦争参戦を経て時代祭に参加するまでの経緯と、時代祭を通じて山国隊（維新勤王隊）による新たな祭祀形式が京都市中に伝播するまでの流れを通史として解説。次いで山国隊の鼓笛軍楽や現存する東征装束や武器について、それぞれ各論という形でまとめた書。

定価1,980円
〔本体1,800円〕
四六判・192頁
平成28年5月発行
9784764603431

国防軍潔白神話の生成

守屋　純著

戦争に負けて、戦史叙述で勝った旧ドイツ参謀本部

第二次大戦の惨敗にもかかわらず、ドイツ国防軍と参謀本部の名声はなぜ残ったか？終戦直後に人為的に作られたドイツ国防軍潔白神話。米英の軍部のかかわりなど、国防軍潔白神話生成過程の全貌を明らかにする。

定価1,980円
〔本体1,800円〕
四六判・244頁
平成21年11月発行
9784764603318

総統からの贈り物

ヒトラーに買収されたナチス・エリート達

ゲルト・ユーバーシェア／ヴァンフリート・フォーゲル著、守屋　純訳

ヒトラーとエリート達のスキャンダラスな関係

これまでほとんど知られることのなかった『総統下賜金』の実情とそれに群がったドイツ・エリート達の生態を暴く。

定価3,080円
〔本体2,800円〕
A5判・288頁
平成22年12月発行
9784764603332

ハプスブルク家かく戦えり

ヨーロッパ軍事史の一断面

久保田　正志著

欧州パワーゲームのメイン・プレーヤーの歴史

中世から第一次大戦までヨーロッパのほぼ全ての戦争に関わる一方、トルコとも戦い続けたハプスブルク家を初めて戦史の主役に据え、欧州の軍事史を通史として叙述。

定価7,700円
〔本体7,000円〕
A5判・512頁
平成13年9月発行
9784764603134

第一次世界大戦とその影響

軍事史学会編　《『軍事史学』199・200合併号》

第一次世界大戦は日本および国際社会にどのような影響を及ぼしたのか？

総力戦の実相と第一次世界大戦の影響について国内外の研究者が多角的な視点から分析した論文を多数収録。開戦一〇〇周年、軍事史学会創立五〇周年記念出版。

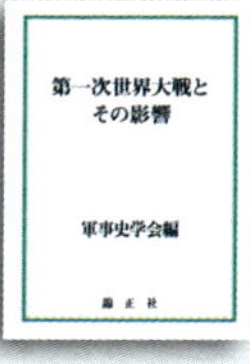

定価4,400円
〔本体4,000円〕
A5判・496頁
平成27年3月発行
9784764603417

日露戦争（一）国際的文脈

軍事史学会編　《『軍事史学』158・159合併号》

軍事史学会40年の蓄積を投入した日露戦争の総合研究書

近代日本の進路と二十世紀の潮流を方向付けた世界史的事件に政治、外交、軍事、国際法、経済、社会文化の各方面から多角的かつ複眼的に迫る。

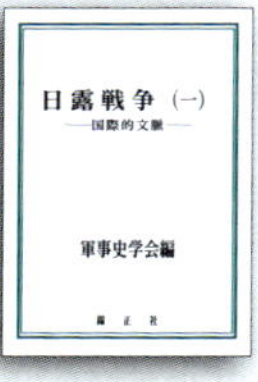

定価4,400円
〔本体4,000円〕
A5判・360頁
平成16年12月発行
9784764603189

日露戦争（二）戦いの諸相と遺産

軍事史学会編　《『軍事史学』161・162合併号》

日露戦争の総合研究の第二弾

日露戦争の真相に露・米・英各国を含む気鋭の研究者が多彩な研究分野から多角的かつ複眼的に迫る画期的論集。日露戦争研究 日本語文献目録を収録。《日露戦争百周年記念出版》

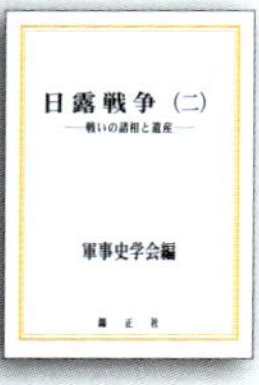

定価4,400円
〔本体4,000円〕
A5判・348頁
平成17年6月発行
9784764603196

日中戦争の諸相

軍事史学会編　《『軍事史学』130・131合併号》

盧溝橋事件勃発60周年記念出版

二十世紀は戦争と革命の時代だったとよく云われる。その中で真に複雑な種種相をもつ日中戦争を、日中英独の気鋭の研究者が、実証的研究を積み重ねて綴った画期的論集。正に日中戦争の真実に迫る。

定価4,950円
〔本体4,500円〕
A5判・476頁
平成9年12月発行
9784764603097

日中戦争再論

軍事史学会編　《『軍事史学』171・172合併号》

最新の研究文献目録も収録した日中戦争の総合研究書

日本史上最長・最大の戦争である日中戦争を最新の研究成果に基づき国内外の研究者、実務家らが、作戦戦闘・外交・経済・国際法・インテリジェンス・メディアなど多様な視点から再検討する。

定価4,400円
〔本体4,000円〕
A5判・532頁
平成20年3月発行
9784764603226

再考・満州事変

軍事史学会編　《『軍事史学』146・147合併号》

満州事変とは何だったのか？　七十年目の検証

満州事変前夜の状況分析から、その種々相を、中国人研究者三名を含む当代の気鋭の研究者が資料を博捜し、七〇年を経て漸くその真実に迫る。近現代日本史を研究する全ての方々に贈る画期的論集。

定価4,400円
〔本体4,000円〕
A5判・350頁
平成13年10月発行
9784764603158

第二次世界大戦（一）発生と拡大

軍事史学会編　《『軍事史学』第99・100合併号》

大戦研究の新分野を切り開く意欲的論集

戦後体制の終焉が論議される今日、第二次世界大戦の諸相を斬新な視角で問い直す。第二次世界大戦勃発五十周年記念出版。

定価4,379円
〔本体3,981円〕
A5判・444頁
平成2年3月発行
9784764603011

第二次世界大戦（三）終　戦

軍事史学会編　《『軍事史学』第121・122合併号》

第二次世界大戦終末の諸相を斬新な視角で問い直す

外国人研究者三名を含む、各世代を代表する二十数名の研究者から寄せられた論稿。軍事史学会平成七年度年次大会での瀬島龍三、阪谷芳直両氏の公演録も収録。

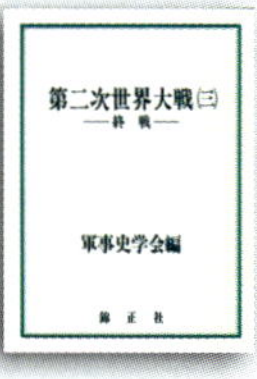

定価4,806円
〔本体4,369円〕
A5判・460頁
平成7年9月発行
9784764603066

ＰＫＯの史的検証

軍事史学会編　《『軍事史学』167・168合併号》

ＰＫＯ「研究者」と「経験者」双方から迫る画期的論集

紛争の平和的解決、停戦の監視、秩序の維持、ポスト・コンフリクトの再建過程における武装解除と治安維持、インフラの整備、復興援助など、六十年の歴史を有し世界各地で現在進行中のＰＫＯ（平和維持活動）を歴史的に検証する。

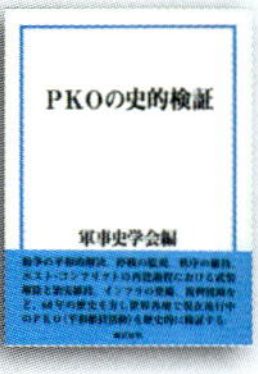

定価4,400円
〔本体4,000円〕
A5判・372頁
平成19年3月発行
9784764603219

蒙古襲来絵詞と竹崎季長の研究

佐藤　鉄太郎著　《錦正社史学叢書》

蒙古襲来絵詞についての従来の学説を根本的に改める

蒙古襲来絵詞に描かれた「てつはう」や三人の蒙古兵などは江戸時代に改竄で描き込まれた絵だった!? 精緻な考証と分析によって蒙古襲来絵詞について数多くの新しい事実を解き明かした研究。

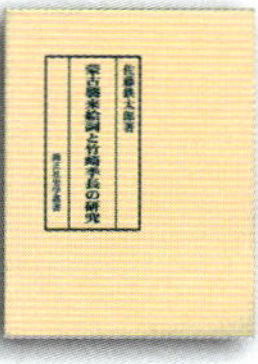

定価10,450円
〔本体9,500円〕
A5判・472頁
平成17年3月発行
9784764603172

蒙古襲来 その軍事史的研究

太田　弘毅著　《錦正社史学叢書》

元及び朝鮮の側史料から見た文永・弘安の役

勝敗を決したのは、元・朝鮮連合軍の編成の失敗による、と画期的見解を相手国側の文献から実証する。蒙古襲来が元帝国による日本への軍事行動である以上、軍事史的観点を抜きにしては論ぜられない。

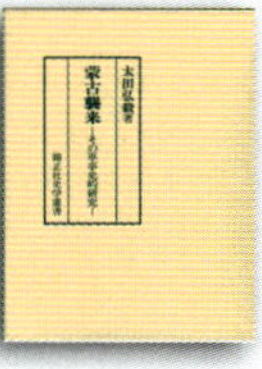

定価9,900円
〔本体9,000円〕
A5判・370頁
平成9年1月発行
9784764603080

日本中世水軍の研究
梶原氏とその時代

佐藤　和夫著　《錦正社史学叢書》

水軍研究の最高峰

平氏を倒した源氏梶原水軍、武田・里見氏と死闘を演じた戦国梶原海賊に至る四百年の成立と展開を軸に著者多年の実証的研究による中世水軍史の集大成。系図・地図・年表・索引も付載。

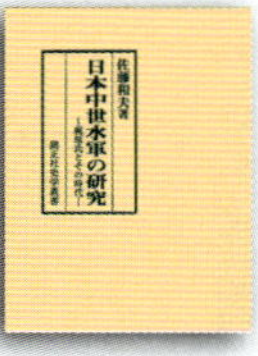

定価10,467円
〔本体9,515円〕
A5判・430頁
平成5年7月発行
9784764603059

慰霊と顕彰の間
近現代日本の戦死者観をめぐって

國學院大學研究開発推進センター編

慰霊・追悼・顕彰研究の基盤を築くために

近現代日本における戦死者の慰霊・追悼・顕彰をめぐる諸制度や担い手の言説の歴史的変遷について、多彩な分野の研究者たちが多角的かつ冷静な視点から論究する。

定価3,520円
〔本体3,200円〕
A5判・328頁
平成20年7月発行
9784764602823

霊魂・慰霊・顕彰
死者への記憶装置

國學院大學研究開発推進センター編

戦死者「霊魂・慰霊・顕彰」の基礎的研究

政治的・思想的な対立軸を受けやすい戦没者慰霊に関する諸問題の中で神道的慰霊・顕彰と「怨親平等」思想、近代における戦没者慰霊の場や招魂祭祀、仏教の関与、災害死者との差異など霊魂観の性格に直結する事象を中心に多彩な研究者が思想信条の垣根を越え実証的かつ冷静に論究。

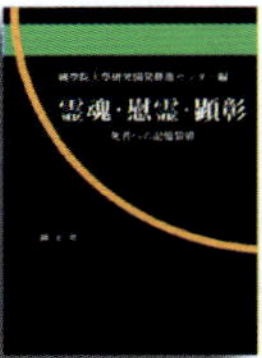

定価3,740円
〔本体3,400円〕
A5判・360頁
平成22年3月発行
9784764602847

招魂と慰霊の系譜
「靖國」の思想を問う

國學院大學研究開発推進センター編

「招魂と慰霊の系譜」を問いなおす

「靖國問題」に代表される近代日本に於ける慰霊・追悼のあり方や招魂・顕彰といった問題に迫る論集。客観的かつ実証的な研究から思想的対立を超えた真の自由な議論を導く。

定価3,740円
〔本体3,400円〕
A5判・352頁
平成25年3月発行
9784764602960

プリンス オブ ウエルスの最期
主力艦隊シンガポールへ
日本勝利の記録

R・グレンフェル著　田中　啓眞訳

シンガポール陥落の重大さとチャーチルの責任

プリンス オブ ウエルス・レパルスの悲劇をもたらした責任は一体、誰にあったのか？　英国の海軍大佐であった著者が状況を分析。

定価1,980円
〔本体1,800円〕
A5判・224頁
平成20年8月発行
9784764603264

日本の悲劇と理想

平泉　澄著

大東亜戦争に至る真実を識る歴史書の普及版

全編を通じ著者が力を注いだのは、圧倒的な白人勢力の世界支配に屈せず、開国以来独立を維持してきた日本の苦難の歴史の中に、一貫する日本の理想を明らかにする。

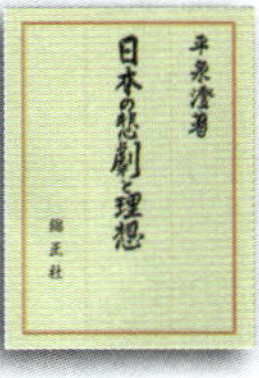

定価1,923円
〔本体1,748円〕
B6判・416頁
平成6年11月発行
9784764602403

戦前 昭和ナショナリズムの諸問題

清家　基良著

《錦正社史学叢書》　※美本なし

戦前のナショナリズムの問題点に多角的に迫る

大東亜戦争は、近代最大の事件であり影響は極めて大なるにも拘わらず、依然として東京裁判史観が横行している今日の日本の道徳観・歴史観に一石を投じる書。

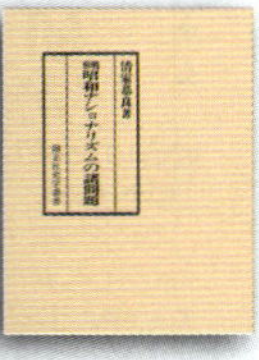

定価10,467円
〔本体9,515円〕
A5判・392頁
平成7年12月発行
9784764603073

錦正社 図書案内 ①軍事史

〒162-0041 東京都新宿区早稲田鶴巻町544-6
電話03(5261)2891 FAX03(5261)2892
https://kinseisha.jp/

海軍大将 嶋田繁太郎備忘録・日記Ⅰ

備忘録 第一～第五

軍事史学会編 黒沢文貴・相澤淳監修

昭和期の政治外交史・軍事史の基本史料

軍令部次長、支那方面艦隊司令長官、海軍大臣、軍令部総長等の要職を歴任し、二・二六事件、日中戦争、太平洋戦争などの歴史的重大事に深く関与した嶋田繁太郎が記した貴重な記録。

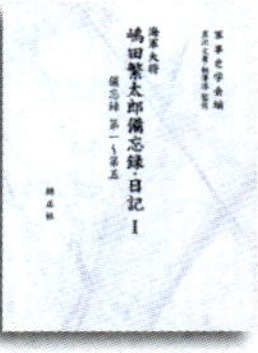

定価10,450円
〔本体9,500円〕
A5判・464頁
平成29年9月発行
9784764603462

海軍大将 嶋田繁太郎備忘録・日記Ⅲ

日記 昭和十五年、昭和十六年、昭和二十一年・二十二年、昭和二十二年・二十三年

軍事史学会編 黒沢文貴・相澤淳監修

呉鎮守府司令長官から支那方面艦隊司令長官、横須賀鎮守府司令長官を歴任し、海軍大臣として開戦を迎えた「昭和十五年」「昭和十六年」の日記および終戦後、巣鴨プリズンに収監され、極東国際軍事裁判の被告となっていた「昭和二十一年・二十二年」「昭和二十二年・二十三年」の日記を収録。

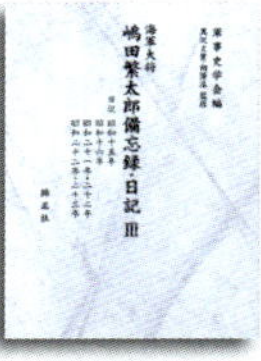

定価10,450円
〔本体9,500円〕
A5判・528頁
令和2年5月発行
9784764603486

続巻刊行予定

Ⅱ 備忘録 第六・第七・無標題・(特)寫

※価格未定です。
内容は追加・変更になる場合があります。

元帥畑俊六回顧録

軍事史学会編 伊藤 隆・原 剛監修

陸軍研究にとって極めて貴重な史料

元帥畑俊六が戦犯容疑者として収容されていた巣鴨獄中で書かれた誕生から陸軍大臣就任に至るまでの詳細な「回顧録」「巣鴨日記Ⅰ・Ⅱ」「敗戦回顧」「日誌Ⅰ」を収録。陸軍内の派閥対立から間を置いた立場にあった畑ならではの客観的な記述は他に類を見ない。陸軍研究に欠かせない史料。

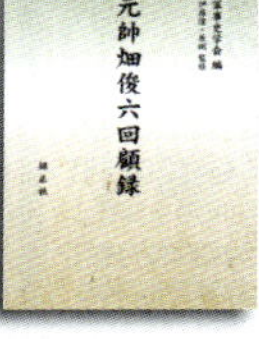

定価9,350円
〔本体8,500円〕
A5判・530頁
平成21年7月発行
9784764603295

大本営陸軍部作戦部長 宮崎周一中将日誌

防衛研究所図書館所蔵 軍事史学会編

昭和期の陸軍を知る上で欠かせない第一級の根本史料

大本営陸軍部作戦部長が明かす対米(対中)作戦の実情。第十七軍参謀長(中国戦線に従軍)、第六方面軍参謀長(ガダルカナル作戦に従軍)、陸軍部作戦部長時代の日誌を収録。

定価16,500円
〔本体15,000円〕
A5判・530頁
平成15年6月発行
9784764603165

大本営陸軍部戦争指導班 機密戦争日誌（全二巻）〔新装版〕

防衛研究所図書館所蔵 軍事史学会編

参謀たちの生の声が伝わる貴重な第一級史料

変転する戦局に応じて、天皇と政府、陸軍及び海軍が、政治・外交指導を含む総合的な戦争指導について、いかに考え、いかに実行しようとしたか？ 大本営政府連絡会議の事務を取り扱っていた大本営陸軍部戦争指導班の参謀が交代で記述した業務日誌により日々の克明な足跡がここに明かされる。

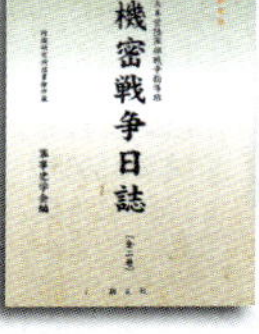

揃定価22,000円
〔本体20,000円〕
A5判・総800頁
セット函入
平成20年5月発行
9784764603233

明治維新と陸軍創設

淺川　道夫著

陸軍建設にまつわる諸課題を実証的に検証

維新政府の陸軍建設というテーマに、直轄諸隊・対藩兵政策・用兵思想・軍紀形成・兵器統一などの問題毎に章立てをおこない、多角的かつ実証的にアプローチし、維新政府による建軍構想の枠組みを明らかにする。

定価3,740円
〔本体3,400円〕
A5判・320頁
平成25年5月発行
9784764603370

江戸湾海防史

淺川　道夫著

幕末の江戸湾海防政策の変遷を軍事史の観点から考察

江戸湾の海防は、当時の国際関係の中で、幕藩体制を維持しようとする幕府にとって最重要課題の一つだった。台場建設から明治維新まで半世紀以上続いた幕藩体制下の江戸湾海防の変遷を軍事史の観点から考察する。

定価3,080円
〔本体2,800円〕
A5判・216頁
平成22年11月発行
9784764603325

お台場 品川台場の設計・構造・機能

淺川　道夫著

日本初の海中土木構造物「品川台場」築城の歴史

「品川台場」の設計・配列・諸施設の構造等について、西洋築城術がどのような形で反映されているのか？　台場築造に用いたオランダの築城書を個々に探究し、日本側の史料・品川台場の遺構と照合して明らかにする。

定価3,080円
〔本体2,800円〕
A5判・216頁
平成21年6月発行
9784764603288

日本の軍事革命

久保田　正志著

ジェフリー・パーカーの「軍事革命」論は日本にも当てはまるのか？

鉄炮の伝来・普及に端を発した日本の軍事上の変革が戦国時代から近世初期にかけての社会制度にどのような影響をもたらしたか。西欧との比較から戦国時代の特性を炙り出す。

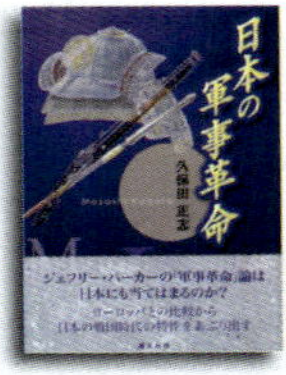

定価3,740円
〔本体3,400円〕
A5判・280頁
平成20年12月発行
9784764603271

元寇役の回顧 紀念碑建設史料

太田　弘毅編著

元寇紀念碑建設運動と護国運動に史料面から光を当てた貴重な一冊

元寇紀念碑建設運動を推進し、後半生を捧げた湯地丈雄。その運動を助けた矢田一嘯画伯や佐野前励師。彼らや元寇紀念碑建設に関連する絵画・伝記・音楽等の史料を収録。

定価7,480円
〔本体6,800円〕
A5判・366頁
平成21年11月発行
9784764603301

明治期国土防衛史

原　剛著　《錦正社史学叢書》

明治初期から日露戦争までの国土防衛史を繙く

明治期、国土防衛のために陸海軍がどのように建設され、要塞等の防衛施設がどのように建造されたか。日清・日露戦争の戦争間、国土防衛のための作戦計画はどのように策定されたか。研究の空白を埋める貴重な研究。実地調査を基に記録された貴重な要塞地図を別冊として付録。

定価10,450円
〔本体9,500円〕
A5判・594頁
＋別冊付図
平成14年2月発行
9784764603141

四　『USSBS報告』から

(一)　警防団

警防団の重要性は、都市であってもその他の地域であっても、消防組織をもっているにもかかわらず、防空組織として通常の消防と同様に頼られる存在であることが、明白になっていった。しかし、このような飽和焼夷弾攻撃にあっては、全ての任務を継続することは不可能であった。警防団は、自衛の防空組織の要点として活動し、戦争中、立派に行動した。この組織は、自治体における地震、洪水、火災、及び飢饉のような平和時の非常事態からの経験によって固定された組織として設立されるべきであったことを忘れてはならない(30)。

前記の評価に加え、情報不足、必要な訓練を設備の不足、適切な判断を下せるリーダーの不存在などが挙げられている。これは、警防団という組織の存在については肯定的であるが、その教育、運営については足らないものが多かったと要約することができる。

しかし、警防団を「自治体における地震、洪水、火災、及び飢饉のような平和時の非常事態からの経験によって固定された組織として設立されるべきであった」という部分には疑義が残る。なぜなら、前述したように、日本には、江戸の町火消しの伝統をもつ消防組という歴史的な民間消防組織があったからである。戦時に対応するために防護団と合併して警防団が組織されたことから、それまで存在した消防組の存在が、『USSBS報告』では考察されていない。消防組は、警察－市町村－消防組という系統で組織され、「水火災警戒防禦」(消防組規則第一条)を業務とし、まさに『USSBS報告』にある「自治体における地震、洪水、火災、及び飢饉のような平和時の非常事態からの経験によって固定された組織として設立された」と言える。この点は『USSBS報告』の調査不足を指摘せざるをえない。

(二) 家庭防空隣保組織(隣組)

機関消防が来るまえに自らの手で即座に消火にあたることは、もっとも価値がある。日本人が協力的に働き、リーダーに疑問をもつことなく従うという気質は、疑いなく隣組のかなりの成功についての重要な要因となっている。日本の民防空組織のほとんどにおいて、最も徹底した協力的で効果的な活動は、飽和焼夷弾攻撃に対処するには不十分だった。一九四五年三月から戦争終結までの空襲で多くの死傷者と混乱があったのは、空襲が、その対処能力を遙かに超えたものであり、それは当然の結果である。しかし、論理的には、この組織がなかったならば、はるかに多くの人命と財産の損失となっていたと言える。(31)

家庭防空隣保組織(隣組)の存在については、米国は否定的ではない。空襲が圧倒的であったことが被害を大きくした一番の理由であって、この組織がなければ、被害が増大したことが述べられている。

ま と め

国家総動員体制の下、戦争に加担するのも、空襲被害局限に努力するのも国民動員には違いはない。しかし、その目的は同じではない。民防空政策は、国民を戦争に駆り立てるという国家総動員体制のなかで、被害を局限するという国民保護の側面をもっていた。

民防空政策は間違いだったのか。ドイツとの比較から言えることは否である。当時、無差別爆撃が、戦争の手段として予想され、これに対して準備されていたことは事実であり、ドイツだけではなく、第一部で述べたようにイギリスでも空襲に備えて、被害を局限するための方策はとられていた。米軍の新型戦略爆撃機B-29（以下、B-29）による都市を標的とした焼夷弾攻撃に対してなすすべもなかったという結果から、日本がとった民防空政策を頭から否定するのは短絡的と言えよう。至らない手段もあったが、その目的や方針に大きな違いは見あたらない。防空動員と言われる総動員の体制についても、全土が空襲の対象になっているのであれば、防空動員で対処しなければならない。そこにある目的は、被害の局限であった。

防空法を中心とする民防空政策がなかったとしても、国家総動員法、義勇兵法によって、国民は戦争に加担しなければならなかった。しかし、民防空政策により確立された体制が整っていなければ、後述する空襲対処はできなかったはずである。全国規模で爆撃を受けていて、必要なボランティアが全国から集まってくるとは考えられない。そのようなとき、住民組織なくしての救援活動は、成り立たないであろう。国家総動員の末端組織で「人民支配の機構」とまで言われた家庭防空隣保組織（隣組）であるが、『USSBS報告』にあるとおり、この組織がなければ、被害と混乱は、さらに大きなものとなったと言うことができる。現代においても、災害における住民組織の重要性を、我々はすでに多くの地震・津波被害から学んでいる。

このようなことからも、「民防空」と「民防衛」は区別され、「防空動員」と「防衛動員」もまた明確に区別されて考えられるべきであろう。

『USSBS報告』では、警防団及び家庭防空隣保組織（隣組）の活動は、民防空政策を担う組織として空襲に対応していたことを評価しているが、具体的な活動・活躍については、以後の項目のなかで述べることとし、さらに最後に第五部において、その役割をまとめる。

第二節　市民への周知

民防空政策は、市民へどのように周知徹底されていったのであろうか。その大きな手段となったのは、防空演習と図書等による啓蒙である。以下、これらについて述べる。

一　防空演習

第一次世界大戦後、日本において防空の必要性が唱えられていくなか、最初の防空演習が一九一九年頃、海軍によって鎮守府のあった横須賀において行われ、「燈火管制」が実施された。「燈火管制」は、横須賀全市を真っ暗にしようとするものであったが、国民生活や商業活動に影響を与えるため、賠償金など多方面の調整が必要で面倒なものであった。(32)

その後、都市防空演習が、一九二八年七月に大阪で実施された。この演習では、「燈火管制」がもっとも重要視され、「燈火管制」によって都市を暗黒化するという前代未聞の演習となった。(33)当該都市を担当する陸軍の第四師団は、大阪府をはじめ、関係する官民の組織と慎重に交渉を進め、その結果、「燈火管制」を無事成功させた。(34)他にも市内数ヶ所で空襲の状況を現示し、「防毒」「消防」「救護」の演習訓練を行った。この演習は大阪市民のみならず、全国の都市市民に対しても啓蒙宣伝に大きな効果があった[35]。

その後、都市防空演習は、一九二九年名古屋、一九三一年北九州・静岡・横須賀、一九三二年木更津・佐世保・舞鶴・大湊・徳山・呉・宇部・横須賀、一九三三年関東防空演習、名古屋・広島、一九三四年北九州・名古屋・新潟・広島・佐世保・東京・熊本・八戸、一九三五年北海道・京阪神・徳島・熊本・東京（東京、横浜、川崎の三市合同）・広島・弘前・名古屋・京都・大阪と続いた。一九三六年の演習は、東京市（当時）、川崎市、横浜市の三市連合による三市防空演習として七月二十一日から二十三日にかけて実施された[36]。

『信濃毎日新聞』の主筆の桐生悠々が批判をしたことで知られる関東防空大演習は、一九三三年に実施された演習である。桐生が、「関東防空大演習を嗤う」と題した記事により軍の主導する防空演習を批判し、陸軍の怒りをかって退社に追い込まれたことは有名な話である[37]。このできごとは、防空法を批判する題材に使用されることがある。

桐生の防空演習に対する意見のひとつとして、「敵機を迎え撃って我が領土にいれてはならない。こうした作戦計画の下で行われる防空演習でなければ実戦には役にたたない」というものがあった[38]。この考え方は、必ずしも適切とは言えない。敵機を領土に入れないことは軍の迎撃作戦の範疇であって、その迎撃をすり抜けて入ってきた敵機による爆撃に備えるのが防空演習である。防空演習は、作戦計画の下で行われるものではない。敵機による攻撃に対して、作戦計画により対処した結果、どの程度まで阻止できるかを見積もり、考えられる最悪のシナリオに沿って、防空演習は実施されなければならない。また、桐生によるこの批判は、初歩的な訓練を無意味とし、実戦的であるべきと主張しているようにも解釈できる。そこでは、初歩的な訓練の積み重ねにより、実戦的な訓練が可能になるということが理解されていない。当時は、防空法成立前ということもあり、初歩的な訓練の積み重ねを続けている時期と考えられることから、この点についても桐生の批判は的を射ているとは言い難い。

桐生悠々の件については、政治経済研究所の青木哲夫が、「桐生悠々『関東防空大演習を嗤ふ』の論理と歴史的意味」において、論理的に分析した。そこでは、「一方で空襲は領土外・沿岸地帯で防ぐことが可能であるとしながら、都市自体が襲われたら防御不能であるとする論理上の齟齬があり、防空演習の実態や軍その他の空襲論・防空論の批判としては十分でないところがあった」「空襲のもたらす降伏への衝動や空襲の防御不可能性という最大の問題を衝くことによって、防空の必要性の宣伝と空襲の実際の悲惨さを伝えることのジレンマに悩む軍や防空当局の弱点に迫っていた」「この点、悠々と信濃毎日新聞社が排斥の対象となる要素は十分であった」とまとめた。[39] 結果的に軍の思惑等がからんで、桐生悠々が退社に追い込まれていったのであるが、桐生の記事の内容、そして事の顛末は、爾後の民防空政策に影響を与えたものではないと考えられ、本論文の対象とするところではないので、これ以上の言及は避ける。

一九三七年に防空法が制定されてからは、一九三七年十一月と一九三八年二月に関東及び東北地方防空訓練が行われた。これは東京府（当時）をはじめとして、青森県に至る一六府県が参加した大規模な防空訓練であった。関西地区でも、近畿中部、中国及び四国地方防空訓練（一九三七年十一月）、西部地方防空訓練（一九三八年二月）が実施された。[40] 以後毎年、広域的に防空演習が実施された。

なお、訓練は基礎訓練と総合訓練に分けられており、基礎訓練は各種防空基幹及び防空業務において基礎的に綿密な演練を行い熟達するまで反復実施するもので、いわゆる個人訓練である。また総合訓練は、基礎訓練において習得した知識と能力を活用し、各関係防空基幹の行う防空業務を有機的に総合し実践の推移に即する如く演練するものであった。[41] たとえば、六～七月は警防団等の団体別組織訓練及び地域的運用訓練、七～八月は家庭、隣組の基礎訓練、九月は総合訓練、十月以降は訓練成果を検討し基礎訓練の反復訓練といった具合である。[42]

広域防空演習とは総合訓練と考えられ、たとえば一九三九年の中部軍管区においては第四次防空演習までが実施されており、広域総合訓練が四回、その合間に個人訓練として基礎訓練が継続して実施されていたと考えられる(43)。

一九四一年総合防空訓練では、対象となる訓練地域は、内地全地域及びその関係海上管区であり、十月十二日より二十一日までの一〇日間にわたって実施された。その内容は、「監視」「通信」「警報」「燈火管制」「消防」、その他の防護訓練であった(44)。さらに、太平洋戦争開戦後も防空演習が続けられたのは、言及するまでもないであろう。

二　図書等による啓蒙

当時、発刊された防空に関する図書等も国民への周知に寄与した。その代表的なものは、次の三つの図書等である。

(一)『週　報』

内閣情報局発行の政府広報誌である。内務省による防空対策の啓蒙記事が多く掲載されている。防空に関する特集記事を組むなど、政府の方針等を国民に示す有効な手段であったと言える。

(二)『時局防空必携』

一九四一年に内務省から発刊され、一九四三年に改訂版が発刊、二二都府県の四七都市に内務省発防第三十九号によって通牒された。そして各家庭には、財団法人大日本防空協会から有料で配布された(45)。内容は、いわゆる「空襲対処マニュアル」である。予想される空襲、防空の概要、防空の組織、家庭や隣組の防空など、空襲を受けた場面における各家庭の対処要領が市民に分かり易く書かれている。またルビ（読み仮名）がふられていて、漢字の読めない市民への配慮もなされている。『時局防空必携』が主要なマニュアルで、これを基本とし、訓練により、市民は、空襲への対処を覚え込まされたといってよい。

(三)　内務省「家庭防空の手引き」

『週報』第二五六号（一九四一年九月三日）により、政府から配布されたもので、隣組による焼夷弾火災への対応、爆弾についての知識や空襲時に市民はどうすればよいのかが記載された。

ま と め

黒田康弘『帝国日本の防空対策』によれば、『ＵＳＳＢＳ報告』には、内務官僚の「防空総本部によって防空を考慮して提案されたどのような準備についても、民衆は本気で受け止めようとしなかった」という証言が引用されている。(46)しかし、毎年の防空演習と政府からの配布物などからは、政府の国民に対する啓蒙活動への強い姿勢が感じられる。また、「本気で受け止めようとしなかった」のであれば、「都民には絶対に逃げることのできない防火義務が法律として、頭の中にたたきこまれていた(47)」という『東京大空襲・戦災誌』の記述とは、矛盾が生じる。いずれも防空法を批判する内容でありながら、互いに矛盾した主張をされるほど防空法は評判が悪いということであろう。「敢闘精神とバケツリレー」への批判は、戦後になってからの批判であり、当時は言論統制などによって政府の方針を批判できない環境に置かれていたこと考えれば、軍・政府による啓蒙活動と繰り返しの訓練によって、市民には防空というものが浸透していったと考えるのが自然ではないだろうか。「本気で受け止めようとしなかった」という証言は、一部の民衆の実態をもって全ての国民がそうであるかのようにとらえていると考えざるをえない。

このような防空演習や政府発行の広報誌などによって、市民の防空に対する意識は浸透していったと考えるのが妥当であろう。

註

（1）中埜喜雄「〈研究ノート〉国家総動員法」（『産大法学』第十三巻第三号、一九七九年十二月）一五三―一五八頁。
（2）本間重紀「国家総動員法と国家総動員体制―その歴史的性格―」（『法律時報』五十巻十三号、一九七八年十二月）七〇頁。
（3）浄法寺朝美『日本防空史』（原書房、一九八一年）三六頁。
（4）陸軍主計総監　辻村楠造監修『国家総動員の意義』（青山書院、一九二六年。国立国会図書館デジタルコレクション）〈http://dl.ndl.go.jp/info:ndljp/pid/1017896〉一、二頁。
（5）同右、六―七頁。
（6）鈴木栄樹「防空動員と戦時国内体制の再編―防空態勢から本土決戦態勢へ―」（『立命館大学人文科学研究所紀要』№52、一九九一年九月）一三一―一六七頁。
（7）纐纈　厚『総力戦体制研究』（三一書房、一九八一年）二七頁。
（8）荒川憲一『戦時経済体制の構想と展開』（岩波書店、二〇一一年）、山崎志郎『戦時経済総動員体制の研究』（日本経済評論社、二〇一一年）、小林英夫『帝国日本と総力戦体制』（有志舎、二〇〇四年）。
（9）鈴木「防空動員と戦時国内体制の再編」一三一―一六七頁。
（10）河木邦夫「民間防衛の史的変遷について」（『防衛大学校紀要』第百輯、二〇一〇年三月）六四―六六頁。
（11）土田宏成『近代日本の「国民防空」体制』（神田外語大学出版局、二〇一〇年）三〇三頁。膨大な死傷者を出して「国民防空」体制は崩壊したと土田は述べている。なお「国民防空」体制とは、当時の民防空の体制を土田が使用した呼び方である。
（12）石津朋之・永松　聡・塚本勝也『戦略原論』（日本経済新聞社、二〇一〇年）一一〇、一一一頁。
（13）土田『近代日本の「国民防空」体制』二五七、二五八頁。
（14）「警防団令」一九三九年勅令第二〇号（「御署名原本・昭和十四年・勅令第二〇号・警防団令制定消防組規則廃止」JACAR（アジア歴史資料センター）Ref.A03022336700、御署名原本・昭和十四年・勅令第二〇号・警防団令制定消防組規則廃止（国立公文書館））。

（15）「総動員警備要綱」一九四四年八月十五日閣議決定（「総動員警備要綱送付に関する件」国立公文書館デジタルアーカイブ／内閣通牒・自昭和19年至昭和20年／件名番号：034）。

（16）鈴木「防空動員と戦時国内体制の再編」一六五頁。

（17）同右。

（18）小島郁夫「愛知県における警防団─愛知県公報にみる昭和戦時期の国民保護組織──」（『軍事史学』第四十八巻第一号、二〇一二年六月）八九、一〇一頁。

（19）内務省計画局長・警保局長から各庁府県長官宛「家庭防空隣保組織に関する件」一九三九年八月二十四日内務省発画第一〇八号（『防空関係法令及例規』（「防空関係法令及例規送付ノ件」国立公文書館デジタルアーカイブ／防空関係資料・防空ニ関スル件（四）／件名番号：004。以下、『防空関係法令及例規』））。

（20）内務大臣から各地方長官宛「部落会町内会等整備要領」一九四〇年九月十一日内務省訓練第十七号（「地方行政連絡会議」五─七頁、国立国会図書館デジタルコレクション）。

（21）内務省計画局長・警保局長・地方局長から地方長官宛「隣保班と家庭防空隣保組織との関係に関する件」一九四〇年十一月五日内務省計第六三七二号（『防空関係法令及例規』）。

（22）土田『近代日本の「国民防空」体制』二九六─二九八頁。

（23）本間「国家総動員法と国家総動員体制」六七─七二頁

（24）「昭和二十年勅令第五百四十二号ポツダム宣言の受諾に伴い発する命令に関する件に基づく町内会部落会又はその連合会等に関する解散、就職禁止その他の行為の制限に関する政令」昭和二十二年五月三日政令第一五号（国立公文書館所蔵マイクロフィルム、リール番号003000、コマ0466）。当該政令により、一九四七年五月三十一日までに全て解散することが定められた。

（25）田辺平学『ドイツ防空・科学・国民生活』（相模書店、一九四二年。国立国会図書館デジタルコレクション）六五─六八頁〈http://dl.ndl.go.jp/info:ndljp/pid/1267175〉。

（26）同右、六八─七〇頁。

（27）同右、七〇─八三頁。

（28）同右、一二〇─一二九頁。

(29) 浄法寺『日本防空史』一二三頁。

(30) THE UNITED STATES STRATEGIC BOMBING SURVEY, *FINAL REPORT Covering Air-Raid Protection and Allied Subjects in JAPAN* (Civilian Defense Division, 1947), pp.29-30〔米国戦略爆撃調査団『太平洋戦争白書　第5巻　民間防衛部門④』（日本図書センター、一九九二年）〕.

(31) *Ibid.*, pp.31-32.

(32) 土田『近代日本の「国民防空」体制』四三頁。

(33) 同右、一〇五頁。

(34) 第四師団司令部『大阪防空演習記事』（教導社出版部、一九二九年）三三六頁（防衛省防衛研究所公開史料「大阪防空演習記事(全)　第4師団司令部」中央―軍隊教育演習記事―225）。

(35) 浄法寺『日本防空史』一三八頁。

(36) 同右。

(37) 土田『近代日本の「国民防空」体制』一七三頁。

(38) 家永三郎責任編集『日本平和論体系9　桐生悠々』（日本図書センター、一九九三年）四三―四五頁。

(39) 青木哲夫「桐生悠々『関東防空大演習を嗤ふ』の論理と歴史的意味」（『生活と文化』豊島区立郷土資料館紀要第十四号、二〇〇四年十二月）一二頁。

(40) 「昭和十二年度防空訓練概要」（「昭和十二年度防空訓練概要送付方ノ件」国立公文書館デジタルアーカイブ／防空関係資料・防空ニ関スル件（一）／件名番号：040）。

(41) 「中央防空計画」内務省・厚生省・軍需省・農商省・運輸通信省、昭和十九（一九四四）年七月（「中央防空計画設定ニ関スル件」国立公文書館デジタルアーカイブ／防空関係資料・防空ニ関スル件（六）／件名番号：019）。

(42) 氏家康裕「国民保護の視点からの有事法制の史的考察――民防空を中心として――」（『戦史研究年報』第八号、二〇〇五年三月）一四頁。

(43) 「昭和十四年度第四次中部防空訓練当局実施要領、逓信部内者の生活改善と貯蓄実行に関する申合せ」（「昭和十四年度第四次中部防空訓練当局実施要領、逓信部内者の生活改善と貯蓄実行に関する申合せ」国立公文書館デジタルアーカイブ／自昭和十三年至昭和十四年・例規、外国為替／件名番号：164）。

(44) 「防空訓練ニ関スル件」一九四一年九月十八日内務省発防第四号（国立公文書館デジタルアーカイブ／防空関係資料・防空

ニ関スル件(三)／件名番号：009)。

(45)『防空関係法令及例規』。

(46)黒田康弘『帝国日本の防空対策』(新人物往来社、二〇一〇年)三〇七頁。

(47)『東京大空襲・戦災誌』編集委員会『東京大空襲・戦災誌　第1巻　都民の空襲体験記録集　3月10日篇』(東京大空襲を記録する会、一九七三年)二二一―二二三頁。

第二章「空襲判断」

はじめに

第二次世界大戦中、日本側は、日本本土が米軍から受けた空襲に対して、どのように予想をしていたのか（「空襲判断」）。この「空襲判断」は、空襲に対する準備をなす上で重要な要素である。そして、どのような空襲を受けたのか（「空襲様相」）についても、防空法の項目に沿って、その効果、成果及び実績を評価する上で整理しておく必要がある。

米軍のB‐29による都市への焼夷弾攻撃、軍需工場等を狙った精密爆撃だけでなく、艦載機による爆撃や機銃掃射など、「空襲様相」は一様ではない。「空襲様相」を整理することは、民防空の体制を評価することにも意味をもつ。なぜなら、昼間の爆撃に対して、「燈火管制」が無意味であることは言うまでもない。「偽装」を評価するのに夜間の爆撃を対象とするのも、また、無意味である。「燈火管制」の効果は夜間の空襲に対して、「偽装」は昼間の空襲に対して評価されるべきで、そのような意味で「空襲様相」は整理されていなければならない。

本章では、第一節で、「空襲判断」と「空襲様相」を比較するとともに「空襲様相」を分析する。第二節においては、もっとも多く空襲を受けた東京都について、「空襲様相」を分析する。そして第三節においては、「空襲判断」と

「空襲様相」が大きく異なっていた事項（落下密度が、それにあたる）について分析する。これらの結果は、続く第三部以降で参照される。

第一節「空襲判断」

「空襲判断」とは、どのような空襲を受ける恐れがあるかを示したもので、一九四〇年五月に陸軍省と参謀本部が連名で作成した「国民防空指導ニ関スル指針」（以下、「国民防空指導指針」）において、初めて文書として官民に提示された。[1]この「国民防空指導指針」作成の目的は、「軍内に於ける国民防空指導に関する思想を統一する」[2]ことであったが、軍内に限らず、内務省はじめ政府の関係各省庁へも配布された。[3]そこでは、「空襲判断」記述の目的が、次のように示されていた。

空襲なくして防空無し即ち防空の要否、防空の程度、緩急順序等は一つに空襲判断に基礎を有す　而して空襲判断は軍部本然の職責なり（後略）[4]。

「空襲判断」を行うのは軍の職責であり、詳細で具体的な判断を確定すると明記されていた。この「空襲判断」には、時機（いつ）、場所（どこから・どこに）、「空襲様相」（何によって、どのくらい、どのように）があり、さらに詳細な予想として、何発ぐらいの焼夷弾に立ち向かえば良いのかを意味する「落下密度」が示されていた。そして、その「空襲判断」は、防空の要否、防空の程度、緩急順序等を決定するための基礎となった。つまり、準備も含め、空襲に対処するための重要な情報が「空襲判断」であった。

当時日本は、その「空襲判断」をどのように見積もっていたのであろうか。太平洋戦争における日本本土空襲に関する「空襲判断」を扱った先行研究は、極めて少ない。確認できたのは、第一部で引用した「大東亜戦争における民防空政策」のみであった。そこでは、太平洋戦争を通じての「空襲判断」を次のようにまとめている。

本戦争間の「空襲判断」は、原爆並びに都市焼夷弾撒布密度などを除き、判断した空襲様相で推移した。（中略）最も批判されなければならないことは、初期消火の建前が崩れるのを懸念してか焼夷弾は、市民の手で消せる程度という戦争初期の空襲判断を遂に公式に修正しなかった軍の姿勢であろう。(5)

本節では、「判断した空襲様相で推移した」という、この先行研究の結論を確認するため、時間の経過とともに「空襲判断」がどのように変化し、実際にどのような空襲を受けたのかを「大東亜戦争における民防空政策」の記述を参考にしながら整理する。なお、当該研究で「空襲判断」とは異なっていたのは、原子爆弾と都市焼夷弾撒布密度と解釈できる。原子爆弾の出現と、その使用を予想できたかどうかについての言及は、本論文では避けることとし、都市焼夷弾撒布密度と「空襲判断」を最後まで公式に修正しなかったとされる軍の姿勢については第三節で考察する。

一　「空襲判断」の変遷

「空襲判断」は戦局に対応して、どのように変わっていったのか、防空法成立時、開戦時も含め、年ごとに整理した。

（一）防空法成立時（一九三七年）

第一部でも述べたが、一九三六年参謀本部は、ソ連軍機の本土空襲について、おおよそ次のように見積もっていた。

空襲目標が第一は東京、第二は関門及び北九州、第三が阪神及び名古屋で、多くの場合夜間または払暁、来襲機数は数機編隊または数十機の編隊群で、一～五割が対空防御を突破して目標に到達する。爆撃に当たっては、数千メートルの上空から一キロ程度の焼夷弾数百～数千個を幅数百メートルの帯状に撒布して、多数の場所で火災を同時に発生させるとともに、一時性のガス弾を多数投下して住民を一大恐怖混乱状態に陥れようとするだろう。なお、このときには比較的低空に降下し、数十から数百キロの爆弾をもって官庁、交通、通信、給水、電力などの諸施設を爆撃するだろう。(6)

このように、防空法成立時の脅威は、極東ソ連軍であった。

（二）開戦（一九四一年十二月）以前

「国民防空指導指針」により、対米戦争開戦前に軍が発表した「空襲判断」によれば、数年後に対ソ、対米、対英戦を予想した「空襲様相」が予測されている。(7)沿海州より敵は二、三時間にして我が国土に来襲しうるとされ、その関心は、やはりソ連軍であった。そして、爆撃機一機あたりの爆弾搭載量は二トンと予測されていた。(8)

(三)　一九四二年

対米戦争開戦後、日本が有利に作戦を進めていた時期、一九四二年三月九日に大本営政府連絡会議にて示された「世界情勢判断」では、敵の大規模な反攻は一九四三年以降とされ、本土空襲の公算は、「海上及航空兵力を太平洋方面に集中し其の一部を以て我が海上交通の妨害、日本の中枢地区に対する奇襲其の他各種『ゲリラ』戦の実施」と予想されていた。[9]

この「世界情勢判断」の約一ヶ月後、四月十八日に米軍による初の日本本土空襲であるドーリットル帝都空襲が実行された。この空襲は、航続力の点で特に優れていた陸上基地使用の爆撃機B-25を、海軍の航空母艦（空母）「ホーネット」に搭載して、そこから発進するという前例のない戦術で、一六機が発艦し、一三機が京浜地方を爆撃した。[10] 日本側の記録によれば東京には六機が来襲し、六〇〇メートル内外の低空をもって分散単機攻撃により、二五〇キロ爆弾を六個、焼夷弾を四五二個投下した。日本側の被害は死者三九人、焼失六一戸であった。[11]

このドーリットル帝都空襲は、前述の「世界情勢判断」で予想した、「太平洋方面に集中した一部の海上・航空兵力による奇襲」そのものであった。この空襲に使用された米陸軍の爆撃機B-25は、二、〇〇〇ポンド（一トン弱）の爆弾・焼夷弾を搭載していた。[12] これは、「国民防空指導指針」の見積もりである「一機の搭載量二トン」より少なかった。

ドーリットル帝都空襲後の一九四二年五月五日、陸軍省・海軍省は、「永年防空計画設定上の基準」及び「昭和十七年度防空計画設定上の基準」を決定し、五月十六日、関係各省庁に通牒した。[13] そこには、「陸上基地よりは大なる機数、頻度を以て空襲を受くる公算少からんも間歇的に小《ママ》数機を以てする奇襲及航空母艦を以てする海上よりの空襲を予期するを要す」[14] と記述され、少数機による間歇的な奇襲と空母搭載の航空機（艦載機）による空襲の可能性が高いことが予想されていた。

一九四二年十一月七日に示された「世界情勢判断」においては、「空襲の時機的観察は本年度は先ず極めて希なるべきも明年以降に於ては大規模空襲の頻発することあるを覚悟し、今より其の準備に着手するを要す（中略）『アリウシヤン』『ミツドウエー』を基地とする直接本土空襲は機材の進歩と共に必ず実現を見るに至るべし[15]」とされ、大規模空襲は一九四三年以降と予想され航空機の進歩によっては、アリューシャンやミッドウェーからの空襲も予想した。これら「空襲判断」のとおり、ドーリットル帝都空襲以後、一九四二年には本土空襲はなかった。

(四)　一九四三年

陸軍省・海軍省「昭和十八年度防空計画設定上の基準」（一九四三年二月八日）における「空襲判断」は、「本年度中期以降に於ては（中略）、大なる機数を以て反復空襲を受くるの虞ある」とされ、同年中期以降の空襲を予測した。さらに「空襲は来年度以降更に深刻且激化す」「数機又は数十機の梯団に依る連続攻撃を反復実施する」とされた。投下弾及び投下要領は、「小型焼夷弾の多数投下及焼夷威力大なる大型焼夷弾の混用投下に依り焼夷を企図し、特に五十乃至百瓩級の爆弾を併用投下し消防活動を困難ならしめんとする公算大なるも枢要部に対し、破壊を企図し二百五十瓩級を主体とする中、大型爆弾を使用」すると見積もられていた[16]。一方、参謀本部第四課では一九四三年三月二十九日付けで、詳細な「空襲判断」が行われていた。そこには、一九四三年中に、「大型機最大五〇機程度をもって最大五～六回位、奇襲的空襲を実施する」と予想されていた。しかし、当該年に本土空襲はなかった[17]。

(五)　一九四四年

一九四四年一月十五日、陸軍大臣・海軍大臣から関係各省大臣に「緊急防空計画設定上の基準」が通牒された。そこでの空襲判断は、「昭和十九年中期以降、新大型機の整備等に伴い数十機以上の大中型機梯団に依る攻撃を反復実施し得るの可能性大なり（中略）中期以降」「規模、頻度共に熾烈なる空襲を受くる」と予想した。また、「新大型機」と称して、B-29の出現を予想し、「数十機以上」の規模とした。[18] そして、予想のとおり同年六月十五日、B-29が初めて日本本土（北九州）に現れた。このときB-29は、中国の成都から発進し、これと呼応して、サイパンの上陸作戦が開始された。[19] 同年八月、サイパン陥落後の最高戦争指導会議で決定された、「世界情勢判断」では、本土空襲という項目を挙げ、「概ね八月以降逐次連続執拗且大規模に実施せられ其の空襲被害の帝国戦争遂行力に及ぼす影響は軽視を許さざるものあるべし」[20]という判断を示し、八月以降の本格的な本土空襲を予想した。

サイパン島からのB-29による本土空襲は、概ね予想どおり同年十一月一日の偵察飛行を皮切りに、十一月二十四日の中島飛行機武蔵野製作所への爆撃で本格化した。[21]

（六）一九四五年

一九四五年二月二十二日、最高戦争指導会議において「世界情勢判断」が決定された。そこでは、米軍は「益々空襲を激化して極力本土を軟化する」とあり、さらに「三、四月の候より其の機動艦隊を本土近海に作戦せしめ空襲及攪乱を企図するの算大なり」と機動部隊の艦載機による空襲を予想した。[22] 機動部隊の艦載機は、二月十六日未明の本土攻撃以後、沖縄上陸作戦支援を主任務として、沖縄周辺及び九州の飛行場を攻撃する任務を遂行し、七月に本土空襲の任務へ復帰した。[23]

一九四五年三月十日の空襲は、「東京大空襲」と呼ばれ、夜間に約三〇〇機のB-29により実行され、約一〇万人とも言われる犠牲者と約一〇〇万人の罹災者を出した。焼夷弾による都市攻撃は、それまで高々度から軍需工場等を狙った精密爆撃という戦術から、都市を目標とした焼夷弾攻撃に変更するという、米軍の空爆戦術の転換点にもなっている。(24) これ以後、都市空襲は名古屋、大阪と続き、さらには地方都市へと拡大し、日本本土への空襲は激化していった。

このように太平洋戦争期間中を大きくとらえたならば、先行研究のとおり、空襲は、「判断した空襲様相で推移した」といってよい。次項では、「空襲様相」をさらに分析していく。

三　「空襲様相」

B-29による日本本土空襲は、一般的に東京大空襲をはさんで、それより前は高々度精密爆撃、それ以後を低高度無差別爆撃と称することが多い。さらに低高度無差別爆撃は、低高度焼夷弾攻撃、大都市焼夷弾攻撃または飽和焼夷弾攻撃などと呼ばれることもある。これらを整理しておくとともに、日本本土は、B-29以外にも、空母の艦載機による空襲も受けており、これも把握した上で、空襲の様相を整理する。

（一）　B-29による空襲

（ア）　B-29の爆撃戦術

日本本土空爆の初期においては、編隊飛行で昼間の軍需工場等を目標とした高々度精密爆撃という戦術がとられた。高度は、精密爆撃であれば高々度と決まっているわけではない。もともと爆撃機運用の原則が昼間の精密爆撃であり、ヨーロッパにおける対ドイツ戦に採用された戦術が、高々度からの精密爆撃による軍事目標の破壊であった。爆撃効果を上げるためには、編隊を組んで、ある指定された面に対して、まんべんなく爆弾や焼夷弾を投下する必要があり、それが日本空爆にも踏襲された[25]。そして、高々度（約一万メートル）を飛行するB－29に対処する日本側の高射砲は、高々度用の三式一二センチ高射砲のみが有効とされ、その他の高射砲は、B－29の飛行する高度まで砲弾がとどかなかった。その三式一二センチ高射砲の製造量は微々たるもので、一九四三年時、本土に配備された高射砲全体の一・五パーセントでしかなかった[26]。また迎撃戦闘機も高々度では運動性能が悪くなるために、B－29に対して優勢に飛行することができず、体あたり戦術まで採用されたほどであった[27]。つまり高々度飛行は、B－29にとって迎撃による被害を受けるリスクを低減するものであったと言える。

無差別爆撃とは、「文民と兵力とを区別することなく、空中爆撃を行うこと」と定義される[28]。日本との戦争にあたって米国がとった戦略は、都市に対する無差別爆撃であった。無差別と言っても、個々の出撃には全て攻撃目標が定められ、それが軍事的目標や都市であった。軍事的目標への攻撃は爆弾が主で、都市に対する攻撃は焼夷弾が主であったので、やみくもに爆弾を投下していたわけではなかった[29]。例外として、当初の爆撃目標や第二の目標などに投下できなかった場合は、帰投前に浜松に爆弾を投下した（捨てた）[30]。これは、爆撃目標を明確にすることなく、やみくもに投下されたと言ってよい。

無差別爆撃については、国際法上の見地からも、モラルという意味でも、言及しておく必要性があるものの、本論文では控えることとしたい。

焼夷弾攻撃は東京大空襲（一九四五年三月十日）以降、夜間、低高度での作戦となったが、それには、いくつかの理由があった。ある範囲を焼き払うために焼夷弾を投下するのであれば、精密な照準を必要としないし、燃えていないところに焼夷弾を落とすには、昼間よりも夜間の方がB－29の爆撃手にとっては、爆撃目標（位置または範囲）を認識しやすい。夜間は、レーダーと戦闘機・高射砲が一体運用になっていない日本側の迎撃は、さほど厳しいものではないことから、低高度を飛行するリスクは軽減される。[31] そしてB－29にとっては、高々度まで上昇する負荷が軽減されるので爆弾の搭載量が増す。[32] さらに各機バラバラに火の上がっていないところに焼夷弾を投下するので編隊を組む必要性がなくなり、編隊維持のための速度調節が不要になり、燃料が節約できるという効果もあった。[33]

この戦術は、低高度焼夷弾攻撃、大都市焼夷弾攻撃または飽和焼夷弾攻撃などと称されているが、それは、低高度で、大都市を狙って、消火作業を飽和させるべく大量の焼夷弾により攻撃したからである。本書では、これを「エリア攻撃」と呼称する。それは、精密な照準ではなく、エリアを対象として実施されたからである。ただし、『USSBS報告』では、「飽和攻撃」という言葉が使われる。その場合には、そのまま使用する。しかし、東京大空襲以降、B－29による爆撃が全て、この戦術になったわけではない。高々度もあれば、軍事目標もあり、また爆弾を主にした爆撃もあった。

さらにB－29は気象偵察を実施した際にも投弾をした。マーシャル『B－29東京爆撃三〇回の実録』には、「気象偵察機は昼夜を問わず送り出されており、各機に気象観測の専門要員が同乗してデータを三〇分ごとに基地に送信している。（中略）五〇〇ポンド爆弾も五発抱えて行く。これで、（中略）日本のどこかで好都合な目標を見つけて爆撃もできる」と記載されている。[34]

（イ）　空襲の様相

「東京空襲を記録する会」の事務局長であった松浦総三は、太平洋戦争下における米軍による空襲の主力をB－29であるとし、日本本土への空襲を、「ゲリラ的空襲」（一九四二年四月のドーリットル帝都空襲）を除いて、大きく三つの時期に分けた。第一期は、一九四四年六月十六日の北九州空襲から一九四五年三月四日の東京空襲までの三三回で、このうち最初の一〇回は中国の成都から発進し、以後の二三回はマリアナ基地から発進したB–29によるものだった。第一期空襲の特徴は、昼間一万メートルの高々度からの精密爆撃が実行され、飛行機工場、製鉄工場、港内船舶などを爆撃目標としたことである。そして、第一期空襲の終わり頃から市街地が狙われるようになった。第二期は、一九四五年三月十日の東京大空襲から五月中旬までで、B–29が三〇〇機前後で夜間超低空から多量の焼夷弾を大都市市街地の密集地域に投下した。第三期は、それまでの空襲で焼け残った大都市と地方都市への焼夷弾攻撃、港湾への機雷投下、残存工場、軍事施設の破壊などである。[35]

「空襲様相」を分析するにあたっては、このB–29による爆撃をもう少し詳細に見る必要がある。まず、成都からの一〇回の空襲は、昼間六回、夜間四回で、いずれも高々度精密爆撃であった。[36]

それ以降の爆撃については、『米軍資料　日本空襲の全容』に、一九四四年十月二十七日から一九四五年八月十五日までの三三一回のB–29による対日爆撃任務の要約が記載されている。この三三一回の爆撃任務中、日本本土を目標としたのは、三一二回で、このうち昼間の爆撃一七二回、夜間の爆撃九四回、機雷敷設四六回であった。この九四回にわたって行われた夜間の爆撃のうち、造兵工廠、飛行場、燃料タンクなどの軍事目標に対する精密爆撃は二五回、市街地を焼土とするための焼夷弾攻撃（エリア攻撃）は六九回であった。[37] さらに二万フィート以上を高々度、それ以下を低中高度として、成都及びマリアナ基地からの発進を全て含めて、これを区分した結果、精密爆撃は一九八回、そのうち昼間一六九回（高々度三四回、低中高度一三五回）、夜間二九回（高々度五回、低中高度二四回）であった。市街地を狙ったエリア攻撃は七八回で、昼間九回（高々度一回、低中高度八回）、夜間六九回（低中高度のみ）であった。

安井繁禮『東部軍管区における空襲記録』では、気象偵察機の飛行を神経戦と分類している。これは、米軍の作戦が、連日の警戒警報を日本側に強いて、心理的に圧迫しようとしているととらえていたのであろう。実際には、爆撃目標を決定するために気象観測を行って、天候予測、雲の状況まで把握することが目的であった。

そして、この神経戦においては四六回（昼間一〇回、夜間三六回）は少数機による投弾があったことが記録されている。[38]この回数は東部軍管区だけの記録であるが、日本全国に対する回数と大きくは変わらないと言える。なぜなら、気象偵察機の任務は、その目的から、日本本土を広く飛行する必要があり、太平洋から本州に入ると名古屋の西方まで飛び、日本海へ出て旋回し、名古屋と東京の中間、浜松の近辺を通過して帰途につくというコースを飛行していたからである。[39]このように単機で日本の上空を広く偵察することから、ほとんどの場合、関東地方上空を飛行すると考えられ、東部軍管区での警戒警報の対象になったと推測できる。そこで、投弾をともなう気象偵察の回数は、昼間一〇回、夜間三六回と推定することができる。

(二)　艦載機による空襲

（ア）　機動部隊の行動

空母を中心とする米機動部隊は、一九四五年二月十六日及び十七日未明に日本本土攻撃を実行し、その後、沖縄上陸作戦の支援を主任務として、沖縄周辺及び九州の飛行場を攻撃する任務にあたった。そして、沖縄戦終了後、七月に日本本土攻撃任務へと復帰し、終戦までこの任務を継続した。[40]この間、艦船による攻撃（艦砲射撃）が数回行われているが、これについては、本論文の対象外とし、言及は避ける。[41]米機動部隊は、一九四四年二月から八月の間、九州地方、南西諸島、沖縄群島、慶良間列島などを攻撃し、九州地方については三月十八日から五月二十四日の間で八回、七月に本土攻撃任務復帰後は、七月十日から八月十五日まで一三回の爆撃、合計して二三回の爆撃が艦載機によって実行された。

二月、七月及び八月の計一九回については、TG38（第38任務部隊）の空母一一隻によって実行され、三月から五月にかけては、TG58（第58任務部隊）の空母六隻により実施された。このときの日本本土の爆撃目標を大きく分けると、二月は関東周辺、三月は南九州、七月は関東、北海道、関東、西日本、島嶼・艦船、名古屋・大阪・神戸及び本州北であった。[42] 各任務隊に所属した空母は、次のとおりである。

TG38（第38任務部隊）

TG38.1「ベニングトン」「レキシントン」「ハンコック」「ベローウッド」「サンジョイント」

TG38.4「ヨークタウン」「ワスプ」「シャングリラ」「インディペンデンス」「ボンホウムリチャード」「カウペンズ」

TG58（第58任務部隊）

TG58.1「ホーネット」（「ワスプ」）（「ベニングトン」）

TG58.3「エセックス」「バンカーヒル」「カボット」

（任務部隊に重複があるのは、一時的に編入されたということを示している）

（イ）空襲の様相

艦載機による攻撃で使用された爆弾等は、五〇〇ポンド爆弾と、ロケット弾であった。焼夷弾が使用された記録はない。それらの爆弾などの一機あたりの搭載数は、攻撃に参加する作戦機の種類とその任務（攻撃もしくは護衛）などに

表1　「空襲様相」　（単位：回）

	昼間		夜間		計
	高々度	低中高度	高々度	低中高度	
精密	34	135	5	24	198
エリア	1	8	0	69	78
気象偵察	10		36		46
艦載機	23				23
計	211		134		345

その他に機雷敷設：46回。
＊2万フィート以上を高々度、それ以下を低中高度とした。

よって決まるので一定ではないが、一機あたり爆弾を一～二発、ロケット弾を二～六発程度搭載したものと考えられる。TG38.1の作戦報告書によれば、この航空攻撃は、艦船に対するものと、飛行場（地上にある航空機）に対するものが大きな目的であり、三番目が地上目標とされていた。地上目標攻撃の対象となったのは、機関車、路面電車、ドック、発電所、工場、燃料貯蔵施設、橋、通信設備などであった[43]。さらに機銃掃射が行われたとされるが、これについては本書においての言及は避ける。

四　「空襲様相」のまとめ

これまで述べた「空襲様相」を整理すると、表1（以下の表6までは『東京大空襲・戦災誌　第3巻』より筆者が作成）のようになる。すなわち、軍事目標などを狙った精密爆撃は一九八回実行され、そのうち昼間一六九回（高々度三四回、低中高度一三五回）、夜間二九回（高々度五回、低中高度二四回）であった。市街地を狙ったエリア攻撃は七八回実行され、昼間九回（高々度一回、低中高度八回）、夜間六九回（低中高度のみ）であった。また、気象偵察機による投弾は四六回（昼間一〇回、夜間三六回）、艦載機による攻撃は昼間に二三回実行され、全体の合計回数は三四五回であった。さらにこれに加えて、機雷敷設が四六回実施された。

第二節　東京都における「空襲様相」

さまざまな視点から分析するために、もっとも多くの空襲を受けた東京都に対する爆撃を、第一節で述べた第一期から第三期といった分類に沿って整理し、さらに投下された爆弾・焼夷弾の比率について分析をした。

一　時系列による「空襲様相」の整理

時系列に沿って、第一期から第三期の東京都に対する「空襲様相」を整理する。

一九四四年十一月二十四日の空襲から、一九四五年八月十日までの大規模な空襲について調査した。その出典は全て、『東京大空襲・戦災誌　第3巻』である。なお、米国側資料は同誌中の「日本本土爆撃概報（日付順）」(pp. 935-950)を基本に調査したが、細部の投弾場所及び投弾量が必要なものについては、同誌中の「日本本土爆撃詳報（地域別）」(pp. 951-1019)から引用した。

（一）第一期（ドーリットル帝都空襲から一九四五年三月四日まで）

第一期の空襲の概要について、表2（七六ページ）にまとめた。

ドーリットル帝都空襲は、米国側の「日本海軍による真珠湾攻撃に匹敵する報復爆撃を東京にくわえる」という考えの下に米陸軍の爆撃機B-25を米海軍の空母に搭載して、太平洋から発艦させ、日本本土を空爆し、中国大陸に向かわせ、収容したという一回のみの作戦であった。[44]

表２　第一期空襲の概要（ドーリットル帝都空襲～昭和20年3月4日）

年月日	当初の爆撃目標	実際	機数（機）	死者（東京都）（人）	全焼家屋（軒）	半焼（軒）	民防空に関する部分を抜粋	特　徴
1942.4.18	京浜地方	東京は６機	13	39	92	26	・初期防火により火災発生せず	・予期した程度の「空襲様相
1944.11.24	中島飛行機	関東地区	88	209	29	9	・一致協力、火勢を鎮圧 ・所在防空群の敢闘により成功 ・爆弾、焼夷弾同時投下で初期防火不可能	・隣組防空群が有効に機能した地域もあったが、全てが機能したわけではない。爆弾・焼夷弾同時攻撃の場合は対処困難となった。
1944.11.27	中島飛行機	雲上からの集中爆撃	62	41	20	7	・爆弾・焼夷弾混投による負傷者続出、初期防火困難、火災発生	・死者発生箇所での火災はなし ・適切な緊急避難があったと推定
1944.11.29 11.30	軽工業地区	都市・工業地区	25	32	2,773	141	・待機が長く初動に遅れ ・波状攻撃への初期防火の困難 ・初期防火に成功した例もあり	・建物密集地への広範囲集中かつ絨毯爆撃は一般都民の初期防火に限界ありと報告されている
1944.12.3	中島飛行機	工場とその周辺	75	185	20	10	・初期防火にあたる者少なき状態 ・投下弾の大部分は空地、畑	・直撃等による死者多数 ・火災による死者は、少
1944.12.27	中島飛行機	工場とその周辺	52	51	12	7	・中島飛行機に対して集中攻撃 ・空き地多く、人家の火災は延焼せず鎮滅	・人家は疎散だったので消火に成功したことから、死者は爆弾による直撃によると推定
1945.1.9	中島飛行機	工場とその周辺	48	28	1	0	・被害の多くは工場	・全焼家屋１軒なので初期防火に成功したと推定
1945.1.27	中島飛行機	都市・工業地域・桟橋地区	62	540	508	95	・官民一致の防火活動により鎮火	・死者の多くが爆弾によると推定
1945.2.19	東京地域	東京地域	131	163	570	41	・一部初期防火成功	
1945.2.25	都市地域	都市地域	211	1,095	19,927	368	・初期防火の徹底を欠く	・焼夷弾攻撃のリハーサルとされる
1945.3.4 3.5	中島飛行機	工場とその周辺	177	650	2,367	183	・初期防火に敢闘するも一部は合流火災、一部初期防火に成功	

航続力の点で特に優れていた陸上基地使用の爆撃機B-25を、空母「ホーネット」に特別搭載して、そこから発進させた一六機のうち、一三機が京浜地方を爆撃した。日本側の記録によれば東京には六機が来襲し、高度六〇〇メートル程度の低空をもって分散単機攻撃により、二五〇キロ爆弾を六個、焼夷弾を四五二個投下した。(45)被害は死者三九人、焼失六一戸であった。(46)警視庁消防部の空襲被害状況によれば、「都民は初空襲に虚を衝かれ防御に狼狽し留守宅等より一挙火災発生す」「小石川区に於ては約三〇個程度の小攻撃なりしことと民防空の適切なる初期防火により火災発生に至らず」とあり、留守宅では火災になったものの、小規模な空襲に対しての隣組防空群の対応が、適切であったことが述べられている。(47)また、当時の内務省防空局長の上田誠一は講演で「丁度あの時に家に人が居つた所は大概火事にしないで火を消し止めて居ります」と述べている。(48)

一九四四年十一月二十四日から一九四五年二月十九日までの空襲は、精密爆撃で、軍需工場、特に中島飛行機武蔵野製作所がターゲットとされた。一九四五年二月二十五日は、当初、中島飛行機武蔵野製作所を精密爆撃する予定であったが、曇天という予報を得て、第21爆撃機集団司令官のカーチス・ルメイ（Curtis E. LeMay）少将は作戦を変更し、東京の密集工業地区へのレーダー照準による（高々度の）焼夷弾攻撃とした。そして、過去の東京空爆の二倍に相当する焼夷弾を使用したことで、「焼夷弾の大模擬試験」と言われている。(49)それゆえ、二月二十五日及びその直後の三月四日の空爆は、精密爆撃ではなくエリア攻撃と分類される。

（二）　第二期、第三期

第二期、第三期の空襲の概要について、表3（七八ページ）にまとめた。

表３　第二期、第三期の空襲の概要

年月日	当初の爆撃目標	実際	機数(機)	死者(人)	全焼家屋数(軒)	半焼家屋数(軒)	警視庁等の報告	特　徴
1945.3.10	東京市街地	東京市街地	298	83,793	267,171	971		・エリア攻撃への戦術変換
1945.4.2	中島飛行機	工場とその周辺	115	224	11	1	・初期防火失敗したが、建物の間隔が広く延焼なし	・精密爆撃
1945.4.4	立川飛行機 東京市街地	工場とその周辺	109	710	453	516	・防火、消火の状況記載なし ・47 機は川崎へ	・エリア攻撃
1945.4.7	中島飛行機	工場とその周辺	103	44	4	35		・精密爆撃
1945.4.12	中島飛行機	工場とその周辺	107	94	3	1		・精密爆撃
1945.4.13	陸軍造兵廠	市街地	330	1,822	168,350	138	・3.10 の恐怖心から避難、初期防火失敗	・エリア攻撃
1945.4.15	東京市街地	東京市街地	109	707	61,847	563	・民防空は戦意喪失 ・災害の局限防止に敢闘	・エリア攻撃
1945.4.24	立川	立川工場	122	246	26	0	・官設消防隊の防御適切	・精密爆撃
1945.4.30	立川陸軍工廠	同左	50	11	0	0		・精密爆撃
1945.5.19	立川飛行機会社工場	同左	30	20	0	0		・精密爆撃
1945.5.24	東京市街地	東京市街地	525	559	60,381	141	・反復爆撃で被害甚大 ・初期防火に敢闘	・エリア攻撃
1945.5.25	東京市街地	東京市街地	470	3,596	165,103	339	・初期防火ほとんど行われず	・エリア攻撃
1945.5.29	横浜市街地	一部東京	40	41	1,377	6	・横浜大空襲、一部が東京	・エリア攻撃
1945.6.10	中島飛行機荻窪工場	工場とその周辺	39	263	7	0		・精密爆撃
1945.8.2	八王子	八王子市街地	310	225	14,147	50		・エリア攻撃・八王子、事前の伝単(宣伝ビラの配布)あり
1945.8.8	中島飛行機武蔵野等	工場とその周辺	60	72	1	0		・精密爆撃
1945.8.10	中島飛行機荻窪工場	工場とその周辺	70	195	3	0		・精密爆撃

（ア）　東京大空襲（一九四五年三月十日）

東京大空襲は、米軍の戦術が高々度精密爆撃から低高度焼夷弾攻撃へと変わるターニングポイントとされている。新しく採用された戦術は、編隊での行動をやめ、単機ごとに、低空で多くの焼夷弾を搭載しての爆撃であった。[50]

爆撃すべきエリアを設定して、そのエリアのなかにＭＰＩ（Mean Point of Impact：爆撃照準点）[51]を設定し、さらに戦隊（一二機）のうちレーダー手のレベルが高い機を先導機として指定し、大型焼夷弾（常設消防機関でなければ消せない大きな火災を一斉に発生させる）を落とし、その火災を目標として、後からエリアに到着した機が小型の焼夷弾を燃えていないところを狙って落とす。米軍がこの戦術を最初に実行したのが三月十日である。折からの強い風と焼夷弾の撒布密度を高くしたことから、火災が大きく広がり、住宅密集地ということもあって、多大な被害を日本側に与えた。[52]これは米軍にとっては大成功の作戦であった。それ以後の日本空爆において、同じ戦術をとっているにもかかわらず、投下した焼夷弾の割には米国側にとっては物足らない結果となるほど、三月十日の戦果は、極端に大きかったとされている。[53]

「折からの北風は強く、突風は地上の大火災にあおられ、火の海の沸騰となり」、警視庁の発表によれば、死者八三、七九三人、傷者四〇、九一八人、罹災者一、〇〇八、〇〇五人、焼失家屋二六七、一七一戸、半焼家屋九七一戸、全壊一二戸、半壊二〇四戸、の甚大な被害となった。[54]空襲被害においてこの東京大空襲の被害は突出している。

この東京大空襲は、回りを囲って逃げ場をなくしておいて、真ん中に焼夷弾を撒布した虐殺的な戦術と言われている。[55]しかし、それは文献調査を進めるなかで、そうではないことがわかった。当該手記が掲載された『東京大空襲・戦災誌　第1巻』を編集した早乙女勝元・奥村喜重が、初版を一九九〇年に発行した著書『新版　東京を爆撃せよ』のなかで次のように述べている。

体験市民の言葉として、B29が大きく円形を描いて周囲を焼き、逃げ路を断った上で、徐々に中心部へと焼き立てたことが語られている。しかし報告書に見る限り、そのようなことは書いてない。市民の言葉は、いわば心理的事実であって、ただならぬ気配に驚いて見渡す周囲にはすでに火の手が上がっており、やがて自身のいる所も火に呑み込まれていった、その印象を反映しているのである。[56]

このような訂正がされているにもかかわらず、『東京大空襲・戦災誌』の手記の方が、大きく取り上げられている。たとえば、小林よしのりの『新ゴーマニズム宣言SPESIAL　戦争論』(幻冬舎、一九九八年)には「米軍はまず東西5キロ、南北6キロの範囲に焼夷弾を落として火で取り囲み人々の退路を断った……」(三二四―三二五頁)と書かれている。結果的にそのような印象を与えたことは、事実であるが、そこまでの意図をもったものではなく、単に燃えていない地域に焼夷弾を落とすという戦術であったと認識しておく必要がある。

また、米軍にとって、東京大空襲の成功に風が重要な役割を果たしたことは明らかであるが、地上の風なしに将来同じような成功が得られるか否かを決定することはむずかしいと分析している。[57] さらに、東京大空襲において犠牲となったのは、初期防火にあたっていたとされる市民だけでなく、避難しようとした一般の女性・子供も多く含まれていることから、その地理的な特性と強風により火災が拡大し、多くの人が逃げ場を失ったことも事実である。[58]

（イ）　第二期、第三期(東京大空襲後の東京空襲)

第二期の空襲は、一九四五年三月十日の東京大空襲から同年五月二十九日の横浜空襲(一部が東京都を爆撃)まで、第三期は、以後終戦までと分類することができる。表3（七八頁）では、精密爆撃とエリア攻撃を米軍の作戦任務報告書による目標によって分類した。詳細な軍事目標が記載されている場合は精密爆撃とし、市街地が目標となっている場合はエリア攻撃とした。その結果全ての爆撃が、エリア攻撃に変更されたわけではなく、精密爆撃とエリア攻撃の両方が引き続き実行されていたことがわかる。

また、精密爆撃の多くは、全焼家屋が少ない。最大でも四月二十四日の立川への空襲における二六軒であり、これは精密爆撃に対しては、爆弾が多く使用されることから、火災の発生が少ないことを示している。

二　爆弾・焼夷弾比率による分類

これら東京における空襲を分析するにあたって、さらに爆弾・焼夷弾の比率による分類をした。この際、一九四四年十一月二十九日の空襲は、翌日三十日の二日間にまたがっているが、米軍の記録では、一連の爆撃任務であるので、十一月二十九日にまとめた。一九四五年三月四日と五日の空襲も同様で、三月四日にまとめた。その結果、一九四四年以降の大規模な二四回の爆撃が対象となり、これを爆弾と焼夷弾の混合比によって分類した。主に焼夷弾、主に爆弾とは、比率が八：二を境に、混合か、主か、を決定した。

①爆弾・焼夷弾の混合（表4〈八二頁〉）
②焼夷弾のみ、または主に焼夷弾（表5〈八二頁〉）
③爆弾のみ、または主に爆弾（表6〈八二頁〉）

「爆弾・焼夷弾の混合」は、七回で東京大空襲の前のみ（表4）、「焼夷弾のみ、または主に焼夷弾」は、東京大空襲を含めて九回（表5）、「爆弾のみ、または主に爆弾」は、東京大空襲を挟んで八回（表6）実行された。

表４　爆弾・焼夷弾の混合（投弾量）

年月日	目標	爆弾（A）（トン）	焼夷弾（B）（トン）	全投弾（A＋B）（トン）
1944.11.24	中島飛行機	40.8	17	57.8
1944.11.27	桟橋地区	83	49	132
1944.12.3	中島飛行機	99.3	42.3	141.6
1944.12.27	中島飛行機	40	63.3	103.3
1945.1.27	都市工業桟橋	75	37	112
1945.2.19	桟橋地区	280	102	382
1945.3.4	中島飛行機	228	148	376

表５　焼夷弾のみ、または主に焼夷弾（投弾量）

年月日	目標	爆弾（A）（トン）	焼夷弾（B）（トン）	全投弾（A＋B）（トン）
1944.11.29	軽工業地区	14	64	78
1945.2.25	都市地域	45	402	447
1945.3.10	都市地域（東京大空襲）	0	1,783	1,783
1945.4.13	造兵廠地区（赤羽）	81.9	2,037	2,118.9
1945.4.15	南部都市	14.5	754.4	768.9
1945.5.24	都市地域	0	3,645	3,645
1945.5.25	都市地域	4	3,258	3,262
1945.5.29	都市地域	0	61	61
1945.8.2	八王子	1	1,629	1,630

表６　爆弾のみ、または主に爆弾（投弾量）

年月日	目標	爆弾（A）（トン）	焼夷弾（B）（トン）	全投弾（A＋B）（トン）
1945.1.9	中島飛行機	42	0	42
1945.4.2	中島飛行機	1,019	0	1,019
1945.4.4	立川飛行機	490	12.7	502.7
1945.4.7	中島飛行機	490	0	490
1945.4.12	中島飛行機	490	0	490
1945.4.24	日立　立川	744	0	744
1945.4.30	立川陸軍航空廠	30	0	30
1945.8.10	造兵廠地区	320	0	320

東京大空襲前は、高々度精密爆撃と呼ばれるが、「爆弾と焼夷弾の混合」が七回（表4）、「焼夷弾のみ、または主に焼夷弾」が二回（表5）、「爆弾のみ、または主に爆弾」が一回（表6）であり、必ずしも同じ戦術ばかりではなかった。一方、東京大空襲以後は、低高度焼夷弾攻撃と呼ばれるが、「焼夷弾のみ、または主に焼夷弾」は東京大空襲を含め七回（表2）、軍事目標を狙った（低高度の）「爆弾のみ、または主に爆弾」による精密爆撃が七回（表6）あり、軍事目標への精密爆撃も同程度実行された。

まとめ

本節では東京への空襲を、投下された爆弾・焼夷弾の比率によって三つに分類した。この分類は、第三部の第四章「消防・防火」の考察において使用される。

第三節　落下密度

この節では、先行研究において「空襲判断」どおりでなかったとされる「都市焼夷弾撒布密度」について考察していく。爆弾等が投下される密度は、空襲を受けた側の視点では、「落下密度」と称され、爆撃（空爆）を実行する側の視点からは「撒布密度」と称される。どのような意図をもって撒布密度が決定されたのか。どのような分析から落下密度は予想されたのか。そして、実際の空襲の状況はどうであったのかを考察していく。

一　落下密度の考察

爆撃戦術を表現するのに「絨毯爆撃」（じゅうたん爆撃）という言葉が一般的に使われている。「絨毯」というのは、「まんべんなく幅広く爆撃する」というイメージであるが、当時は、「絨毯」だけでなく、「重畳爆撃」という言葉も使われていた。「重畳」ということばが使われていた文献は、当時の東部軍管区司令部参謀の稲留勝彦（陸軍大佐）が残した記録であり、一九四三年十二月二十三日に東京逓信局会議室で開催された防空懇談会における稲留大佐の講演や一九四五年三月十日の東京大空襲後に東部軍管区司令部が発刊した「三月十日　帝都空襲を中心とする民防空戦訓」に使用されている。(59) 重畳は、畳を重ねる、すなわち、「何度も同じ場所を繰り返し爆撃する」ことを強調するために使用されており、「絨毯」よりも詳細に戦術を表現しているものと理解できる。その重畳爆撃における焼夷弾の落下密度を、どのように予想したのかについて考察していく。

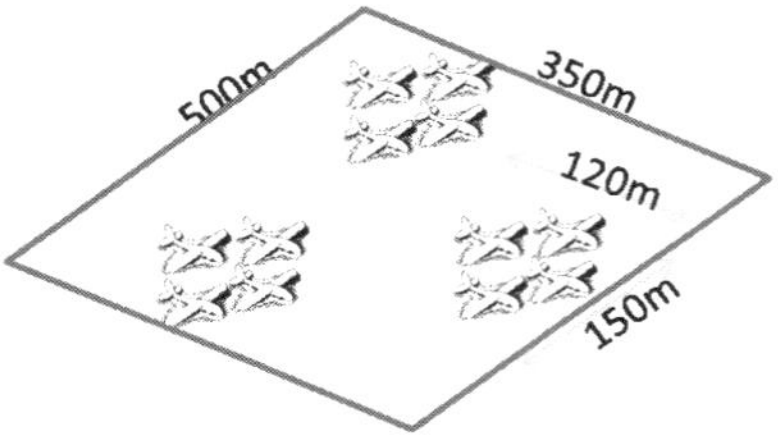

図１　落下速度の概念図１
「国民防空指導に関する指針」から筆者が作図（図２も同様）。

（一）「国民防空指導指針」に記述された落下密度

「国民防空指導指針」では、焼夷弾の落下密度を見積もる根拠は、搭載量二トンの爆撃機一二機が、進行方向に沿って三五〇メートル、横幅五〇〇メートルの編隊を組んで一斉にもしくは、連続して投下することを前提としている（図１）。

そして、四個編隊＋二機の五〇機の爆撃機が、編隊を組んだ場合には、進行方向に沿って二、〇〇〇メートル（編隊同士が二〇〇メートル空間を空けるので三五〇メートル×四＋六〇〇メートル＝一九〇〇メートルで余裕をとって二、〇〇〇メートルとし

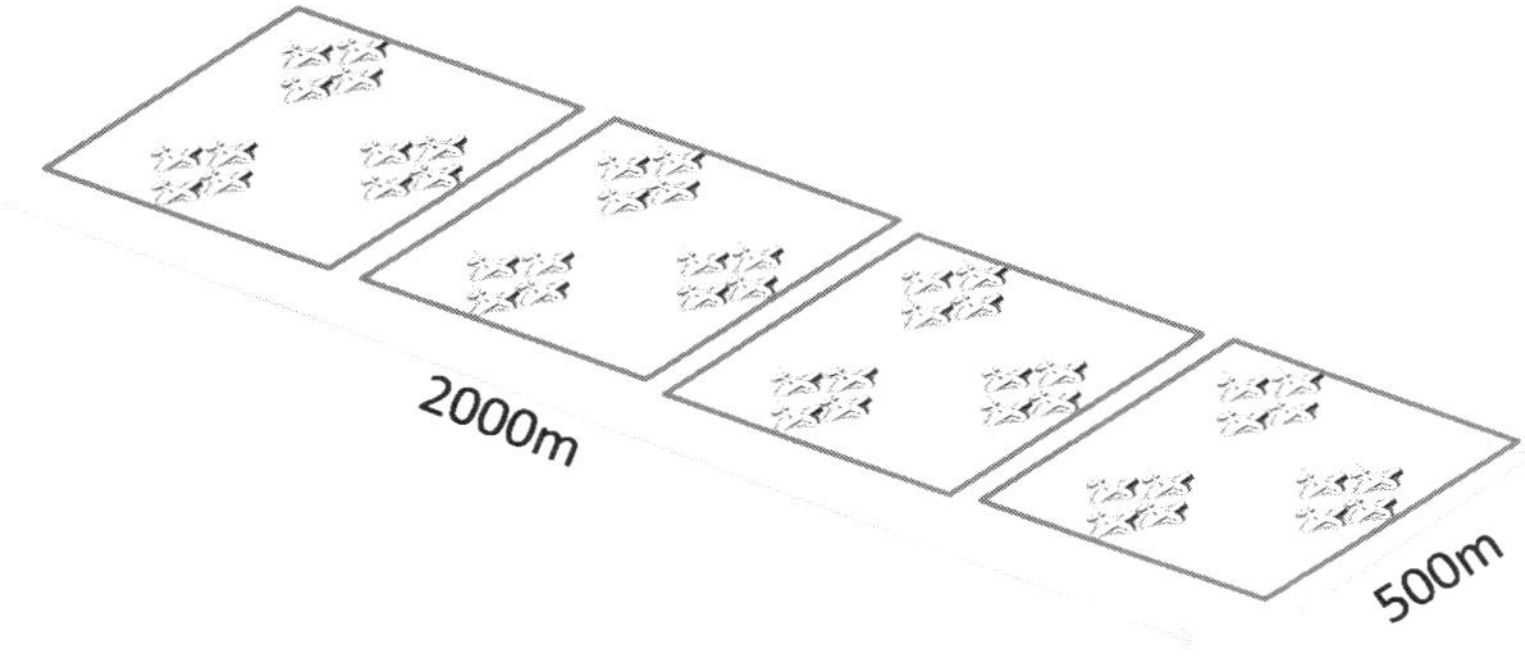

図２　落下速度の概念図２

ている）、横幅五〇〇メートルのエリアに爆弾を撒布する。さらに一機あたりの搭載量を二トンと見積もり、五〇機が一斉に投下する場合、総弾量一〇〇トンが、二、〇〇〇メートル×五〇〇メートル（一〇〇万平方メートル）のエリアに撒布される（図２）。

総弾量一〇〇トンというのは、五キログラムの焼夷弾であれば二万発、これを五〇平方メートルあたりに換算すれば、一発となる。五〇平方メートルを、約七メートル平方（七メートル×七メートル＝四九平方メートル）と近似して、「国民防空指導指針」では、五キログラムの焼夷弾が約七メートル四方あたり一発落下すると見積もった。これは、爆撃機は編隊で飛行し、搭載している焼夷弾を広くまんべんなく投下するという発想である。機数が増えたり、搭載弾数が増えた場合でも、落下密度は一定で、撒布面積が増加するか、若しくは繰り返し撒布する（重畳爆撃）という考え方であった[60]。

（二）公表された落下密度

東京市（当時）は、一九四一年十一月二十四日から一九四二年三月末までを「時局下の家庭防空強化運動」と称して、空襲への準備を完全に整える運動を展開した[61]。これに先立ち政府は、『週報』（一九四一年九月三日）により、「家庭防空の手引き」を特集し、国民に家庭防空思想の徹底を図った。

この「家庭防空の手引き」による焼夷弾の落下密度は、一機の搭載量を一トンと仮定して、「五キロの焼夷弾二百発、二十機編隊だと四千発、（中略）大体焼夷弾が最も濃密に投下された場所でも、一隣組か二隣組に一発ぐらいの割合だと予想されますから、一つの隣組で一発引受けるという意気込み[62]」「隣組の準備なり訓練としては、各一発其の隣組に命中するもの[63]」と市民に公表された。隣組とは、第一部で述べたように防空に関する自主的自衛的機関として組織され、民防空を支えた組織でもあり、「一〇戸内外を以て之を組織すること[64]」とされているが、市民に対しては「十軒か十五軒の家が一組」と公表された。つまり、ひとつの隣組の敷地面積は、大体五〇平方メートル程度と見なされていたことが推定できる。

ここに大きな問題のすり替えがある。住宅の密集度によって五〇平方メートルの敷地（約一七坪）に何軒の家があったかは一定でない。しかし、政府の公表では、住宅の密集度に関係なくひとつの隣組（一〇～一五軒）に一発という落下密度であった。

住宅の密集度について、当時の米軍の史料では、東京の主要地において、一平方マイルあたり三万人以下、三～五万人、五～八万人、八～一三・五万人及び一三・五万人以上という分布によって示されている[65]。ここから東京都の一平方マイルあたりの人口の幅を三～一三・五万人と仮定する。これは、五〇平方メートルあたりに換算すると六～二七人となる。この人口密度をひとつの隣組すなわち、一〇～一五軒としたところに問題がある。比較的密集していないところ（一平方マイルあたり三万人）で、一家を六人家族と仮定すれば、一軒あたり一発、一家四人と仮定すれば、三軒あたり二発という計算になる。逆に密度の高いところ（一平方マイルあたり一三・五万人）では、六人家族ならば、四軒に一発、四人家族と仮定すれば、六軒に一発となり、一〇～一五軒あたりに換算して、二～一〇発程度の幅をもった落下密度となる。

つまり、一〇～一五軒（一つの隣組）あたり一発という数字（上記の計算上は最少で二発）は、五〇平方メートル（約一七坪）の敷地にアパートのような集合住宅が密集し、一〇～一五世帯が暮らしている場合をさしている。単位面積あたりに落下する焼夷弾数によって計算された見積もりを、ひとつの隣組という単位に置き換えたことで、落下密度は曖昧になり、場合によっては、落下密度が希釈されて公表されたということができる。

また、「国民防空指導指針」では、一機の搭載量は二トンとされ、「家庭防空の手引き」の一トンとは数字が異なるが、落下密度は、「隣組各一発」が最終的な市民への公表値であった(66)。

（三）「空襲様相」と落下密度

一九四二年四月十八日のドーリットル帝都空襲は、「空襲判断」からすると軽微な空襲であったが、焼夷弾の落下密度は、見積もりを上回って「ある大きな邸などは一軒で八つも焼夷弾が落ちていたし、小さい家でも二つや三つの焼夷弾の落ちたところは相当にあった」とされている(67)。当時、防衛総司令部の大坪義勢（陸軍中佐）が『偕行社記事』に「国民防空知識普及資料」という題で「隣組に一発以上中《あた》った問題」として、一問一答形式で述べている。

「時局防空必携には隣組には各々一発中るものとして準備すればよいとなっているのに、（中略）ちょっと嘘を書いたことになりませんか」という問いに対して、「あんな風になったのは特例でしょう。だから断定は出来ないがとお断りしてあるので、そのお断り書を忘れて断定しているからいけないのです(68)」と答えている。ここで「特例」「断定は出来ない」という言葉は、統計的なばらつきと考えることができる。きれいに撒布したとしても、一発も落ちないところもあれば、一発以上落ちるところもあるというのは、不合理なことではない。さらに、前述したように落下密度を隣組あたりに置き換えたことで、一律ではなくなっており、まさに断定はできないということであろう。

表7　弾種と落下密度の予想（「昭和17年度防空計画設定上の基準」から）

弾　　種	携行量	投下密度	50平方メートルあたり（筆者換算）
焼夷弾収容筒（1キロ焼夷弾30、40発収容）	約20個	200メートル×800メートルに60〜70発宛焼夷弾を散布する如く逐次に投下	1.2発（1.2キログラム）
250キロ級散布式焼夷弾（10キログラム内外の小焼夷弾20数個を収容）	2乃至4発	同時または逐次に投下 一弾は某高度において遠心力に依り外殻を破り、収容している小焼夷弾を中径200メートルの地域に散布	0.12発（1.2キログラム）
500キロ級散布式焼夷弾（2キログラム内外の小焼夷弾約200発収容）	1乃至2発	同上	0.6発（1.2キログラム）

ドーリットル帝都空襲の直後に発刊された、「昭和十七年度防空計画設定上の基準」（一九四二年五月五日）に記載された落下密度に対する考え方（表7）からは、三つの弾種を同時に搭載した場合、爆撃機の推定搭載量は、二・八トンで五〇平方メートルあたりの投下量は、三・六キログラムとなる。[69]「国民防空指導指針」では、七メートル平方（四九平方メートル）すなわち約五〇平方メートルあたり五キロ焼夷弾一発を予想しており、それは、「昭和十七年度防空計画設定上の基準」の方が少ない落下密度になっている。このことから、ドーリットル帝都空襲後の落下密度の見積りには、修正がなされていないことがわかる。

一九四三年十二月に開かれた防空懇談会[70]において、東部軍司令部の参謀稲留大佐が、「空襲判断」を発表した資料によれば、同じエリアを三回にわたり重畳爆撃をしたケースでさえ、八坪（二五平方メートル）に一個の落下密度であった。[71]それは開戦前の見積もりである五〇平方メートルに一発が、二五平方メートルに一発になった程度ということができ、大きな変更というものではない。

消防関係者にあっては、それ以前から「一隣組へ一弾又は二弾落下の想定で訓練[72]」をしていたが、住宅の密集度によって、それは全く異なるわけだから、曖昧な落下密度であったことに変わりはない。

B‐29が初めて日本本土を爆撃したのは、一九四四年六月十五日、北九州であった。このときの「北九州地区　空襲戦訓」として、『週報』第401・402合併号（一九四四年七月五日）に「今回の空襲は敵の在空時間が長く、かつ一機二機が次ぎ〳〵に波状攻撃をしたことが特徴[73]」と書かれている。また、波状攻撃、すなわち重畳爆撃では、何度も繰り返し爆撃を受けるが、「次ぎの敵機が来るまでの間、たとへ二分間でも三分間でもよい、直ちに壕を飛び出して、防火に消火に、人命の救助に、最大の努力をしなければならない[74]」とされている。つまり、次の攻撃の波までに消しさえすれば、何重に爆撃を受けたとしても落下密度は、爆撃の一波分でしかない。そこには「焼夷弾火災は市民の手で消せる」という期待があったことが推定できる。

一九四五年三月十日の東京大空襲を含め、これ以後、B‐29の爆弾搭載量は、当初の二・五トンから六・六トンになった。それは、米軍が、編隊を組むことなく、低高度爆撃とし、機銃を撤去し、機の安全を確保するために夜間爆撃という戦術に変換したことから、B‐29の搭載量を増加させることができたからである[75]。

一九四五年三月二十五日に出された東部軍管区司令部の「第三号　民防空速報」によれば、敵投下弾最近の傾向として、「一機当り携行（投下）弾量五〇〇ポンド弾六発前後より、十―十二発前後（筆者註：二屯半乃至三屯）に増大す[76]」と、B‐29の爆弾搭載量が一・五トンから二・五〜三トンに増大したことが報告されている。軍は倍増したことを察知していた。しかし、もともとの搭載量を一・五トンと推定していたので、倍になっても三トンという推定でしかなかった。実際には、六・六トンに増大しており、投下された弾量から搭載量を正確に把握することはなかった。

しかし、当時の警視庁の報告書から、B‐29の投弾量の推定は可能である。たとえば、一九四四年十一月二十四日の空襲では、八〇機のB‐29により、二五〇キロ級爆弾六四個、焼夷弾五〇キロ級三四個が投下され総弾量は一七・七トン、一機あたりの平均搭載量は二二一キログラムとなる[77]。同年十二月十一日は二機のB‐29が二・八キロ焼夷弾を二〇〇個、つまり五六〇キログラムの焼夷弾を投下しており、一機あたり二八〇キログラムである。[78] しかし、同年十二月三十一日の空襲では、二機のB-29が二・八キログラムの焼夷弾を一、六七六個投下した。[79] ここからは一機あたり二・三トンという搭載量が推定できる。少数機で投弾した場合は、比較的誤差が小さいので正確な搭載量が計算できる。このように一九四五年三月以前にあって、警視庁の報告を分析すればB-29の搭載量が一・五トンよりも多いことは容易に求められるのだが、そのような視点で分析することは、なかったのであろう。また、搭載量が倍になったことは、看破できても、それによって落下密度が増すという分析まではなかった。

二　焼夷弾の種類

内務省編『時局防空必携（昭和十八年改訂版）』によれば、通常使用されるのは二キロ・一〇キロ・二〇キロ・五〇キロ級の焼夷弾で、「油脂」「エレクトロン」及び「黄燐」の三種類があった。[80] それぞれの違いは、含まれている焼夷剤によるもので、焼夷剤の違いによって燃え方が異なる。「油脂」はいわゆる油が入っていて黒煙を上げて油が燃え、さらに周囲に燃えながら飛散する。「エレクトロン」はアルミニウム混合物であり、三、〇〇〇度くらいの高熱を出して激しく燃える。そして「黄燐」は、黄燐を硫酸で溶かしたものが使われ、大音響を立てて発火し、黄燐の火の粉が四方に散る。[81]

一方、米国側が実際に使用した焼夷弾には、M47、M50及びM69という名称がつけられていた。[82] M47は大型で、当時日本では五〇キロ油脂焼夷弾と呼ばれていた。[83] M50は二キロのエレクトロンと考えられる。M69は、日本本土攻撃用として開発され、重量六ポンド（二・七キログラム）[84]で、二キロ油脂焼夷弾と分類できるが、三八発をまとめて投下し、上空で収束帯がはずれて散乱することから、当時、日本側では親子焼夷弾とも呼ばれていた。[85] このM69は、焼夷剤としてナパーム（油脂）が使われていたが、着地後に信管が作動して火のついたナパームをまき散らすものであり、その燃え方から黄燐と思われていたとも考えられる。なお、M47は大型で一斉に火災を起こし、常設消防機関でなければ消せない火災を発生させることを目的としていた。(86) 何れの焼夷弾についても、当時の日本側の認識に大きな錯誤はなかったと考えられる。

三　米国側の企図

米軍は、木造建築の日本家屋を焼き払うためには、どれぐらいの密度で焼夷弾を投下するのが適切かを調査するための実証試験を行った。ユタ州ソルトレイクシティの南西一一二キロメートルに広がる試爆場に、二階建て長屋一二棟の日本家屋を建築した。それは、日本と同じ構造と家具を備え、同じ木材、寸法、厚さ、角度、塗料を用いるという条件が要求され、畳、卓袱台、座布団などが周到に備えつけられていた。さらに向かいの長屋との間は、八フィート（約二・四メートル）という狭い露地が通っていた。(87)

一九四三年五月から四ヶ月かけて実施された実証試験の結果から、次のような分析がなされた。火災の規模をA～Cの三等級に分類し、焼夷弾の種類による相対的な効力を判定した。その等級とは、Aは六分間の消火活動によっても消火不可能で、住宅を全焼させた火災。Bは消火活動を行わず、しかし最終的には住宅を全焼させた火災。Cは全焼には結びつかない程度の火災である。そして、AのケースでM69がもっとも優れた破壊力をもつことが証明された。このM69は、「都市焼滅による軍需産業の破壊」を理念に一九四二年に開発された新型の焼夷弾(88)であった。ここでAのケースの六分間の消火活動は、まさに隣組による消火活動を示しており、この活動を上回る戦術と兵器の使用法を実証試験により確認するという周到さが米軍にはあった。

この結果導かれた撒布密度は、一平方マイルあたりの人口密度九・一万人の都市中心部商店街地域を最有効地帯として、一平方マイルあたり六トン。次いで、一平方マイルあたりの人口密度五・四万人の住宅地域を有効地帯として、一平方マイルあたり一〇トンとされた。

ここで、より撒布密度の高い一平方マイルあたり一〇トンについて考えてみる。一平方マイルあたり一〇トンとは、五〇平方メートルあたりに換算すると約二キログラムである。これは当初の日本の見積もり、五〇平方メートルあたり五キログラムよりも小さい。つまり、開戦当初における日本側の見積もりは、適切なものであった。むしろ「隣組各一発程度」は、米国側の実験結果よりも厳しかった。ところが、実際に空爆を実行した米軍第20航空軍によれば、必要な撒布密度は、実証試験の結果の二五倍にあたる一平方マイルあたり二五〇トンであった。二五〇トンは、爆撃の実施とその成果を調査分析するなかで、米国側（第20航空軍）が算出した最低量の撒布密度である。たとえ、実証試験によって必要量がだされていても、現場での調査と判断で必要量は二五倍に増やされた(89)。日本が予想した五〇平方メートルあたり五キログラムとは、一平方マイルあたり換算で二五トンであり、米軍は日本側の予想の一〇倍の密度で焼夷弾を撒布したことになる。

四　市民への周知

市民にはどのように周知されていたのかを「消防」「防火」を指導した消防関係者の発表及び当時の新聞記事から考えてみる。

（一）　消防関係者

「一つの隣組に一又は二発」の準備では不足することを、ドーリットル帝都空襲後の一九四二年五月発刊の『大日本警防』において警視庁消防司令清川豊三郎が、述べている。

従来の訓練は一群一、二弾の焼夷弾防火を目標であったが、今度の集中的に多数の焼夷弾が投下されて居ること等により、今後は多数一挙に落下して来た場合の消火方法（中略）等を指導[91]

従来一隣組へ一弾又は二弾落下の想定で訓練して来たが、今回の空襲に依って少数訓練の強化が必要となって来た。

二個以上焼夷弾が落下した場合は手近なものよりも延焼危険の多い方から先に消火する。[92]

このように警視庁の消防司令が、刊行された雑誌で明言している以上、訓練指導も多数一挙に落下してきた場合にも備えていたと推定できる。

（二）　新聞記事

一九四四年十一月二十四日、東京への本格的な空襲が開始された。その翌日、翌々日には、次のような新聞記事が掲載された。

①「油脂焼夷弾が三個おちた家庭防空陣では協力して直ちに消しとめ消防隊の力を少しもかりなかつた」（『毎日新聞』一九四四年十一月二十五日）[93]

②「杉並区の某校では正門前に同じく焼夷弾一〇個といふ風に直撃弾を受けたものは一校もなく」（『毎日新聞』一九四四年十一月二十五日）[94]

③「家庭防火群のなかには大型油脂焼夷弾三個が一ヶ所に投下されたとき敢然とこれに体当りをして大事に至らず消火した」『読売報知』一九四四年十一月二十五日）[95]

④「某町に花火のやうに小さい焼夷弾が集中落下した」（『毎日新聞』一九四四年十一月二十六日）[96]

この空襲の爆撃目標は、中島飛行機武蔵野製作所であったが、多くの爆弾・焼夷弾が目標を逸れて、民家に落下した。記事から読み取れるように、多数の焼夷弾が落下していたことがわかる。記事の目的は、市民の手で焼夷弾火災が消し止められることの宣伝である。しかし、この記事を読んだ市民が、焼夷弾の落下数「一つの隣組に一又は二発」に疑いをもたなかったとは思えない。

まとめ

研究資料「大東亜戦争における民防空政策」においては、「最も批判されなければならないことは、初期消火の建前が崩れるのを懸念してか焼夷弾は、市民の手で消せる程度という戦争初期の空襲判断を遂に公式に修正しなかった軍の姿勢」[97]と述べられている。一九四三年末の情勢にあっても、落下密度の見積もりは、「一つの隣組に一又は二発」であった。落下密度が記載されたのは、政府発行の『週報』（一九四一年九月三日）及び『現時局下の防空』（一般刊行物）であり、以後の発表に落下密度への言及はない。それは、「初期防火の建前が崩れるのを懸念」したと述べられており、これも理由のひとつであろう。

また、「市民の手で消せる程度」という表現を軍が使用した事実はない。軍は、訂正という形で刊行物等を出してはいないが、改訂された『時局防空必携』（一九四三年改訂）では、空襲の程度として、「隣組に一又は二発」という記述は消え、「相当大規模の空襲をくり返し受けるおそれが多い(98)」と記載されており、これは、これまでの落下密度を修正したと考えることもできる。それは、ばらつきがあるから断定をやめた、若しくは、五〇平方メートルという面積にひとつの隣組（一〇～一五軒）が存在するという仮定をやめたのかもしれない。

日本側は空襲を受ける都度、どの程度の爆弾をB-29が搭載していたのかを推定することもなければ、米国側がどの程度の撒布密度で焼夷弾を投下させているかを分析することもなかった。このため、空襲を受ける側からすれば、落下密度は、平均するとやはり五〇平方メートルに一、二発、公表ベースでは、「一つの隣組に一又は二発」であった。軍にはこれを否定する数的な根拠がなかったのであろう。

「一つの隣組に一又は二発」とした公表値は曖昧であるが、五〇平方メートルあたり一発という落下密度は、当初は正しい見積もりであった。米国の実験結果が、それ以下だったことは、市民（隣組）による消火活動が、米国の予想を上回るものだったことを意味する。しかし、空襲を実際に受けるようになって、その様相から落下密度を見直し、明確に修正することはなかった。米軍が、「焼き払うためにどれだけの焼夷弾を撒布するのが適切か」を考慮していたのに対して、日本側は、米軍の行動から、その意図なり、法則なりを見極めようとする努力に欠けていた。最後まで落下密度は、平均七メートル四方（約五〇平方メートル）に一発で、被害が大きくなったのは、重畳爆撃、すなわち、何回も重ねての爆撃だったからということであろう。

警察の指導や、当時記事から、多くの市民が「一つの隣組に一又は二発」と思っていたとは言えないが、軍が公式に曖昧な公表値や落下密度の見積もりを修正しなかったことはやはり批判されるべきことと言える。

焼夷弾の撒布密度を調査する限りでは、三四五回中六九回実行された夜間のエリア攻撃における都市焼夷弾撒布密度についての空襲判断は、適切ではなかった。その適切ではない空襲判断に基礎を有する、「防空の要否、防空の程度、緩急順序等[99]」も予想の一〇倍の密度での焼夷弾攻撃に対して、適切でなかったことは容易に想像できよう。しかし、その一言で済ませてよいのであろうか。当初、日本側が事前に準備し、空襲に備えた焼夷弾火災への市民（隣組）の消火活動は、米国の予想を上回るものだった。であれば、焼夷弾攻撃に対して、「消防」「防火」は効果を発揮した部分もあったのではないだろうか。また、「消防」「防火」以外にも防空法には、いくつかの項目が定められている。これらの効果・成果及び実績について、次章から論述していく。

註

（1）陸軍省・参謀本部「国民防空指導ニ関スル指針」昭和十五（一九四〇）年五月（参謀本部「国民防空指導に関する指針　S15.5」防衛省防衛研究所公開史料、本土―全般―45）（以下、「国民防空指導指針」）。

（2）同右。

（3）難波三十四「戦前の防空」（陸軍省・参謀本部「国民防空指導に関する指針」を寄贈するにあたって、難波三十四（元）陸軍大佐が一九五八年十一月に回想し防衛研究所に回答した資料）（防衛省防衛研究所所蔵）。

（4）「国民防空指導指針」。

（5）研究資料87RO―4H「大東亜戦争における民防空政策」（防衛省防衛研究所、一九八七年）二六四頁（以下、「大東亜戦争における民防空政策」）。

（6）防衛庁防衛研修所戦史室『戦史叢書19　本土防空作戦』（朝雲新聞社、一九六八年）二五―二七頁。

（7）沿海州とは現在のロシア連邦東部の沿岸地方を指している。

（8）「国民防空指導指針」。

（9）「世界情勢判断」（「17.世界情勢判断（昭一七、三、七連絡会議決定）」JACAR（アジア歴史資料センター）Ref.B02032972200、大東亜戦争関係一件／戦時中ノ重要国策決定文書集（A-7-0-0-9_52）（外務省外交史料館））（以下、JACAR：レファレンス番号）。

（10）島村　喬『本土空襲』（図書出版社、一九七一年）四五頁。

(11)『東京大空襲・戦災誌』編集委員会『東京大空襲・戦災誌　第3巻　軍・政府〔日米〕公式記録集』(東京大空襲を記録する会、一九七三年)二〇—二四頁(以下、『東京大空襲・戦災誌　第3巻』)。
(12) 同右、七一八頁。
(13)「防空計画ノ設定上ノ基準ノ件」(陸軍省「昭和十七年陸亜密大日記　第18号、3/3」JACAR：C01000305300、昭和17年「陸亜密大日記 第18号3/3」(防衛省防衛研究所)」〈「永年防空計画設定上の基準」画像：5/48「昭和十七年度防空計画設定上ノ基準」画像：15/48〉)。
(14) 同右。
(15)「第一　米英ノ動向　一、(ハ)　米ノ対日空襲判断」(「世界情勢判断」決定の連絡会議席上陸(海)軍軍務局長の所要事項説明要旨　昭和17年11月7日、JACAR：C12120216400、重要国策決定綴　其3　昭和17年8月26日～18年1月8日(防衛省防衛研究所)〈画像：6/21、7/21〉)。
(16) 陸軍省・海軍省「昭和十八年度防空計画設定上の基準」(「昭和十八年度防空計画設定上ノ基準ニ関スル件」国立公文書館デジタルアーカイブ/防空関係資料・防空ニ関スル件(四)/件名番号：031)。
(17) 防衛庁防衛研修所戦史室『戦史叢書66　大本営陸軍部(6)　昭和十八年六月まで』(朝雲新聞社、一九七三年)二九三—二九四頁。
(18) 陸軍省・海軍省「緊急防空計画設定上の基準」(国立公文書館所蔵「防空ニ関スル件(六)」)。
(19) E・バーレット・カー(大谷　勲訳)『戦略・東京大空爆』(光人社、一九九四年)六七—六八頁。
(20)「世界情勢判断　昭和十九年八月十九日」(「世界情勢判断　昭和19年8月19日」JACAR：C12120198300、今後採るべき戦争指導の大綱　御前会議議事録　昭和19年8月19日(防衛省防衛研究所))。
(21) 平塚柾緒『米軍が記録した日本空襲』(草思社、一九九五年)三五頁。
(22)「世界情勢判断　昭和二十年二月十五日」(「昭和20年2月15日　世界情勢判断/目次・本文」JACAR：C12120229900、重要国策決定綴　其6　昭和19年8月4日～20年3月29日(防衛省防衛研究所))。
(23) 工藤洋三・奥住喜重『写真が語る日本空襲』(現代史料出版、二〇〇八年)一一三頁。
(24) 奥住喜重・早乙女勝元『新版　東京を爆撃せよ——米軍作戦任務報告書は語る——』(三省堂、二〇〇七年)五九—六一頁。
(25) 前田哲男『戦略爆撃の思想——ゲルニカ—重慶—広島への軌跡——』(朝日新聞社、一九八八年)四七〇頁。
(26) 浄法寺朝美『日本防空史』(原書房、一九八一年)七五—八〇頁。

(27) 渡辺洋二『日本本土防空戦──戦争と人間の記録、B29撃滅作戦秘録──』(現代史出版会、一九七二年)一五六─一五七頁。
(28) 眞邊正行編著『防衛用語事典』(国書刊行会、二〇〇〇年)四七四頁。
(29) 第20航空軍(B-29部隊)「日本本土爆撃詳報(地域別)」(『東京大空襲・戦災誌　第3巻』九五一─一〇一九頁)。報告書からは、攻撃目標が指定されていたことがわかる。
(30) 平塚『米軍が記録した日本空襲』七六頁。本書には、「目標まで到達できない場合などは、搭乗員は装備している爆弾を浜松に投下するよう指示されていた」と記述されている。
(31) 奥住喜重・日笠俊男『ルメイの焼夷電撃戦──参謀による分析報告──』(岡山空襲資料センター、二〇〇五年)二八頁。
(32) 「米国陸軍航空部隊史　第5巻」(『東京大空襲・戦災誌　第3巻』)七五二頁。
(33) 奥住・早乙女『新版　東京を爆撃せよ』六〇頁。
(34) チェスター・マーシャル(高木晃治訳)『B-29東京爆撃30回の実録──第2次世界大戦で東京大空襲に携わった米軍パイロットの実戦日記──』(ネコパブリッシング、二〇〇一年)二一六─二一七頁。
(35) 甲府市戦災誌編さん委員会『甲府空襲の記録』(甲府市、一九七四年)二六─二七頁
(36) 平塚『米軍が記録した日本空襲』二五頁。
(37) アメリカ陸軍航空隊B29部隊(小林仁示訳)『米軍資料　日本空襲の全容──マリアナ基地B-29部隊──』(東方出版、一九九四年)。原資料は、マリアナ基地(サイパン、テニアン、グアム)のアメリカ陸軍航空部隊B-29部隊の「作戦任務要約」(Mission Summary)と「作戦任務概要」(Mission Resume)であり、大阪国際平和センター所蔵のマイクロフィルムを使用し、小山仁示が翻訳したものである。
(38) 安井繁禮『東部軍管区における空襲記録』(安井繁禮、一九五二年)(防衛省防衛研究所所蔵)。
(39) マーシャル『B-29東京爆撃30回の実録』二一七頁。
(40) 工藤・奥住『写真が語る日本空襲』一一三頁。
(41) 加藤昭雄『あなたの町で戦争があった』(熊谷印刷出版部、二〇〇三年)一五九頁。米海軍が、一九四五年七月十四日(釜石市)、同十五日(室蘭市)、同十七日(日立市)、同二十九─三十日(浜松市)を艦砲射撃により攻撃したことが記されている。
(42) 同右。*Aircraft action report* (carrier-based aircraft (国立国会図書館憲政資料室所蔵マイクロフィルム、請求番号USB-06 R1)から、TG38.1, TG38.1, TG52.1.1, TG52.1.2, TG52.2, TG58.1, TG58.3, TG58.4 各任務部隊(空母機動部隊)の報告書を調査した。

(43) Commander Task Group THIRTY-EIGHT POINT ONE "*Report of Operation of Task Group THIRTY-EIGHT POINT ONE Against the Japanese Empire 1 July 1945 to 15 Augest 1945*", pp.38-42（国立国会図書館憲政資料室マイクロフィルム、請求番号ＵＳＢ−06Ｒ１）.

(44) 柴田武彦・原　勝洋『ドーリットル空襲秘録』（アリアドネ企画、二〇〇三年）一一頁。

(45) 島村『本土空襲』四五頁。

(46) 『東京大空襲・戦災誌　第３巻』二〇—二四頁。

(47) 同右、二一頁。

(48) 上田誠一「今次空襲と民防空」（『建築雑誌』第五十六輯・第六八八号、一九四二年七月）五一五—五二〇頁。

(49) カー『戦略・東京大空爆』一二四頁。

(50) 奥住・早乙女『新版　東京を爆撃せよ』五九—六一頁。

(51) 同右、九頁。

(52) 同右、六九—七三頁。

(53) 奥住・日笠『ルメイの焼夷電撃戦』六二頁。

(54) 『東京大空襲・戦災誌』編集委員会『東京大空襲・戦災誌　第１巻　都民の空襲体験記録集　３月10日篇』（東京大空襲を記録する会、一九七三年）二一、二五頁。

(55) 同右、二二頁に「Ｂ29の焼夷弾攻撃は、この町の周囲を火の壁で包囲しておいて、その後しらみつぶしに、人家の密集地区に向けて、ナパーム性のＭ69油脂焼夷弾のほか、エレクトロン、黄隣などの各種焼夷弾を、雨あられのように投下した」という手記が記載されている。

(56) 奥住・早乙女『新版　東京を爆撃せよ』七三頁。本書は二〇〇七年発行であるが、一九九〇年六月に発行された同名図書の新版であるので、一九九〇年の時点で米軍の爆撃が、退路を断つことまで考慮したものでないことは判明していたと言える。

(57) 同右、六〇頁。

(58) 同右、二一、二四頁。

(59) 「昭和十九年　空襲判断と今後の対策」（陸軍大佐　稲留勝彦資料「民防空関係纏（其の１）　昭和17～20」防衛省防衛研究所公開史料、陸空—本土防空—66）、「三月一〇日　帝都空襲を中心とする民防空戦訓」（稲留参謀「空襲戦訓綴　昭和19年」

防衛省防衛研究所公開史料、陸空―本土防空―75）。

（60）「国民防空指導指針」。

（61）東京市『市政週報』第138号（一九四一年十二月六日）。

（62）「家庭防空の手引き」（『週報』第256号、内閣情報局、一九四一年九月五日）五―六頁。

（63）難波三十四『現時局下の防空――『時局防空必携』の解説――』（大日本雄弁会、講談社、一九四一年）四八頁。

（64）内務省防空局『防空関係法令及例規』（「防空関係法令及例規送付ノ件」国立公文書館デジタルアーカイブ／防空関係資料・防空ニ関スル件（四）／件名番号：004）〈画像：221／250〉。

（65）奥住・早乙女『新版　東京を爆撃せよ』六四頁。

（66）「国民防空指導指針」。

（67）菰田康一『防空読本』（現代社、一九四三年）一九四頁（国立国会図書館デジタルコレクション：インターネット公開なし）。

（68）大坪義勢陸軍中佐「国民防空知識普及資料」（『偕行社記事』第814号、一九四二年七月。防衛省防衛研究所公開史料、中央―偕行社記事―471）。

（69）陸軍省・海軍省「昭和十七年度防空計画設定上ノ基準」昭和十七年五月五日（「防空計画の設定上の基準の件」JACAR：C01000305300、昭和17年「陸亜密大日記　第18号　3／3」（防衛省防衛研究所））〈画像：16／48、17／48〉。

（70）「新軍司令官に対する状況報告資料（民防関係）」（陸軍大佐　稲留勝彦資料「民防空関係纏（其の1）　昭和17～20」）に防空懇談会についての記載がある。

（71）「昭和十九年　空襲判断と今後の対策」。

（72）武川文三「テルミット焼夷弾とその防火方法」（『大日本警防』第十六巻第五号、一九四二年五月）一五頁。

（73）「北九州地区　空襲戦訓」（『週報』〈防空必勝の訓〉第401・402合併号。JACAR：A06031056000、週報（国立公文書館）。

（74）同右。

（75）カー『戦略・東京大空爆』一三六―一三七頁。

（76）東部軍管区司令部「第三号　民防空速報　昭和20年3月25日」（稲留参謀「空襲戦訓綴　昭和19年」）（筆者の筆記による）。

（77）『東京大空襲・戦災誌　第3巻』一一八頁。

（78）同右、七九頁。

（79）同右、一〇七頁。

(80) 内務省編『時局防空必携(昭和十八年改訂版)』(「「時局防空必携」改訂ニ関スル件」国立公文書館デジタルアーカイブ/防空関係資料・防空ニ関スル件(五))/件名番号:010)。
(81) 難波『現時局下の防空』三四—三八頁。
(82) カー『戦略・東京大空爆』二三—二六頁。
(83) 奥住・早乙女『新版　東京を爆撃せよ』六七頁。
(84) 同右、一六頁。
(85) 同右、四〇—四一頁。
(86) 同右、六七頁。
(87) カー『戦略・東京大空爆』三〇—三一頁。
(88) 同右、二六—二八頁。
(89) 統合攻撃目標グループ・物理的脆弱課「米国、ドイツおよび日本の焼夷弾の比較」(『東京大空襲・戦災誌　第三巻』)七七四頁。
(90) 「国民防空指導指針」(筆者の筆記による)。
(91) 清川豊三郎「敵機の空襲と我等の体験」(『大日本警防』第十六巻第五号)八頁。
(92) 同右、一五頁。
(93) 『東京大空襲・戦災誌』編集委員会『東京大空襲・戦災誌　第4巻　報道・著作記録集』(東京大空襲を記録する会、一九七三年)四九頁。
(94) 同右、五二頁。
(95) 同右、五九頁。
(96) 同右、六九頁。
(97) 「大東亜戦争における民防空政策」二六四頁。
(98) 内務省防空局「昭和十八年改訂　時局防空必携　解説」(「「時局防空必携」昭和十八年度改訂版ノ解説ニ関スル件」国立公文書館デジタルアーカイブ/防空関係資料・防空ニ関スル件(五))/件名番号:030)。
(99) 「国民防空指導指針」。

第三章　事前の防御措置

この章では、空襲前の準備として防空法の項目にある、防御措置について、いずれも先行研究からの引用を中心に述べていく。第一節では、「分散疎開」「避難」について述べ、第二節では、「防火」という項目に含まれる「木造建築の防火改修」について述べる。火災に対する直接の対応としての「防火」については、第三部「空襲時の対処」の第四章で、「消防」とともに記述する。そして、第三節では、「防弾」について、防空壕の建設という部分について、先行研究からの引用を中心に述べる。

第一節　「分散疎開」「避難」

本節では、「分散疎開」及び「避難」について、法的な位置づけと、その実態を先行研究からの引用を中心に法体系と実態について述べていく。

一　法体系

「分散疎開」及び「避難」について、その法体系について述べる。

(一)「分散疎開」

「分散疎開」は、一九四三年十月三十一日の改正により、防空法の項目に加えられた。その理由を土田宏成は、「より実戦を想定したもの」で、「防火のためにより一歩進んだ疎開政策を採用したこと」と述べた[1]。事実、この改正に至る前の一九四三年九月二十一日、「現情勢下ニ於ケル国政運営要綱」が閣議決定され、このなかで、帝都及び重要都市の防衛を全うするためにこれらの都市における官庁工場、家屋等に対し必要なる整理を行うとされた[2]。このために、「帝都及重要都市ニ於ケル工場家屋等ノ疎開及人員ノ地方転出ニ関スル件」(昭和十八〈一九四三〉年十月十五日閣議決定)により、工場家屋等の疎開は強力な防空都市を構成する如く実施し、人員の地方転出は勧奨によることが示された[3]。

この改正で主務大臣または地方長官に権限が与えられ、「分散疎開」に関し、必要な命令をなすこととされた(昭和十八〈一九四三〉年改正防空法第五条)。その対象は、防空法施行令に定められており、「一　重要なる総動員物資の生産、加工、修理、保管又は配給に関する施設又は事業、二　電気、瓦斯又は水道に関する施設又は事業、三　運輸通信又は交通に関する施設又は事業」であり、主務大臣は「分散疎開」を命じることができた。さらに地方長官にあっては、「一　爆発性、発火性又は引火性の物品、二　有毒性の物品、三　食糧、燃料その他の総動員物資」について移転を命じることができた[4](第三条の二)。

一九四三年十二月二十一日に「都市疎開実施要綱」が閣議決定され、疎開区域として、京浜、阪神、名古屋及び北九州地域の各都市が示された。さらに「一般疎開促進要綱」(昭和十九〈一九四四〉年三月三日閣議決定)、「学童疎開促進要綱」(昭和十九〈一九四四〉年六月三十日閣議決定)、「老幼者妊婦等ノ疎開実施要綱」(昭和十九〈一九四四〉年十一月七日閣議決定)、「工場緊急疎開要綱」(昭和二十(一九四五)年二月二十三日閣議決定)、「現情勢下ニ於ケル疎開応急措置要綱」(昭和二十(一九四五)年四月二十日閣議決定)、「重要物資等ノ緊急疎開ニ関スル件」(昭和二十(一九四五)年六月二十六日)と空襲激化にともない疎開施策も細部に亘り実施されていった。[5]

「疎開」という言葉からは、「学童疎開」がよく知られており、多くの学童を戦火から救ったという面で評価をされている。[6] 学童疎開は、防空上の必要にかんがみ、前述の「学童疎開促進要綱」をもとに実施された。[7] 防空法施行令(昭和十九(一九四四)年改正)に規定される「分散疎開」は、事業・物資等の疎開であって、人員疎開は対象になっていない。人員の疎開は、前述の「都市疎開実施要綱」のなかにある、①建築物や施設の疎開にともなう者、②疎開区域内に居住する必要性の少ない者、という規定に根拠を置くもので、ここに学童疎開は含まれていない。

つまり、防空法施行令上、「分散疎開」の規定にあるのは、建築物、工場、家屋の疎開であり、その目的は、防火対策(延焼防止)と重要な生産等を空襲から守るための地方への移転であった。人員の退去については、「防空上必要あるときは勅令の定むる所に依り一定の区域内に居住する者に対し期間を限り其の区域よりの退去を禁止又は制限することを得」(防空法第八条の三)とされ、退去を禁止することはあっても、退去(移動)を推奨・強制することは考慮されていなかった。このため工場等の疎開にともなうものも、そうでないもの(学童疎開など)についての人員の移動は、前述した閣議決定により実施されたが、その根拠は、防空法の「分散疎開」にあると考えて良いであろう。

(二)「避難」

「避難」は、一九三七年の法律制定時から一貫して防空法の項目に存在しているが、第一条の規定以外に言及はない。そのようなか、どのように「避難」は進められたのか。青木哲夫は、「避難」については、「第五条の地方長官が防空計画により防空に必要な設備・資材について、その管理者・所有者に整備・供用をさせることができるとの規定の内容として、施行令において避難に必要なものを一項としてあげているのみ」で、「具体的な施策はほとんどない」と論じている。[8] つまり防空法による「避難」は、それを実行に移す法令の未整備から実行されていなかったという見方ができる。しかし、必ずしも実態はそうではない。

当時の日本政府は、サイパン陥落にともない、本土沿岸地域住民の避難準備を含む「戦時警備の実施」に対応するために「総動員警備要綱」（昭和十九〈一九四四〉年八月十五日）を閣議決定した。これは、「住民避難施策を含む国内警備態勢の整備を、総合的に図ることにした」ものとされている。[9] すなわち、防空法における「避難」を具体的に示す法令はないが、「総動員警備要綱」という閣議決定によって、「避難」は実行に移されていた。

「総動員警備要綱」のなかで規定された、戦争準備としての住民避難は、総動員体制の一貫という考え方もできよう。しかし、住民を戦闘の危険にさらすことを防ぐという点からは、空襲（ここでは、空襲以外の敵の上陸作戦も含まれるが）被害の軽減すなわち、民防空政策の一部としてもとらえることができる。

二　「分散疎開」「避難」の実態

「分散疎開」「避難」の実態について、『ＵＳＳＢＳ報告』及び先行研究から述べる。

（一）『ＵＳＳＢＳ報告』から（Evacuation：避難）

『ＵＳＳＢＳ報告』では、“Evacuation”という項目で次のように述べている。

市民の避難については、他の民防空政策同様に、本土全体にわたる徹底した飽和攻撃を予期していない上での計画であった。実際に飽和攻撃が始まった時点でも、避難の要求はあったものの全体計画が大きく変更されるものではなかった。いくつかの避難の段階のなかで、学童疎開はもっとも成功した避難であった。東京三五区内の一九四五年二月から六月までの人口の平均値三、七〇〇、〇〇〇人に対して、空襲による死傷者数一六六、四四七人の割合は、四・五パーセントとなる。これを東京三五区から避難した学童の数六二〇、一九一人にあてはめると、二七、九〇八人となり、これだけの数の学童の死傷者を未然に防いだことになる。この数字は控え目の数字である。なぜなら、(大人は自分で逃げているが、もし学童がいたならば)学童に対しての空襲時の補助や支援が必要となり、結果的にそれが必要なかった分、大人が逃げることができたといえる。また、学童が生活していることによる人口密度の増加分は被害数に影響する可能性があるが、それは含まれていないからである。以下の四つの種類の避難の施策が企画された。

①自主避難：当該都市にとって重要でない人が、郊外の親戚などを頼って自主的に避難した
②空襲によって被害を受けた人を田舎の親戚などのところに避難させた
③防火帯をつくるために家を壊された人を移動させた
④学童疎開(費用は八五パーセントが国、一五パーセントが疎開先の自治体、親負担一〇円／月)[10]

このように『ＵＳＳＢＳ報告』では、学童疎開をもっとも成功した避難であると評価している。

(二)　浄法寺朝美『日本防空史』から

浄法寺は、人員疎開については、「日本の家族制度を尊重して強制的に行わず、原則として勧奨によった。従って当初はなかなか進捗しなかった」としながらも、人員疎開、学童疎開、老幼者・妊婦及び園児疎開、建築物・施設の疎開、工場疎開、重要物資及び文化財の疎開について、その結果をおおよそ次のように述べている。

建築物の疎開では、建物を撤去した跡地が防火帯としての役割を果たすことができなかった面もあった。しかし、建物の疎開に伴って疎開した人員は、空襲を受けなくて済んだことは事実であり、その人員疎開は四三〇万人に達した。学童疎開は四一万人、一部に欠陥はあったものの何十万という学童を、空襲の恐怖を味あわせることなく地方で成長を遂げさせた点と、東京・大阪等に残留し最後まで空襲と闘った父兄に後顧の憂いを断たしたのは所期以上の効果と功績があった。疎開した工場は地下等で操業を継続しており、重要物資の疎開は間に合わなかった感があるものの、文化財については多くの美術品等が疎開によって戦災を逃れた(11)。

学童疎開は、開戦時の駐英陸軍武官であった辰巳栄一(当時陸軍少将)が、ロンドンでの軟禁生活を解かれ、一九四二年に帰国後、ドイツ軍の爆撃をロンドンで体験したただ一人の将官として、帝都防空の責任者たる東部軍参謀長に任命され、強く政治家らに働きかけて実現したものとされている(12)。そして、学童疎開は前述したように、防空法施行令による規定ではなく、閣議決定により実施されたもので、防空法の「分散疎開」の条項を補完するものと考えることができる。ノンフィクション作家の保阪正康は、「四十万人の日本人を救った男」のなかで、この学童疎開に対して「学童の『生命』を守るという一点では見事なまでに成功した」と述べている(13)。

(三)　今市宗雄「太平洋戦争期における『住民避難』政策」から

沖縄作戦準備期間において沖縄県は、一九四四年七月十七日から一九四五年三月二十日の間に約六万人を本土へ、二万人以上を台湾に送り出した。[14] さらに米軍の上陸に備え、八・五万人あまりを島の北部に立ち退かせ、合計で一六・五万人が「避難」した。[15] しかし、その対象は、六〇歳以上の老人と一五歳未満の者、婦女病者、これを世話する婦女であり、現場に残った健康な若者の多く(軍人以外の者)が戦闘の犠牲になったことは否めない。

本土沿岸住民に対しても、米軍の上陸が予想される地方にあっては、避難実施計画が策定されていた。特に九州や千葉県における状況が、今市の研究によって、明らかにされている。そして、今市は、「平時からこれ(筆者註：住民避難)に関する施策を逐次推進して行くことは、その必要性を十分に認識しながらも応急的にしか措置し得なかった」と結論づけた。[16]

ま と め

「分散疎開」「避難」は、『USSBS報告』にあるとおり、「本土全体にわたる徹底した飽和攻撃を予期していない上での計画で」「実際に飽和攻撃が始まった時点でも、避難の要求はあったものの全体計画が大きく変更されるものではなかった」ことは、制度構築の際の見通しに問題があったと言える。

法施行にあっては、「分散疎開」で、東京を離れたのは四一二万人、全国では四三〇万人が危険な都市から離れて地方に疎開した。学童疎開にあっては、東京都からは一四万人、全国では四一万人が集団疎開をした。[17] 疎開政策がとられなければ、これらの人々は空襲被害にあっていた可能性が高い。どの程度になるかは、東京都の学童の場合で二

七、九〇八人という数字を『ＵＳＳＢＳ報告』では挙げている。

一方、戦後の我が国の調査である、『太平洋戦争による我国の被害総合報告書』によれば、東京都の一九四四年の人口（七、二七一、〇〇一人）に対し、空襲による死者数（軍人、軍属を除く）は、九七、〇三一人で、その割合は、約一・三パーセントである。[18] これを疎開元である都会における平均の死者数と考えた場合、前述した「分散疎開」がなされていなければ、疎開した人四七一万人（四三〇万人＋四一万人）の一・三パーセントが犠牲になっていたであろうと推定することができる。その数は、約六・一万（六一、二三〇）人となり、この命を確実に救ったと算出することができる。

沖縄では一六・五万人が本島外及び島内北部に「避難」したとされている。沖縄県援護課の資料によれば、一九四四年二月の島民数は、四九一、九一二人であり、九四、〇〇〇人が戦没したとされている。[19] その割合は、約一九パーセントであり、「避難」が進められていなければ、「避難」した一六・五万人のうちの一九パーセントすなわち、約三・二万人が犠牲になっていたと推測できる。すなわち、沖縄における住民避難は、約三・二万人の命を確実に救ったと算定することができる。

これらのことから、「分散疎開」と「避難」により死を免れたのは、六・一万人と三・二万人の和で、約九・三万人と考えることができ、これが、成果であり、実績である。

また、必要とされた代償は、移動にかかる費用と、親元を離れた子供の気持ちである。「一般疎開」の場合、移動にかかる費用は、その建物の移転が防空上必要である場合には、国庫もしくは、道府県がこれを負担することになっていた。[20] 学童疎開にあっては、一〇七頁で既述のように八五パーセントが国、一五パーセントが疎開先の自治体、親負担一〇円／月であった。[21] つまり「分散疎開」は、人的な犠牲をともなうものではなく、移転費用も国等の負担であった。また、親元を離れた子供の気持ちについては、次のように言われている。

学童の集団疎開には、半ば強制的に実施されたこともあって、父母やその体験世代からは、しばしば怨念の混じった体験談が吐露される。確かに、彼らの寂しさ、不安、空腹など体験者でしかわからない嫌悪があるに違いない。しかし、作家の保阪正康が指摘するように、「怨念も生きているから書ける」との悲しい事実は動かしがたい。[22]

これらのことから、分散疎開の人的代償は、わずかなものであったということができる。

「分散疎開」「避難」は、具体的には閣議決定による施行であったが、いずれも制度構築の際の見通しは甘かった。法施行にあっても、早い時期に処置がとられていれば、さらに多くの命が失われずに済んだと言えよう。しかしながら、実施された施策によって、前述のとおり約九・三万人が死を免れたことに、国民保護の一面があったと言うことができる。

第二節　「防火」（木造建築の防火改修）

第一部で述べたとおり、一九三七年成立時の防空法に定められたのは八項目「燈火管制、消防、防毒、避難、救護、並びにこれらに関し必要な監視、通信、警報」（防空法第一条）であった。一九四一年に「防空諸情勢の変化と防空法施行の実際とに鑑み」「現下の国際情勢に則応するために」「偽装」「防火」「防弾」「応急復旧」が、追加された。[23]それまでも「消防」という項目がありながら、「防火」を特に加えたのは、火災発生後に、これを鎮圧する「消防」に対して、火災を未然に防止しまたは、火災の拡大を防止するための予防的な措置を加えたためで、木造建築の防火改修や家庭防空隣保組織（隣組）の家庭応急防火（以下、「応急防火」）が、その例であるとされた。[24]

つまり、火災に対抗する手段としては、事前の建物への準備としての「木造建築の防火改修」、焼夷弾攻撃に対しての隣組による「応急防火」、そして火災発生後にこれを鎮圧する「消防」に大別することができる。本節では、空襲前の準備として、「木造建築の防火改修」について先行研究からの引用を中心に、その施策には効果がなかったことを述べる。また、「応急防火」に関しては、第三部「空襲時の対処」として、第四章において、「消防」とともに述べることとする。

防空法の規定によれば、地方長官が、木造建築の所有者に対し、「期限を附して其の建築物の防火改修を命ずること」（昭和十八〈一九四三〉年改正防空法第五条の二）とされており、防火改修の程度及び方法は防空法施行令（昭和十八〈一九四三〉年改正）により定められた。[25]その防空法施行令では、施行に関する費用の規定があり、それは「当該建物の所有者の負担」（防空法施行令第十一条）とされていた。[26]しかし、黒田康弘『帝国日本の防空対策』によれば、木造建築の防火改修については、建築学会が、一九三三年から、大都市の防火防空建築の普及を促進すべく、政府に対して建議の意見書を提出していた。そこでは、木造家屋への防火改修が必要であること、そのための補助金等の金銭的な補助を行うようにとの意見がなされていた。さらに一九三六年に設立された「都市防空に関する調査委員会」が、防火改修、焼夷弾対策などのさまざまなパンフレットを「建築学会防空資料」として発行したことが述べられている。[27]この委員会は、施設防空として「偽装」についても研究しており、これについては、第三部の第三章で述べる。防火改修は、一九三九年に少額の国庫補助金を交付して事業が始められたが、遅々として進まなかった。しかし、一九四一年の防空法の改正により防火改修を強制できるようになった(28)。

防火改修のためのパンフレットのひとつに、「既存木造家屋外周簡易防火改修案」がある。同案は、外壁及び軒先等外部に面する木部面を鉄網モルタル塗りとするか、耐火木材あるいは適当な耐火板で張り直す。窓、出入り口及び風穴等は、簡易防火建具を取りつける。屋根の野地板は、耐火木材の類と取り替えるというものであった。モルタルとは、セメントと砂とを水でねり固めたもので、耐火木材とは、普通の木材に耐火液を注入して燃えないようにしたもの、簡易防火建具とは、耐火木材で作った戸板またはさらにトタン板を張ったものとされていた(29)。

しかし、当時の日本では木造家屋の密集する都市の構造自体に問題があり、その危険性は認識されていた。また、防火改修の徹底によって、短時間に大火に至る危険性を軽減することは可能であったが、「空襲の危険がますます高まっている時期に、関東大震災の経験から制定された建築規制を不燃資材の欠乏を理由に緩和してしまい、可燃性をさらに高めてしまった」と黒田は述べている(30)。

つまり、防空法にある「防火（木造建築の防火改修）」は、短時間に大火に至る危険性を軽減することをめざしたものであったが、結果的には、改修は徹底されなかった。すなわち、「防火（木造建築の防火改修）」の効果はなかったと言うことができる。このため、成果、実績もない。しかし、制度構築の想定としては、「一隣組に一発程度」の焼夷弾により発生する火災に対して、木造家屋の難燃化をめざしたもので、改修がなされていれば短時間に大火に至る危険性を軽減することは可能であり、ここに国民保護の一面があったと言える。

第三節「防弾」

「防弾」については、先行研究（黒田『帝国日本の防空対策』）からの引用を主体にして、簡潔に述べる。

一　法体系

「防弾」は、一九四一年の防空法改正時に、「偽装」「防火」「応急復旧」とともに追加された項目である。そのなかで「防弾」は、爆弾の直撃や破片、爆風に対して人体や物件を防護するための措置で、防空壕や防弾壁、屋板補強などと当時説明された[31]。しかし、一九四一年の改正を待たずして、内務省計画局は、一九三九年に「極秘　国民防空強化促進計画要綱　防空緊急方策　防空指導一般要領」を示し、防護施設の整備充実として、①建築物の防空的構造化、②公共防護室及び自家用防護室の設置、③地下道の新設、④架空電線路の整理並びに地下化、⑤重要施設の防護、を示していた[32]。

さらに内務省は、一九四〇年十二月に「防空壕構築指導要領」を示し、家屋外空地に構築する応急的待避施設である防空壕の構築指導要領を定めた。そこでは、①投下弾の破裂による危害と毒瓦斯による危害を防止することに留意し、②防護活動に便利な位置、規模、構造等を決定し、③各戸ごと敷地内空地に設けるが近隣共同も可、④公共用地に設けるのも可、⑤なるべく小規模分散とし、大規模であっても二十人程度を限度、「掩蔽型」を原則とするとされた[33]。

開戦前にあっては、防空壕の建築は消極的で、当局から指示のあるのを待って作れば良いと公表されていた[34]。しかし、一九四三年、情勢の悪化にともない強制的に設置することとされた[35]。

二　実　態

その実態について黒田は、問題点を次のように指摘している。

①一貫性のある指導がなされなかった。

②資金・資材の援助がなされなかった。

各家庭の防空壕は自発的建設に委された。

横穴式以外の防空壕には補助金が支給されなかった。

資材の斡旋・提供がないだけでなく、新たなセメント・木材などを使用させないことを原則としていた。

③公共用防空壕が非常に不備であった。

空襲体験者の記録には、防空壕に留まっていて焼死した人について多数の記述がなされている。(36)

黒田は、日本政府が防空壕建設に力をいれなかったことを批判しているが、建設された防空壕についての効果は論じていない。(37)

また、『USSBS報告』(Shelter：待避壕)では、次のように記載されている。

日本の計画では、全員に防空壕を要求していたが、実際はトンネルタイプの防空壕は人口の二パーセントの収容分しかなかった。それは土質の問題と資材不足にある。トンネル式の防空壕は、多くの命を救い、爆弾にも効果があった。長崎は二四万人の人口に対して七・五万人分の防空壕（三〇パーセント）が準備された。詰め込めば一〇万人は収容できただろう。もし防空壕に避難していれば原爆による被害は八万人から五・六万人に減らすことができたであろう。実際には四〇〇人以下の人が防空壕に入っており、かつ中にいても火災の被害をうけ負傷した人もあった。

ドイツの防空壕は、地上にあって、耐爆弾性をもっており、全員分の防空壕の整備を目標としたが、それは果たせなかった。イギリスでは、焼夷弾対処を主とし、五〇〇ポンド爆弾の近隣での爆発に耐え、全員分が整備された。日本は、いくつかの種類の防空壕で全員分を要求した。しかし、資材の供給をせず、金銭的にも一例（トンネルタイプの防空壕）を除き援助をしなかった。(38)

防空壕による効果としては、壕が深すぎて、爆弾の爆発した振動で崩れ埋没者を出したり、壕に多数の者が殺到して、踏みつぶされ、あるいは衣類に着火して集団惨事を出したものもあったが、多くの防空壕は、待避の目的を果たし、付近に落下した爆弾から助かった者が多数あったと浄法寺は記している。さらに長さ一〇〇メートル以上の壕の総延長は一八、三〇〇メートル、一〇〇メートル以下の壕の総延長二、七〇〇メートル、合計二一、〇〇〇メートルとなり、その平面積は、ほぼ五万平方メートルとなり、一〇〜二〇万人の短期待避が可能であったとされている。(39)

まとめ

防空壕、待避壕の代償は、壕作成にかかる人的な労働力と材料などにかかる金銭的なものである。日本政府は計画の実行を主として個人にまかせ、材料を提供するなんの努力もせず、資金も一例をのぞいて提供しなかった[40]。防空壕の建設という意味では、国民保護を意図したものであったと言える。しかし、制度構築の際に想定された空襲は、「一隣組あたり一発の焼夷弾」であることから、防空壕の建築の必要性は高くはなかった。開戦前に、防空壕の建築は、当局から指示のあるのを待って作れば良いと公表されていたことは、法の施行の段階でその必要性を否定していたのであり、それを国民保護とは言えないであろう。

実際には、情勢が悪化したことで、設置に拍車がかかったものの資材不足の影響で十分な防空壕は作られなかった。作られた防空壕によって助かった人がいたのは確かであるが、どれだけの人が防空壕によって命を助けられたのかを数値で測ることは不可能であり、実績として算出することはできない。また、防空壕が不足したことが原因で犠牲になった人の数もまた、算出することは不可能である。

しかしながら、防空壕の目的からすれば、これを建設することを定めた「防弾」には国民保護の一面があったことを否定はできない。法施行において、十分とは言えないまでも、建築された防空壕に避難して空襲被害を逃れた人が多くあったことを考えれば、これもまた、国民保護の一面を否定できるものではない。

註

（1）土田宏成『近代日本の「国民防空」体制』（神田外語大学出版局、二〇一〇年）二九三頁。

（2）「現情勢下ニ於ケル国政運営要綱」昭和十八（一九四三）年九月二十一日閣議決定〔「東京大空襲・戦災誌」編集委員会『東京大空襲・戦災誌　第3巻　軍・政府〔日米〕公式記録集』（東京空襲を記録する会、一九七三年）五〇三頁〕（以下、『東京大空襲・戦災誌　第3巻』）。

（3）「帝都及重要都市ニ於ケル工場家屋等ノ疎開及人員ノ地方転出ニ関スル件」（昭和十八（一九四三）年十月十五日閣議決定）（『東

京大空襲・戦災誌　第3巻』)五一五頁。

(4) 内閣印刷局『昭和年間　法令全書　昭和十九年(第18巻—2)』(原書房、二〇〇五年)一四—二一頁。

(5)『東京大空襲・戦災誌　第3巻』五一五—五二七頁。

(6) 浄法寺朝美『日本防空史』(原書房、一九八一年)二七三頁。

(7)「学童疎開促進要綱」一九四四年六月三十日閣議決定(「学童疎開ノ促進ニ関スル件ヲ定ム」国立公文書館デジタルアーカイブ/公文類聚・第六十八編・昭和十九年・第七十四巻・学事二・国民学校・雑載/件名番号:007)。

(8) 青木哲夫「日本の民防空における民衆防護—待避を中心に—」(『政経研究』第九十二号、二〇〇九年五月)九〇頁、九三頁。

(9) 今市宗雄「太平洋戦争期における『住民避難』政策」(『軍事史学』第二十四巻第一号、一九八八年六月)八頁。

(10) THE UNITED STATES STRATEGIC BOMBING SURVEY, *FINAL REPORT Covering Air-Raid Protection and Allied Subjects in JAPAN* (Civilian Defense Division, 1947), pp.5-6〔米国戦略爆撃調査団『太平洋戦争白書　第5巻　民間防衛部門④』(日本図書センター、一九九二年)〕(以下、USSBS, *FINAL REPORT*).

(11) 浄法寺『日本防空史』二六七—二八六頁。法隆寺献納御物一八〇点が奈良県へ、東京国立博物館の重要文化財が福島県、京都府、岩手県に疎開したとされる。

(12) 湯浅　博『歴史に消えた参謀　吉田茂の軍事顧問　辰巳栄一』(産経新聞出版、二〇一一年)一七四—一七九頁(以下、『辰巳栄一』)。

(13) 保阪正康「四十万人の日本人を救った男—忘れられた学童疎開の大恩人—」(『新潮45』第十三巻第五号、一九九四年五月)五五頁。

(14) 琉球政府『沖縄県史　第八巻』(国書刊行会、一九八九年)一八一—一八六頁。

(15) 今市「太平洋戦争期における『住民避難』政策」六、七頁。このほかに、避難ではなく疎開の項目ではあるが、学童集団疎開として、一九四四年八月中旬から一ヶ月の間に関係職員を含めて七、〇〇〇人余りを熊本・大分・宮崎の各県に疎開させた。

(16) 同右、二二二頁。

(17) 浄法寺『日本防空史』二六七頁。

(18) 経済安定本部『太平洋戦争による我国の被害総合報告書』経済安定本部、一九四九年四月(『東京大空襲・戦災誌　第3巻』)四一〇—四一一頁。

(19) 大城将保「沖縄戦の死者数について」(『沖縄史料編集所紀要』第八巻、一九八三年三月)六七頁。

(20) 改正防空法第十五条「第十二条の二の規定に依り移転費を給するに要する費用にして主務大臣の命令に依る移転に係るものは国庫、地方長官の命令に依る移転に係るものは北海道又は府県の負担とす」。ここで第十二条の二とは、「第五条の六、第五条の九又は第八条の三の規定に依る処分に因り住居を転ずるに至りたる者に対しては地方長官は命令の定むる所に依り移転費を給すべし」と規定されており、防空上必要な移転の場合には移転費は国庫等が負担することになっていた。実際に適正に運用されたかどうかは確認できていない。

(21) USSBS, *FINAL REPORT*, pp.4-6.

(22) 『辰巳栄一』一八一頁。

(23) 内閣印刷局『昭和年間　法令全書　昭和十二年（第11巻―2）』（原書房、一九九七年）六二―六五頁、内務省「改正された防空法」（『週報』第272号、一九四一年十二月二十四日、内閣情報局、JACAR（アジア歴史資料センター）Ref.A06031043400、週報（国立公文書館））五頁。

(24) 内務省「改正された防空法」五頁。

(25) 内閣印刷局『昭和年間　法令全書　昭和十八年（第17巻―2）』（原書房、二〇〇四年）二九〇―二九四頁。

(26) 内閣印刷局『昭和年間　法令全書　昭和十九年（第18巻―2）』（原書房、二〇〇五年）一四―二二頁。

(27) 黒田康弘『帝国日本の防空対策』（新人物往来社、二〇一〇年）一六五、一六九頁。

(28) 同右、一七三頁。

(29) 都市防空に関する調査委員会『都市防空パンフレット　昭和15年～16年』（建築学会、一九四一年、日本建築学会図書館デジタルアーカイブス）。〈http://strage.aij.or.jp/da1/sonota/pdf/chousa_07_01.pdf〉〈http://strage.aij.or.jp/da1/sonota/pdf/chousa_07_02.pdf〉二二頁。

(30) 黒田『帝国日本の防空対策』三一六頁。

(31) 内務省「改正された防空法」五頁。

(32) 内務省「極秘　国民防空強化促進計画要綱　防空緊急方策　防空指導一般要領」一九三九年五月二十五日計画局第55号（「国民防空強化促進ニ関スル件」国立公文書館デジタルアーカイブ／防空関係資料・防空ニ関スル件（一）／件名番号：010）「防空緊急方策」五頁。

(33) 内務省「防空壕建築指導要領」昭和十五（一九四〇）年十二月二十四日内務次官発内閣書記官宛（国立公文書館デジタルアーカイブ）。

（34）難波三十四「防空必勝対策」（『都市公論』一九四一年九月）一四頁。
（35）内務省防空局「昭和十八年改訂　時局防空必携　解説」（「時局防空必携」昭和十八年度改訂版ノ解説ニ関スル件」国立公文書館デジタルアーカイブ／防空関係資料・防空ニ関スル件（五）／件名番号：030）。
（36）黒田『帝国日本の防空対策』二二八頁。
（37）同右、二二九頁。
（38）USSBS, *FINAL REPORT*, pp.6-7.
（39）浄法寺『日本防空史』一六〇―一六四頁。
（40）黒田『帝国日本の防空対策』一九五頁。

第三部　空襲時の対処

第三部では、空襲時（爆撃機が飛来してから、空襲が終わるまで）に、どのような対処がなされたのか、その結果はどうだったのか論述することが目的である。そのなかで、第一章は、「監視」「通信」「警報」について、先行研究からの引用を中心に述べる。第二章は、「燈火管制」、第三章は、「偽装」、そして第四章では「消防」「防火」について、その効果を実証的に論述することをめざす。「偽装」は、事前の準備の部分が多いが、その効果は空襲を受けるときに現れるので、ここで述べることとした。また、「防護」については、同じ理由でここで述べるべきであるが、実際の効果が明確でないため、事前の準備の部分だけの論述になったことから、第二部ですでに述べた。

第一章　「監視」「通信」「警報」

はじめに

「監視」「通信」「警報」は、防空法の制定当初、「燈火管制、消防、防毒、避難及救護並に此等に関し必要なる監視、通信及警報」（昭和十二〈一九三七〉年防空法第一条）と規定されていた。昭和十六（一九四一）年の改正では、「監視」「通信」「警報」の三項目の表現に変更はなく、昭和十八（一九四三）年の改正で、「監視、通信、警報、燈火管制、分散疎開、転換、偽装、消防、防火、防弾、防毒、避難、救護、防疫、非常用物資の配給、応急復旧其の他勅令を以て定むる事項」（昭和十八〈一九四三〉年改正防空法第一条）となった。土田宏成によれば、この順序は、必ずしも優先順序を表しているとは言えないとしつつも、「燈火管制」が、四番目になり、「防毒」「避難」「救護」が順番を大きく落としたことに言及している。(1) 第一部でも述べたが、これは時系列的な順に並び替えたと考えるのが自然である。その方が、準備する場合にもわかり易く、イメージが容易となる。さらに「監視」「通信」「警報」を「燈火管制、消防、防毒、避難、救護に関し必要なこと」と定義してしまうと、「監視」により得た情報は、民防空にしか使用されないことにもなりかねない。それゆえ、時系列的な並びと軍防空にも必要な分野であることから、「監視」「通信」「警報」は最初に記載されたものと考えられる。この三項目について、簡単に根拠等をまとめ、先行研究から、その効果、成果及び実績について述べる。

一　「監　視」

一九四一年「防空監視隊令」（昭和十六〈一九四一〉年十二月十三日勅令一〇三六号）が制定され、そこに防空監視隊の組織、任務、勤務などが定められた。(2)防空監視隊は、本部と防空監視哨からなり、地方長官が指揮監督し、防空監視哨では敵機をいち早く発見通報し、防空通信を通じて、速やかに軍民防空活動の体制をとらせる重大な任務であり、陸海軍の行う防空戦闘に即応するものであった。(3)防空監視哨には、軍防空監視哨と民防空監視哨が存在し、軍防空監視哨は、主として沿岸及び列島線に一～二線に配置し、一部内陸の要点に配置され、民防空監視哨は、各地に広く配置された。(4)民防空監視哨の監視隊員は一般人で、青年学校生徒、警防団員、婦女子までもが参加した。監視方法の訓練は全要員に対し再三実施したので、ミスはほとんどなかったとされる。(5)

一九四〇年度末には、全国で一、六七三の防空監視哨が設置されていた。しかし、レーダーによる監視体制の整備にともない、その数は減少し、全体数は不明であるが、神奈川県では、四三ヶ所から三五ヶ所に、広島県では二八ヶ所から一四ヶ所に減少したとされる。(6)

第一復員局作成の『本土防空作戦記録』によれば、情報網として、監視船が鳥島（筆者註：東京都の南約五八〇キロメートル）付近に配備されて敵爆撃機の情報収集をしていたことが記されている。(7)「中央防空計画」では、「海上監視の為民防空監視船を配置す　漁船は防空監視に協力する如く指導し之に必要なる設備を為さしむるものとす」（「中央防空計画」第五十条）という規定があり、漁船を徴用した民防空監視船があった。海軍は、関東東方洋上方面の哨戒について、早くから関心をもっており、一九四二年二月に漁船などを徴傭して所要の艤装を行うなど監視艇隊三個隊を編成した。各監視艇隊は一〇〇トン前後の監視艇二十数隻からなり、北方部隊（第五艦隊）の指揮下に入れられ釧路及び横須賀を基地として哨戒任務についた。北方哨戒部隊は、南鳥島北方から千島南方に至る七〇〇海里（約一、三〇〇キロメートル）の線に常時哨戒隊一個を配置して哨戒を行った。(8)

二「通　信」

防空監視哨で敵機を発見したならば、直ちに監視隊本部（警察署）に連絡するため、そして本部から陸海軍司令官に通報するために警察電話回線（及び警察無線）が利用された。軍司令官は一斉指令装置によって、各警察署に警戒警報・空襲警報を発令した。(9) 警報の伝達手段は、軍・警察・逓信の各通信回線により市町村役場に伝えられ、そこから一般国民に伝えられることとなっていた。一九四二年二月の時点では、一般国民に対する主な伝達手段は、警防団員、町内会組織による口頭伝達とされていた。(10) その他に迅速な手段として、サイレンとラジオ放送があったが、一九四四年の「中央防空計画」においては、サイレンが防空警報伝達の正手段、ラジオ放送は補助手段とされた。(11)

三「警　報」

防空警報には四つの種類があった（防空法施行令第七条(12)）。

一　警戒警報　　航空機の来襲の虞ある場合
二　警戒警報解除　　航空機の来襲の虞なきに至りたる場合
三　空襲警報　　航空機の来襲の危険ある場合
四　空襲警報解除　　航空機の来襲の危険なきに至りたる場合

防空警報によって、警察、消防官吏、警防団員、学校報告隊等の防空要員は、「消防」「防火」「待避」及び「応急復旧」に必要な要員が待機した。一般国民は定められた「燈火管制」を実施することになっていた[13]。

四　『USSBS報告』から（Air-Raid Warning：空襲警報）

『USSBS報告』では、"Air-Raid Warning"という項目で次のように述べられている。

空襲警報システムにおける航空機の探知は、効果的であった。航空機はその時点で、特定され、警報を出す中枢機関へと通知された。警報を公表するやり方はアメリカのシステムに似ているが、長崎へ原爆を投下した航空機に対しては失敗した。このため、防空壕に避難するべき人が、通常の活動を続けたために被害が大きくなった。大都市では、サイレンは、空襲を意味する信号であるとともに、サイレン管制所が破壊されたことを偶然にも知らせる意味にもなった[14]。

長崎へ原爆が投下されたときの警報を除いて、『USSBS報告』における「監視」「通信」「警報」への評価は高いと言える。

五　「監視」「通信」「警報」の実態

服部雅徳は、「大東亜戦争中の防空警報体制と活動」において、陸軍の東部軍における実態を明らかにし、反省すべき材料はあるものの「監視」「通信」「警報」に有効性があったことを論証した。当時、陸軍の東部軍では、航空情報隊が、レーダーや目視監視哨により軍防空監視を実施するとともに、各都県ごとに軍人以外の人員で編成された防空監視隊からの目標情報を受領し、軍司令部の作戦室に表示していた。関東甲信越地方には約五〇の防空監視隊があり、各隊は二〇～六〇の防空監視哨を指揮して防空監視を実施した。防空監視哨からの目標情報は、防空監視隊本部を経由し、専用通信回線で女子通信隊に送達された。女子通信隊は、これを受領して作戦室に表示した。そして東部軍司令部の当直参謀が識別・審査し、防空警報を発令した。(15)

このように「監視」「通信」「警報」は、軍と民が一体となった活動で、それを軍と民に切り分けるのは困難である。「監視」にあっては、軍人以外の人員による防空監視隊は、民防空と言うことができる。しかし、女子通信隊は軍属として陸軍に採用されたもので、これを民防空とは言い難い。(16)「警報」にあっては、「警報」を発するのは軍司令部の当直参謀であるが、その「警報」により、迎撃の準備をするのは軍防空、「燈火管制」などさまざまな準備をして空襲に備えるのは、民防空である。

関東地方への本格的な空襲が開始された一九四四年十一月から終戦までに、東部軍管区において防空警報は四二七回発令され、そのうち爆撃をともなったのは八八回、服部の分析によれば、この八八回のうちの八三パーセントは、爆撃開始までに空襲警報が発令されるか、爆撃の三〇分前までに警戒警報が発令され、有効であったとされている。(17)

まとめ

「監視」「通信」「警報」は、軍民が一体となって実施した防空であり、軍と民に切り分けて考えるのは困難であるが、これらを評価するにあたって、一般国民に伝達される警戒警報及び空襲警報について考えてみる。

警戒警報は、航空機の来襲のおそれがある場合、空襲警報は航空機の来襲の危険のある場合に発令され、これによって、警察、消防官吏、警防団員、学校報告隊等の防空要員は、「消防」「防火」、待避及び「応急復旧」に必要な要員が待機し、一般国民にあっては定められた「燈火管制」を実施した[18]。この警報が鳴らなければ、準備なしに空襲を受けることになる。準備とは、夜間であれば「燈火管制」を実施し、避難者（弱者）を防空壕等に「避難」させ、身支度をして空襲に備えることである。どこに爆弾・焼夷弾が落ちるのかわからない以上、すぐに逃げる支度をしておかなければならないが、警報がなければ、そのような準備ができない。現代でも台風に対して監視警戒をし、準備をして備えることと同じで、空襲が予期されている以上、被害局限のためには必須のことと言える。

東京大空襲においては、第一弾の投下から七分遅れて空襲警報が発令されたことが、被害拡大の要因とも言われている[19]。また警報の遅れはしばしばあって、それは批判の対象になっている[20]。一九四五年六月二十九日の岡山空襲は、今でも「岡山無警報空襲」と呼ばれており、事前に警戒警報も空襲警報も発令されなかったと語り継がれている[21]。それほど、「監視」「通信」「警報」は、空襲対処にあって重要な項目であったと言うことができる。

「監視」「通信」「警報」は、軍民が一体となって実施した項目である。そのなかで民防空としての人的代償は、民監視哨に配置された民間人であると言えよう。海上での防空監視のために派出された民防空監視船は、漁船が徴用され、所要の艤装を施し、本土から九〇〇～一、〇〇〇キロメートルのところに配備された。これらは敵の目標となり易く、銃撃されて死傷者を出したとされる[22]。一例であるが、ドーリットル帝都空襲（一九四二年四月）時、監視艇「第二十三日東丸」は、東京から一、〇〇〇キロメートル離れた太平洋上で、米海軍の航空母艦二隻を発見し、報告の電報を六通打ったあと、軽巡洋艦「ナッシュビル」の砲火と空母「エンタープライズ」の艦載機の攻撃を受けて沈没した。その他にも監視艇は被害を受け、合計二隻が沈没、三隻が大破し、三三人が戦死したという記録がある[23]。

全体として、どの程度の被害を受けたのかは不明確で、さらに軍民の切り分けも困難であるが、これは人的代償と考えられる。そのような人的代償の下、「監視」と「通信」により、最終的に発せられた「警報」によって、市民が空襲時の対応として準備を開始することが可能となった。『USSBS報告』においても、効果的であったという評価がなされている。これは全国的な「監視」「通信」「警報」についても、効果があったと推測できる。

第一部で述べたように、一九三七年防空法が制定された際の脅威は、極東ソ連軍であり、「多くの場合夜間または払暁、来襲機数は、数機編隊または数十機の編隊群で、一〜五割が対空防御を突破して目標に到達する」(参謀本部見積もり)とされている。さらに一九四四年以降にあっては、「数十機以上の大中型機悌団による攻撃を反復実施する可能性大で、中期以降、規模・頻度において、極めて熾烈な空襲を受ける」(「緊急防空計画設定上の基準」)という見積もりにあって、「監視」「通信」「警報」は、それに対応できる制度として確立されていたと見なすことができる。

最終的に東部軍管区では、四七二回の警報が発せられ、そのうち八八回に亘る空襲にあって、八三パーセントの有効な「警報」が発せられたことは、実績であり、想定された事態に対処できたと評価でき、そこに国民保護の一面があったと言える。

註

(1) 土田宏成『近代日本の「国民防空」体制』(神田外語大学出版局、二〇一〇年)二九二頁。

(2) 「防空監視隊令ヲ定ム」一九四一年十二月十三日勅令第一〇三六号(「防空監視隊令ヲ定ム」国立公文書館デジタルアーカイブ／公文類聚・第六十五編・昭和十六年・第百八巻・軍事二・防空・戒厳徴発・国家総動員一／件名番号：005)。

(3) 浄法寺朝美『日本防空史』(原書房、一九八一年)四五頁。

(4) 第一復員局『本土防空作戦記録(関東地区)　昭和二五年一二月』(東京空襲を記録する会『東京大空襲・戦災誌　第3巻　軍・政府〔日米〕公式記録集』東京空襲を記録する会、一九七三年)六八一頁。

(5) 服部雅徳「東京大空襲時の防空監視状況」(『鵬友』第十巻第五号、一九八五年一月)三二頁。

（6）同右。
（7）第一復員局『本土防空作戦記録（関東地区）』六八〇―六八一頁。
（8）防衛庁防衛研修所戦史室『戦史叢書19　本土防空作戦』（朝雲新聞社、一九六七年）一一二、一一三頁。
（9）同右、四六―四七頁。
（10）「防空警報ノ伝達方法ニ関スル件」一九四二年二月十二日内務省発防第七号（国立公文書館デジタルアーカイブ／内閣東北局関係文書・戦争関係・昭和十六年～昭和十八年／件名番号：008）。
（11）「中央防空計画」内務省・厚生省・軍需省・農商省・運輸通信省、昭和十九（一九四四）年七月（「中央防空計画設定ニ関スル件」国立公文書館デジタルアーカイブ／防空関係資料・防空ニ関スル件（六）／件名番号：019）（以下、「中央防空計画」）。
（12）内閣印刷局『昭和年間　法令全書　昭和十六年（第15巻―5）』（原書房、二〇〇二年）五八―六〇頁。
（13）「中央防空計画」。
（14）THE UNITED STATES STRATEGIC BOMBING SURVEY, *FINAL REPORT Covering Air-Raid Protection and Allied Subjects in JAPAN* (Civilian Defense Division, 1947), p.6〔米国戦略爆撃調査団『太平洋戦争白書　第5巻　民間防衛部門④』（日本図書センター、一九九二年）〕.
（15）服部雅徳「大東亜戦争中の防空警報体制と活動」（『新防衛論集』第十二巻第二号、一九八四年十月）七九、八〇頁。
（16）原　剛「戦史史話　本土防空通信に任じた女子通信隊員」（『軍事史学』第四十一巻第四号、二〇〇六年三月）六五―六八頁。
（17）服部「大東亜戦争中の防空警報体制と活動」八五、八六頁。
（18）「中央防空計画」。
（19）黒田康弘『帝国日本の防空対策』（新人物往来社、二〇一〇年）三三九頁。
（20）松浦総三『天皇裕仁と東京大空襲』（大月書店、一九九四年）六三―六七頁。警報の遅れはしばしばあり、日本のレーダーのお粗末さ、レーダーの弱点を突く超低空からの侵入などが原因と記している。
（21）平塚柾緒『米軍が記録した日本空襲』（草思社、一九九五年）一七七頁。
（22）浄法寺『日本防空史』四六頁。
（23）渡辺洋二『日本本土防空戦』（現代史出版会、一九七九年）四二―四四頁、防衛庁防衛研修所戦史室『戦史叢書19　本土防空作戦』一一四頁。

第二章「燈火管制」

はじめに

空襲からの防護策のひとつとしての「燈火管制」は、第一次世界大戦下のヨーロッパにおいて、すでに行われていた。水野広徳（海軍中佐）が第一次世界大戦中、ヨーロッパに私費留学し、帰国後、そこで見聞したドイツによるロンドン空襲について、『東京朝日新聞』に連載したなかに、「英仏諸国は、敵の空軍防禦策として、（中略）己の所在を隠蔽せんが為め、夜間煙光の露出を禁止す」と書かれていた。(1) そして、現在でも「ジュネーブ諸条約」の「第一追加議定書」には、「燈火管制措置の実施」が人道的任務として掲げられている。(2)

第二次世界大戦中の「燈火管制」については、「精密な地図とレーダーで攻撃して来たのだから、いくら『電灯を消せ』とドナって燈火管制をやかましくいっても何にもならなかった」(3)「大量の爆撃機による無差別連続の空襲にたいして燈火管制が効果をあげなかったことは事実が示している」(4) など、その評価は決して良いものではない。当時のB-29による夜間の都市に対するエリア攻撃の多くは、レーダー照準により行われていた。エリア攻撃はターゲットをピンポイントで設定するのではなく、エリアを指定した上で、そこを焦土にしようとするもので、「燈火管制」をしても全く意味がなかったというのが戦後の一般的な評価であり、その一言で片づけられてきたことが、「燈火管制」

の効果が研究されることがなかった理由であろう。

「燈火管制」の目的は、「夜間来襲する敵機に対し、其の航路、目的地又は目標の判断を困難[5]」にすることで、空襲を予防するものではない。「燈火管制」が効を奏して、爆弾・焼夷弾を搭載した敵の爆撃機が、爆撃目標を確認できなかったとしても、爆弾をもったまま基地へ帰投することはありえない。B－29は、中国の成都やサイパンの基地から発進しており、そこまで、爆弾を搭載したまま帰投するには、燃料消費が大きくなり、また、着陸時も安全とは言えない。それゆえ、必ずどこかに落としてから帰投した。それは、あらかじめ決めておいた第二の目標や臨機応変に決定した目標[6]、若しくは浜松であった[7]。

「燈火管制」は、たとえ投弾されても、敵爆撃機に対して航路、目的地、目標の判断を困難にさせれば、つまり、邪魔をすれば、良いのである。当時、そこまで市民に説明をして納得させていたかどうかはともかく、防空法を評価する上で、「燈火管制」が極めて地道で消極的な手段であり、さらにその効果が非常に明らかにされにくいものであることを認識しておく必要がある。

そのような認識の下、「燈火管制」が市民へと広く啓蒙された経緯、訓練の状況、「燈火管制」の種類などを整理し、「燈火管制」が効果を上げた事項について、第一部で挙げた『ＵＳＳＢＳ報告』を参照しながら、考察していく。

一 「燈火管制」の経緯（防空法成立以前）

「燈火管制」が空襲対策として確立された経緯は、土田宏成が『近代日本の「国民防空」体制』において、防空演習ごとにどのように進められていったのか、またその管制方式（電力会社で一括して消燈するのか、各家庭で個別に実施するのか）についても調査、整理している。ここでは、その著書から本研究に関係する部分を抜粋・要約・補足し、まとめる。

第一部で述べたように、最初の防空演習としての「燈火管制」は、一九一九年頃、海軍によって鎮守府のあった横須賀において行われた[8]。その後、都市防空演習が、一九二八年七月に大阪で実施され、陸軍第四師団と官民組織の調整により、「燈火管制」を無事成功させた[9]。当時大阪市港区にあった大娯楽施設である市岡パラダイスの気球からの観察では、「上空より眺め大阪市たるの判断を下すに相当困難なるものと認む」とその効果が報告されている[10]。しかし、六甲山からの観察では、「大阪市以外の点燈は依然変化無きを以て、却て暗黒部は大阪市なるの判断を与え、実際に於ては大阪市のみの燈火管制にては不可なり」とされ、一部だけの「燈火管制」の実施はかえって目立つことになり、都市の周辺も一緒に実施しなければならないことが報告された。しかしながら、最終的な所見としては、「之を要するに、大阪市の燈火管制は防空史上大なる効果ありたるものと認む」であった[11]。

翌一九二九年の名古屋防空演習では、第三師団の参謀長を委員長とする「計画委員」が設けられ、「燈火管制委員」として電力・鉄道・電燈・瓦斯・自動車会社の代表が参加した[12]。名古屋では、名古屋市を中心とした名古屋地区、岡崎市を中心とする岡崎地区、豊橋市を中心とする豊橋地区の三つが燈火管制区域として設定された[13]。燈火管制区の拡大に関して、当時の第三師団参謀長長谷寿夫(陸軍大佐)は、ラジオ放送で、「昨年、大阪の様に暗い所が大阪だといふやうになつて、却つて敵に目標を与へ、或は岡崎、豊橋市が之等の備へがなかつたら、名古屋の身替りとなり一大空襲を受け」ると市民を啓蒙した[14]。

一九二九年十一月には水戸付近防空演習が実施され、「燈火管制」については、管制区域の広域化が進み、水戸を中心として、北は福島県境、西は栃木県境、南は霞ヶ浦北岸地域にまで及ぶ一円とされた。このときまでの燈火管制方式は、「中央管制」と「自由管制」の併用であった。「中央管制」とは電力会社が変電所で送電をストップする方式で、夜間のみ使用する電気(主に一般家庭が照明用に使用)に対して行われた。一方、「自由管制」とは、各個人で管制することで、昼夜ともに使用する電気(工場などの事業者が照明・動力用として使用)に対して行われた。[15]

一九三一年、第十二師団の主催による北九州防空演習が行われた。この演習では、管制方式が全て「自由管制」とされ、一般市民も家庭において自ら管制措置をとらなければならなくなった。その理由は、管制方式が「中央管制」では、工場等の操業、すなわち生産に支障をきたすからであった。また「警戒管制」と「非常管制」の区分が設けられた。「警戒管制」は、敵機来襲の公算があるときに、屋外灯などを管制しておくもの、「非常管制」は、空襲時に屋内灯も管制するものだった。当時演習区域内一二三〇万人の人々に「燈火管制」を徹底させるため、防護機関に組織された在郷軍人、青年団員などが中心となってその責任を担った。[16] その結果、「上空よりは見えない些細な側面的光明をも喧しく消灯を強ひ、はては硝子窓に投石する者」など、行きすぎた行動が散見されるようになった。[17]

この演習の結果も、「『自治的燈火管制』が、かなりの程度成功したと評価」された。[18]

一九三三年七月、関東防空演習が実施され、「自由管制」は「各個管制」に、「中央管制」は「統一管制」に名称が改められた。[19] 東京市では、「燈火管制」実施の指導には非常変災時に行われる事務を援助するために、市長の下に青年団などの各種団体を統合した防護団が主としてあたることとされた。[20] 一部については、防護団自身が実施を担当したものもある。たとえば、警戒管制時には残置するが、「非常管制」には消燈することが定められている「警戒燈」と言われる燈火の消燈操作は、防護団員も担当することとなった。[21] 市民を指導する防護団員の行きすぎた行動は、この演習においても発生し、民衆の戦争動員への色彩が濃くなったと言われている。[22] そして、「燈火管制」の成果は、上空から確認して次のように報告された。

・燈火管制下の航法は平素の夜間飛行に比し著しく困難なり、故に管制の価値は甚大なるものと認む
・海岸線、河川、湖沼等大なる水部は概して明瞭にして就中月光に反射する時に於て殊に然り従て　之により帝都に侵入せらるる虞あるも的確なる爆撃目標の選択は困難と感せられたり[23]

このように、「燈火管制」は、夜間飛行の航法を困難にし、的確なる爆撃目標の選択を困難にする。すなわち効果があるとされた。

一九三五年七月、前年に続いて東京市、横浜市、川崎市の三市連合防空演習が実施された。開始時の牛塚虎太郎（東京市長）総合防護団長の挨拶で、「燈火管制を一昨年及昨年以上に厳格に実施」することが強調された。また終了時の挨拶では、「燈火管制の如きは我等の市を敵に知らせぬ為極めて必要な事でありますが是等は多数市民の中に僅でも無関心な者があれば全市民の折角の努力も水泡に帰します」と市民に対する「燈火管制」の啓蒙に努めている[24]。

また、この演習時、陸軍当局の依頼により、都市計画東京地方委員会の技師が機上視察を実施し、次のように報告した。

・空襲時に都市を暗黒化し完全に遮蔽することは可能である。
・操縦士の智力如何によつてはたとひ完全に都市が隠蔽せられていても所期の位置に到着することが出来ると思ふ。
・全く別な田園地を選んで燈火による模擬都市を作り出すことは難事でない[25]。

ここで、操縦士の技量によっては、「燈火管制」が完全であっても、爆撃機は目的を果たすことができることが報

告されていた。それは「燈火管制」は、万能ではないことが一九三五年（太平洋戦争開戦の六年前）には、明らかにされていたことを意味する。そして、B-29による日本本土爆撃においては、レーダーによってこれが可能となったと言える。

このように一九三七年の防空法成立以前においても、軍の「燈火管制」への関心は高かった。管制方式を模索するなかで、「燈火管制」は、自由（各個）管制に定められていき、市民への啓蒙が重要になってきた。東京市、横浜市、川崎市などでは、一九三三年から毎年、防空演習が実施され、その都度、「燈火管制」の重要性が啓蒙され、次第に市民へ浸透していった。「燈火管制」には効果があること、しかし、万能ではないことは、一九三五年の演習の結果からすでに認識されていた。

次項では、具体的にどのような「燈火管制」が指導されていたのかを述べる。

二　「燈火管制」の実施要領（防空法成立後の「燈火管制」）

「燈火管制」は、防空法の成立時から、その項目に入れられており、「燈火管制を実施する場合に於ては命令の定むる所に依り其の実施区域内に於ける光を発する設備又は装置の管理者又は之に準ずべき者は他の法令の規定に拘らず其の光を秘匿すべし」（防空法第八条）と定められていた。

この法律を受け、「燈火管制規則」（昭和十三〈一九三八〉年四月四日内務・陸軍・海軍・逓信・鉄道省令第一号）が示された。この規則は、内務次官から各地方長官宛てに「燈火管制規則施行に関する件」（昭和十三〈一九三八〉年四月四日内務省発画第二八号）により通牒された。[26] そして内務省計画局は、「燈火管制規則解説」を作成し、これを同年八月内閣官房へ送付した。[27] 市民に対しては、一九三九年七月十八日から二十二日にかけて、東京市全般で行われた第二次東部防空訓練に先だって発行された『市政週報』で、「燈火管制」の要領が示された[28]。そこでは、前述の「燈火管制規則」「燈火管制規則解説」の内容が簡単に説明されており、市民は「燈火管制」で何をすべきかを理解できたものと推察する。

加えて、内務省計画局は、一九四〇年十二月に「燈火管制指導要領」を示した[29]。そこに示された「燈火管制」の種類には、空襲のおそれに応じて「準備管制」「警戒管制」及び「空襲管制」の三種類が定められていた。

「準備管制」は、敵機来襲のおそれありと言えないまでも警戒を要する場合に行われ、その目的は、一般屋外燈中、国民、日常生活上の必要が比較的少ないもの及び防空警報に応じ迅速に処置できないものを秘匿することで、「警戒管制」へ速やかに移行するためであった。具体的には、広告燈、看板燈、装飾燈、門軒燈、公園燈、庭園燈、社寺野外燈その他これに類する燈火で、特別のもののほか消燈することで、通常から不要な街燈などは消燈しておくこととされていた[30]。

「警戒管制」は、敵機来襲のおそれがある場合に行うものであって、その目的は単光を消滅して敵機に対し航行上の目標を与えないことであった[31]。そして空襲管制へ速やかに移行することを容易にするために、光の秘匿程度は、上記の目的と日常生活の保持を考慮して次のように定められた。

減光[32]、遮光[33]の標準は、①約一坪につき一〇燭光以内の割合とすること、②一燈を五〇燭光以下とすること、③電燈から直接に出る光が出入口、窓、欄間等戸外に出ないようにすること、であった[34]。ここで五〇燭光は、今で言う六〇ワット電球の明るさである[35]。つまり、一〇畳の部屋に六〇ワット電球ひとつ程度の光に制限されていたと考えることができる。

「空襲管制」は、敵機来襲の危険がある場合に行うもので、その目的は、敵機に対し航行上の目標及び攻撃目標の認知並びに攻撃実施を困難にさせることであった。具体的には、普通の光は消すか蔽うかして、全然光が見えなくする。たとえば家のなかのマッチ火でも煙草火、火鉢でもおよそ光るものなら悉く外部に見えないようにすること、すなわち全ての光を消すことであった[36]。上空の航空機から地上の煙草の火などは、見えるわけはないのだが、ここまで厳しく指導をしたことが防護団の「行きすぎ」を招いたと言える。

このように定められ、指導された「燈火管制」に効果はあったのかを、次項で考察する。

三 「燈火管制」の効果

米軍にとって爆撃照準の優先順序は、目視照準が第一であった。そしてB-29は、雲などに邪魔されて爆弾を目視投下できないときはレーダー照準で投下した[37]。それは、目視が一番正確だからである。レーダーによる測的は誤差を含んでいるのは周知の事実で、特に距離誤差よりも方位誤差が大きい。たとえば、洋上を船舶が航海中、レーダーによって自船の位置を測定するとき、顕著な岬などからの方位と距離だけで自船位置を決定するのではなく、三点からの距離を測って、コンパスにより測定位置からの円弧を描き、その交点（概ね三角形になる）の中心を自船位置とする[38]。なぜなら、レーダーは方位誤差が大きいので、方位情報ではなく、誤差の小さい距離情報を信用するためである[39]。しかし高速で飛行する航空機の場合、三点からの距離を測っている時間的余裕はない。結局レーダーで映像を確認して、顕著なレーダー映像の得られる地形からの方位と距離で自機の位置を決定するので、誤差は大きくなる[40]。

このようなことから、海岸線が遠浅であったり、明確なレーダー映像が得られないような地形的な特徴のある地域については、誤差が大きくなったり、またレーダー照準による爆撃の対象から外された可能性が考えられる。一例として、北九州の八幡に関しては、「地理的状況のために八幡市の爆撃は困難な問題を提供したので、目視精密爆撃法によって昼間攻撃に依る必要があった」という米国側の報告が記録されている[41]。

「燈火管制」を全く実施していなければ、B–29は悠々として、都市の明かりによる目視での地理的な自機位置と、レーダーにより測定した自機位置を相互に確認しながら正確に飛行し、自機の位置を見失うことなく爆撃目標に到達し、目視照準によって爆撃することができたはずである。それがもっとも正確な爆撃である。

「燈火管制」により、都市の明かりが消えていれば、レーダーだけに頼って、レーダーの映像と地図を見ながら、自機の位置を把握し、場合によっては錯誤のなかで飛行航路を決定することになる。それは、正確な爆撃目標の決定を邪魔することになる。ただし、大きなエリアのなかに落とせば良いというエリア攻撃においては、誤差はあっても、それは任務の完遂には問題にならない。

そのような観点から考えると、目視照準ではなく、レーダー照準で爆撃をさせたことは、「燈火管制」のひとつの成果と言える。そもそも、レーダー照準は、「燈火管制」への対抗策である。B–29はレーダーを搭載し、目視とレーダーによる測的を併用して自機の位置を把握し、爆撃目標に到達していた。米軍は雲などにより、目視照準で爆撃できないときは、レーダー照準用の目標をあらかじめ定めていた(42)。さらには、気象偵察機を適宜飛ばして天候の予測をした上で爆撃目標を定めていた。たとえば、一九四五年二月二十五日の爆撃任務は、当初、中島飛行機武蔵野製作所への精密爆撃であったが、日本本州全域が雲におおわれるという予報を受けて、焼夷弾を主とする東京市街地爆撃に変更している(43)。

当時の日本は、このようなことを知らず、また知らされず、意味のない「燈火管制」を市民に強要していたかのように書く文献がある(44)。しかし、逆にレーダー照準であることがわかっていたら、煌々と明かりをつけていただろうか。それはB–29にとっては、確実に爆撃経路を把握でき、爆撃目標を確認できることを意味する。わずかでも爆撃照準に誤差を発生させることができる可能性があるならば、燈火を消すのは当然の努力と言えよう。

米軍は日本の「燈火管制」についてどのように見ていたのか。それは、『USSBS報告』のなかで"Blackout"（燈火管制）という項目に次のように書かれている。

「日本では燈火管制は、生産と通常の活動に影響を与えるほど完全に実施されていた」。つまり、警防団（防護団から改称）の指導は徹底されていたのである。しかし、「その効果はほとんどないか、又はなかった」とまとめられている。(45)

さらに同『報告』では、「爆撃目標を決めて、精密爆撃をしていた時期、燈火管制は部分的に効果があった。エリア攻撃にあっては、燈火管制はほとんど無視できる価値のものだった。しかし、海岸線にある都市の明るさを減じたことは、潜水艦から艦船を防護するのに特に効果があったと日本人は考えている」と記述されている。(46)

このことから、「燈火管制」の効果を考察するのに三つの状況が考えられる。すなわち、㈠精密爆撃、㈡エリア攻撃、㈢海岸線での潜水艦に対する効果、である。さらに第二部の第二章「空襲判断」で述べたようにB‐29は一機、二機程度で日本本土に現れて、気象偵察任務のかたわら投弾しており、これを㈣気象偵察任務での投弾、として考察する。

㈠　精密爆撃

一般的に東京大空襲をはさんで、それより前は高々度精密爆撃（精密爆撃）、それ以後を低高度無差別爆撃（エリア攻撃）と称することが多いが、必ずしもそれだけではなかったことは、第二部の第二章で整理した。

B‐29による日本本土への最初の爆撃は、一九四四年六月十五日の夜間（十六日未明）、北九州の八幡製鉄所に対して実行された。この工場の銑鉄生産は、国内総生産の三三パーセントを占めていた。当時、八幡は「燈火管制」下にあり、しかも煙霧が市街地をおおっていた。目視爆撃は困難で、ほとんどの爆撃にはレーダーが必要だった。米軍が爆撃後の六月十八日に行った写真偵察の結果、爆撃目標とした製鉄所の溶鉱炉からは、ずっと離れた倉庫に打撃を与えた程度で、この作戦は失敗とされた(47)。

一九四四年八月十日夜間に北九州、長崎、佐世保、大村に対して実行された爆撃の作戦任務報告書によれば、佐世保と第一目標(長崎)を除いては、「燈火管制」の状況はたいしたことはなかったとされている。そして、長崎への目視照準による爆撃は、「燈火管制」と雲のために「困難」であった。八機が目視照準で投弾し、一五機はレーダー照準で投弾した。さらに、九州、長崎、野母崎、五島列島などの「燈火管制」の状況が記されており、「燈火管制」に対する米国側の関心の高さが表れている(48)。

『USSBS報告』では、長崎の「燈火管制」に関して、「一部の市民と指導者が、電子的な方法により航空機を目標に誘導する手段の採用に関して完全に無知であることは、燈火管制の効果を誤って信用する結果となった。」「最初の長崎空襲において、何機かの航空機が誤って爆弾を投下したことが、燈火管制の効果と信じられ以後、市民が燈火管制に完全に協力するようになった」と記されている(49)。レーダーの存在に無知であったにしろ、「燈火管制」によって、二三機中一五機にレーダー照準での投弾を強いたことは「燈火管制」の成果であって、何機かの航空機が誤って爆弾を投下したのも、これは「燈火管制」の成果と言うことができる。

第二部第二章で分析した「空襲様相」によれば、造兵工廠、飛行場、燃料タンクなどの軍事目標に対する夜間精密爆撃は二九回であり、これについては、周辺の民家等も含め厳格な「燈火管制」をする必要があったと言える(表8〈一四一頁〉参照)。

さらにこの二九回の夜間精密爆撃のうち一〇回については、投弾時の照準について目視かレーダーかの記載がある。第一目標を爆撃したB-29延べ八三二機のうち、レーダー照準で実施した(させた)のは七九三機で約九五パーセントである。[50] これは、「燈火管制」のひとつの成果と言える。
ねらいをそれた爆弾、焼夷弾は周辺の民家に被害を及ぼしたと考えると、（結果論ではあるが）「燈火管制」は逆効果との疑問も残る。現代戦においては、軍事目標を限定しての精密爆撃が一般的となってきており、民家は煌々と明りをつけておいて被害を回避するというのも一考であるが、当時は、軍事目標を守る方が優先されていたことから、「燈火管制」をしている軍事目標の周辺の民家が「燈火管制」をしないという選択肢はなかったであろう。また、煌々と明かりがついていれば、爆弾、焼夷弾が集中することも考えられる。次の記録は、その可能性を示している。

> 昭和二〇年七月二十日未明の岡崎空襲の余波を受けて、三軒が全焼、その中の一軒は一家七人が全員死亡……豊田市の中心から矢作川をへだてて二キロ東……の小さな農村である。……焼夷弾は一キロくらいにわたって落ちていたが、殆どは田畑や池で不発弾だった。（筆者註：空襲）警報解除で安心して、ウッカリ電灯をもらした家があったのかもしれないが[51]……。

「燈火管制」を厳格にしているときには、その効果はわかりにくいが、「燈火管制」をしなければ爆撃を受ける確率が高くなることは明らかと言えよう。

表８　「燈火管制」（対精密爆撃）の効果　（単位：回）

	昼間		夜間		計
	高々度	低中高度	高々度	低中高度	
精密	34	135	5	24	198
エリア	1	8	0	69	76
気象偵察	10		36		46
艦載機	23				23
計	211		134		345

網掛けの部分に効果があった。
その他に機雷敷設：46回。
＊２万フィート以上を高々度、それ以下を低中高度とした。

(二) エリア攻撃

B-29による対日爆撃任務において、夜間爆撃九八回のうち、エリア攻撃すなわち市街地を狙った焼夷弾攻撃は、六九回である。この六九回は、『USSBS報告』に記載のあった「燈火管制は完全に実施されてはいた」が、「効果はほとんどないか、又はなかった」のである。一九四五年三月十日の東京大空襲を機に、米軍は高々度精密爆撃からエリア攻撃へと戦術を変えた。それは、編隊での行動をやめ、単機ごとに、低空で多くの焼夷弾を搭載して爆撃するという戦術であった。[52] 爆撃すべきエリアを設定して、そのエリアのなかにMPI（Mean Point of Impact：爆撃照準点）を設定し、さらに戦隊（一二機）のうちレーダー手のレベルが高い機を先導機として指定し、大型焼夷弾（常設消防機関でなければ消せない大きな火災を一斉に発生させる焼夷弾）を落とし、その火災を目標として、後からエリアに到着した機が小型の焼夷弾を燃えていないところを狙って落とした。[53]

この戦術では、たとえ目視照準がレーダー照準になったとしても、結果的にエリアとして市街地に焼夷弾を投下することができれば、任務は達成される。しかし、レーダー照準で焼夷弾を投下したというのは、「燈火管制」が充分になされていたからにほかならない。そのなかで先導機の狙うポイントをわずかでも逸らすことができれば、それは「燈火管制」の効果である。

米軍の第21爆撃機集団の作戦任務報告書には、「大都市ならば目標が充分に大きく、爆撃中心点MPIを少々外れた投弾をしても、周囲には燃え易い家屋が密集しているから、常に大火災の発生が期待できた。しかし小都市の場合は不安であった」[54]と記載されており、小都市で「燈火管制」を実施する意義は十分にあったと言える。また米軍では、照明弾によって、目標を照らして、これに目視照準するという試みもあった。[55] これも「燈火管制」に対する対抗策であって、これによって「燈火管制」が無意味なものになったとは言えない。自ら煌々と明かりをつけて、B-29搭乗員に、目視照準により正確に計画どおりのMPIに向けて投弾レバーを引かせることはしなかったこと、レーダー照準によって爆撃をさせたことは、一つの成果と言って良い。

（三）潜水艦に対する「燈火管制」

前述した『USSBS報告』の、「海岸線にある都市の空の明るさを減じたことは、潜水艦から艦船を防護するのに特に効果があったと日本人は考えている」という部分について考察する。

敵潜水艦警戒のために光を秘匿することは、内務次官、陸軍次官、海軍次官、逓信次官及び鉄道次官の了解事項として、「対潜水艦警戒の為の光の秘匿の暫定措置に関する関係各省了解事項の件」（昭和十八〈一九四三〉年二月一日内務省発防第五号）により通牒された。そこでは、「光を秘匿する要ありと認むる地域」の「燈火管制」は、「警戒管制乙の程度」とされていた。[56] そして、その地域とは、「対潜水艦警戒の為の光の秘匿に関する件」（昭和十八〈一九四三〉年五月八日内務省発防第二十四号）により通牒され、港湾部を含め、沿岸地域の多くが含まれていた。[57] また、警戒管制乙とは、「燈火管制規則解説」第七条に示された秘匿の程度にかかわるものである。特に厳格な秘匿を行う必要のある区域は甲、その他の区域は乙とされた。その区分は陸海軍の行う防御に則応する重要事項とされ、陸海軍司令官の通知により地方長官が定めることになっていた。その区分の全貌を公表することは不適当であるので、各戸については警察署、市町村役場等を通じて適宜周知することとされていた。[58]

日本沿岸で作戦行動にあたっていた米海軍の潜水艦の任務は、無制限潜水艦戦すなわち海上交通の破壊、[59] さらに不時着したB-29搭乗員の救出であった。[60]

当時、米海軍の潜水艦もレーダーを装備していたので、目視による艦船の捜索を妨害するのに「燈火管制」が役に立ったということではない。米海軍の潜水艦には、レーダーと目視を組み合わせた攻撃方法が採用されていた。それは、「レーダーにより、目標となる艦船を探知、追尾し、距離を詰めて、目標の針路と速力を算出し、魚雷を発射する寸前に正確な方位を目視で確認する」戦法であった[61]。この最後に目視で目標を確認する際にその背後（陸地）が明るければ、容易に目標のシルエットを認識して、艦船の種類などが識別できるが、背後を暗くしておくことで（月明かりがなければ）艦船の識別を困難にする効果が考えられる。

『USSBS報告』では、「日本人は考えている」というあいまいな表現であった。それは、米海軍の潜水艦戦史が大戦後も徹頭徹尾「沈黙」が守られていたためである[62]。一九四九年にセオドア・ロスコー（Theodore Roscoe）が*"UNITED STATES SUBMARINE OPERATIONS IN WORLD WAR II"*を発刊したことで、ようやく潜水艦史が表に現れたとされており、一九四七年に提出された『USSBS報告』には反映されなかったのであろう。潜水艦乗組員の手記や報告書等の記述からは、沿岸地域の暗さで艦船の確認が困難になったという報告を見出すことはできなかった。

（四）気象偵察機の投弾

第二部の第二章の「空襲判断」で述べたとおり、B-29は気象偵察を実施した際にも投弾をした。チェスター・マーシャル（Chester Marshall）の『B-29東京爆撃30回の実録』によれば、気象偵察機は、「燃料は充分に積むし、五〇〇ポンド爆弾も五発抱えて行く。これで飛行機の釣り合いがとれ、しかも、日本のどこかで好都合な目標を見つけて爆撃もできるわけである」と記載されている[63]。ここで好都合な目標とは、夜間にあっては「燈火管制」をしていない目標であることは容易に想像できる。

一九四五年一月十一日に一機のB-29が、伊豆半島を北進して帝都上空に進入し、午前〇時四十四分に空襲警報が発令された。そして、「石川島造船所の普通火災を目標に焼夷弾攻撃を加えた」という記録が「警視庁消防部空襲被害状況」にある。[64] 空襲を受けたのは防波堤であり、損害は古材等を焼失したのみであるが、「燈火管制」が厳格に実施されて、真っ暗ななかで、「燈火管制」をしていない（普通火災の木材）、つまり「好都合な目標」が標的になった。それは気象偵察機による投弾に対しては、「燈火管制」を怠っていると標的にされる可能性が高くなることを意味している。

表９　「燈火管制」の効果　（単位：回）

	昼間		夜間		計
	高々度	低中高度	高々度	低中高度	
精密	34	135	5	24	198
エリア	1	8	0	69	78
気象偵察	10		36		46
艦載機	23				23
計	211		134		345

網掛けの部分に効果があった。
その他に機雷敷設：46回。
＊２万フィート以上を高々度、それ以下を低中高度とした。

気象偵察機による夜間の投弾は、三六回であり[65]、この三六回は、「燈火管制」を徹底することで空襲目標になる確率を少なくしたと言える。

これまで述べたように「燈火管制」の効果は、たとえ爆撃を受けたとしても、敵を混乱させたことである。それは、①精密爆撃をレーダー照準とさせたこと、②エリア攻撃においては、煌々と明かりをつけた状態で確信をもたせて敵の爆撃手に投弾レバーをひかせなかったこと、③潜水艦が、日本の艦船を攻撃する際の目視による最終目標確認を邪魔をしたこと、④気象偵察機の投弾目標になることを防いだこと、である。

「空襲様相」の表から、「燈火管制」が効果をもたらしたのは、三四五回の爆撃のうち、夜間の精密爆撃（二九回）と夜間の気象偵察機の投弾（三六回）に対してである（表9）。夜間のエリア攻撃（六九回）に対しては、米軍のとった戦術が「燈火管制」に対する対抗措置ということもあり、国民保護の視点からの効果はなかった。このことから、夜間爆撃一三四回中、六九回のエリア攻撃には無力であったが、六五回の爆撃（精密、気象偵察機）に対しては効果があったと言える。つまり、規模ではなく回数で考察した場合には、「燈火管制」は、夜間爆撃の約半数に対して効果をもたらしていたということができる（表9）。

また、夜間の気象偵察機の投弾（三六回）については、「燈火管制」の成果を明確にすることはできなかった。

まとめ

薄暗い燈火を強要され、警戒警報、空襲警報の度に周囲が真っ暗になるという不安と不便さはあった。そして、「燈火管制」をしていても焼夷弾攻撃を受けた。米軍は、爆撃目標に到達できなければ、第二の目標や適宜の目標をあらかじめ設定していた上、さらに、それでも爆撃ができない場合は、爆弾・焼夷弾を浜松に落としてから帰路につくようになっていた。つまり、何をしようとも空襲は受けることになっていた。しかし、「燈火管制」をしないで、煌々と燈火が点灯されていれば、焼夷弾攻撃を受けるリスクは高くなった。

「燈火管制」は、電力会社からの送電をストップするのではなく、個々の家庭や事業所において、燈火を消燈するものであり、そこには消燈するという動作（手間）が生じるのみで、人的代償をともなうものではない。「燈火管制」をすることで、生活に不便さが生じることを代償と考えることには無理がある。なぜなら、「燈火管制」をするのは、警戒警報、空襲警報が発令されたときである。それは、空襲を受ける可能性がすでに生じているのであって、普通に生活することよりも、避難すること、防火にあたることが優先されることから、通常の生活が送れるような状態にはないからである。また、「燈火管制」によって交通の危険が生じることは予め予想されており、交通整理班を青年団員や町内会員らを班員として編成することが奨励されていた(66)。

日本は、制度構築の段階では、全く予想しえなかった大規模な焼夷弾攻撃を受けた。それは、レーダー照準によるエリア攻撃が、「燈火管制」の対抗策だったからである。日本側は、それに対して、さらなる対抗策を考えることはなかった。つまり、想定以上の事態には対応できなかったと言える。「燈火管制」は、効果と成果があったと前述したが、それは、戦術に影響を与えたのであって、ここに、国民保護の一面を見出すことはむずかしい。

しかし、どのような空襲を受けるかは、空襲が始まらないとわからない。少なくとも、夜間の精密爆撃及び気象偵察機の投弾に対しては、「燈火管制」は有効であった。そして、「燈火管制」は、警防団によって、（行きすぎとされるほどに）指導が徹底された。「燈火管制」は、徹底されてこそ効果があり、警防団の果たした役割は充分であったと評価できる。

最後に「燈火管制」は、その目的とは全く異なる効果を偶然にも、日本の歴史の一ページにもたらしたことを付記しておく。

一九四五年八月十四日、日本石油秋田製油所を目標としたB-29の編隊が、房総半島の南から北上した際、日本側のレーダー監視網に探知され、東京を含めた関東を防護する担当にある東部軍管区司令部は、午後二十二時五十五分に警戒警報、翌十五日午前〇時二十六分に空襲警報を発令した。[67]この警戒管制下、宮中の御政務室では、昭和天皇による「終戦の詔書」の朗読の録音が行われる一方で、ポツダム宣言受諾に反対し徹底抗戦を主張する陸軍の少佐、中佐を首謀者とする反乱軍によるクーデターが、東部軍管区司令部、NHK、宮城及び宮内省等で進行していた。[68]「終戦の詔書」の録音盤は、翌朝NHKに運搬することとなり、小さな部屋のなかの金庫に録音盤は一時的に保管された。反乱軍は宮城を制圧し、録音盤を奪うことで終戦の流れを止めようと企図し、録音盤を捜したが、空襲管制となって真っ暗ななか、録音盤を見つけることができなかった。また、反乱軍は、NHKを占拠し、放送によって「終戦の詔書」の無効化を謀ろうとしたが、空襲管制中は、「東部軍司令部の許可なしに放送することができない」という規則を楯にして、拒否するＮＨＫ側の抵抗により、放送をすることができず、夜明けとともにクーデターは失敗に終わった。(69) 運命の空襲管制であり、「燈火管制」が厳格に実行されていたことを表している史実でもある。

註

（1）土田宏成『近代日本の「国民防空」体制』（神田外語大学出版局、二〇一〇年）四〇頁。
（2）防衛法規研究会監修『自衛官国際法小六法』（学陽書房、二〇〇七年）二二五頁。
（3）大越一二『東京大空襲時に於ける消防隊の活躍』（警察消防通信社、一九五七年）四〇頁。
（4）青木哲夫「桐生悠々『関東部空大演習を嗤ふ』の論理と歴史的意味」（『生活と文化』豊島区立郷土資料館紀要第十四号、二〇〇四年十二月）五頁。
（5）内務省計画局「昭和十五年十二月設定　燈火管制指導要領」（一九四〇年）（「灯火管制指導要領ニ関スル件」国立公文書館デジタルアーカイブ／防空関係資料・防空ニ関スル件（二）／件名番号：039）（以下、「燈火管制指導要領」）。
（6）小山仁示訳『米軍資料　日本空襲の全容――マリアナ基地Ｂ-29部隊――』（東方出版、一九九四年）五頁。
（7）平塚柾緒『米軍が記録した日本空襲』（草思社、一九九五年）七六頁。
（8）土田『近代日本の「国民防空」体制』四三頁。
（9）第四師団司令部『大阪防空演習記事』（教導社出版部、一九二九年）三三六頁（防衛省防衛研究所公開史料「大阪防空演習記事（全）第４師団司令部」中央―軍隊教育演習記事―225）。
（10）市岡パラダイスについて、大阪市立図書館ＨＰに次のような記述がある。
『港区誌』には「市岡パラダイスは市岡土地株式会社が経営地内に一万二千坪（桂町一帯）を画し、経費一百万円を投じて開設した娯楽遊園地で、大正十二年佐伯組の施行により、同十四年七月一日に開園した。‥《ママ》大劇場・映画館・演芸館、またスケート場・野外劇場・飛行塔・農園・小鳥園、或いは千人風呂の大浴槽をはじめトルコ風呂の設備があり、その斬新な趣向は人気を呼んで大阪の名所となった」と書かれています。（中略）
市岡パラダイスは一九三〇（昭和五）年一月に閉鎖されましたが、大劇場（パラダイス劇場）は戦後、港区一帯の地盤沈下対策としての盛土工事で撤去されるまで残っていました。〈http://web.oml.city.osaka.lg.jp/net/osaka/osaka_fag/56fag.html#56-

200903-001〉

(11) 第四師団司令部『大阪防空演習記事』三六三頁（筆者の筆写による）。
(12) 土田『近代日本の「国民防空」体制』一一八、一一九頁。
(13) 第三師団司令部「名古屋防空演習ノ概要」（『偕行社記事』第661号付録、一九二九年十月。防衛省防衛研究所公開目録、中央—偕行社記事—352、353）。
(14) 土田『近代日本の「国民防空」体制』一二二、一二三頁。
(15) 同右、一〇七、一二七、一五五頁。
(16) 同右、一五四—一五六頁。
(17) 昭雲生「北九州防空演習雑感」（『偕行社記事』第684号、一九三一年九月。防衛省防衛研究所公開目録、中央—偕行社記事—371）一三九頁。
(18) 石川捷治「第一回北九州防空演習（一九三一年七月）——地域における戦争準備体制形成ノート——」（『法政研究』第五十五巻第二—四合併号、一九八九年三月）三四六頁。
(19) 「関東防空演習東京市燈火管制及警報実施規定」（『東京市公報』号外、一九三三年七月二十九日、東京：議会官庁資料室所蔵）。
(20) 土田『近代日本の「国民防空」体制』一四六頁。
(21) 同右、一六九頁。
(22) 松浦総三『天皇裕仁と東京大空襲』（大月書店、一九九四年）三三、三四頁。
(23) 東京警備司令部「関東防空演習記事」（一九三三年）（東京警備司令部「関東防空演習記事　昭和八年」防衛省防衛研究所公開史料、中央—軍隊教育演習記事—158）一二一頁（筆者の筆写による）。
(24) 「牛塚総合防護団長の挨拶」（『東京市公報』第2582号、一九三五年七月十一日、東京：議会官庁資料室所蔵）。
(25) 吉村辰夫他「昭和十年度東京、横浜、川崎三市防空演習燈火管制状況機上視察報告に就て」（『建築雑誌』第五十巻六〇八号、一九三六年一月）七一頁。
(26) 「燈火管制規則」内務省計画局（「「灯火管制規則」送付越ノ件」国立公文書館デジタルアーカイブ／防空関係資料・防空ニ関スル件（一）／件名番号：017）、「燈火管制規則施行ニ関スル件依命通牒」（「燈火管制規則施行に関する件依命通牒」JACAR（アジア歴史資料センター）Ref.C13070889000、防空関係法令集　昭和15年9月（防衛省防衛研究所））（以下、JACAR：レファレンス番号)。

(27)「燈火管制規則解説」内務省計画局(一九三八年八月)(「灯火管制規則解説」送付越ノ件」国立公文書館デジタルアーカイブ/防空関係資料・防空ニ関スル件(一)/件名番号:029)(以下、「灯火管制規則解説」)。

(28)市民局「今回の防空訓練」(東京市『市政週報』第15号、一九三四年七月十四日、市政専門図書館所蔵〈雑誌記号:OPS雑誌番号61〉)。

(29)「燈火管制指導要領」。

(30)同右。

(31)同右。

(32)「減光とは」「光源より外部に発する光を減少すること」を言う(「燈火管制規則解説」)一〇頁。

(33)「遮光とは光源に対し直接覆をなすか又は之に準ずる方法によつて、光源より発する光の内特定の方向に向ふものを一部遮ぎることである(「燈火管制規則解説」)一二頁。

(34)市民局「今回の防空訓練」。

(35)「燈火管制の解説補足」(『週報』第429号、内閣情報局、一九四五年一月十七日、JACAR:A06031058500、週報〈国立公文書館〉)一五頁。

(36)市民局「今回の防空訓練」。

(37)チェスター・マーシャル(高木晃治訳)『B-29東京爆撃三〇回の実録——第2次世界大戦で東京大空襲に携わった米軍パイロットの実戦日記——』(ネコ・パブリッシング、二〇〇一年)一〇二頁。

(38)笠原包道『レーダー航法』(海文堂出版株式会社、一九七七年)七九―八〇頁。「数個の目標からの距離を測って目標を中心とし、測得距離を半径とする円を描き、それらの円の交点を求めれば船位が得られる」。「少なくとも3目標以上の距離を測らなければならない」と記載されている。

(39)同右、六二―六三頁。当該図書は一九七七年発行である。第二次世界大戦当時から比べるとレーダー技術は発展していると考えられるが、それでも、この解説書では方位誤差は最大で±四度を見込んだ方が良いと書かれている。

(40)E・バーレット・カー(大谷勲訳)『戦略・東京大空爆』(光人社、一九九四年)一六一頁。房総半島の形状から自機の位置を算出していたことが書かれている。

(41)「B29部隊の対日戦略爆撃作戦」(『米国戦略爆撃調査団報告書66』)(『東京大空襲・戦災誌』編集委員会『東京大空襲・戦災

誌　第3巻　軍・政府〔日米〕公式記録集』東京大空襲を記録する会、一九七三年）八七五頁）（以下、『東京大空襲・戦災誌　第3巻』）。

（42）小山訳『米軍資料　日本空襲の全容』には、一九四四（昭和十九）年十月二十七日から一九四五（昭和二十）年八月十五日までの三三一回の対日爆撃任務の要約が記載され、そこから、目視照準の目標、レーダー照準の目標、第二の目標、臨機応変の目標があったことがわかる。

（43）奥住喜重・早乙女勝元『新版　東京を爆撃せよ――米軍作戦任務報告書は語る――』（三省堂、二〇〇七年）三二、一三三頁。

（44）水島朝穂『三省堂《ママ》ぶっくれっと』No.121（〈http://www.asaho.com/jpn/sansei/121.html〉、二〇一六年六月三十日アクセス）。「防空訓練と同様、灯火管制もまた、『無意味』なことの繰り返しを強いることで、市民の不満を抑えるという付随的効果を伴ったことは否定できない。燈火管制は、米軍に対するよりも、むしろ国民生活の統制という内向きの狙いもあったといえるだろう」と記載されている。

（45）THE UNITED STATES STRATEGIC BOMBING SURVEY, *FINAL REPORT Covering Air-Raid Protection and Allied Subjects in JAPAN* (Civilian Defense Division, 1947), p.13〔米国戦略爆撃調査団『太平洋戦争白書　第5巻　民間防衛部門④』（日本図書センター、一九九二年）〕.

（46）同右。

（47）カー『戦略・東京大空爆』六三―六八頁。

（48）Headquarters 20th Air Force 20th Bomber Command, *Mission Report Mission No.6 NAGASAKI 1944.8.10-8.11.*（国会図書館憲政資料室所蔵マイクロフィルム、請求番号 YFA-23、R.2）

（49）THE UNITED STATES STRATEGIC BOMBING SURVEY, *FIELD REPORT Covering Air-Raid Protection and Allied Subjects in NAGASAKI, JAPAN* (Civilian Defense Division, 1947), p.63〔米国戦略爆撃調査団『太平洋戦争白書　第2巻　民間防衛部門①』（日本図書センター、一九九二年）〕.

（50）小山訳『米軍資料　日本空襲の全容』。

（51）日本の空襲編集委員会編『日本の空襲　五　愛知・三重・岐阜・福井・石川・富山』（三省堂、一九八〇年）一六八―一六九頁。

（52）奥住・早乙女『新版　東京を爆撃せよ』五九―六一頁。

（53）同右、九頁。

（54）工藤洋三・奥住喜重『写真が語る日本空襲』（現代史料出版、二〇〇八年八月）一三一頁。

(55) 「B29部隊の対日戦略爆撃作戦」八七七頁。

(56) 「対潜水艦警戒ノ為ノ光ノ秘匿ノ暫定措置ニ関スル関係各省了解事項ノ件」一九四三年二月一日内務省発防第五号（「対潜水艦警戒ノ為ノ光ノ秘匿ノ暫定措置ニ関スル件」国立公文書館デジタルアーカイブ／防空関係資料・防空ニ関スル件（四）／件名番号：027）。

(57) 「対潜水艦警戒ノ為ノ光ノ秘匿ニ関スル件」一九四三年五月八日内務省発防第二四号（「対潜水艦警戒ノ為ノ光ノ秘匿ニ関スル件」国立公文書館デジタルアーカイブ／防空関係資料・防空ニ関スル件（五）／件名番号：011）。

(58) 「燈火管制規則解説」。

(59) レオンス・ペイヤール（長塚隆二訳）『潜水艦戦争 1939-1945』（早川書房、一九七三年）一六四頁。

(60) ノーマン・ポルマー（手島尚訳）『アメリカ潜水艦隊——〝鋼鉄の鮫〟太平洋を制す——』（第二次世界大戦ブックス90、サンケイ出版、一九八二年）八八頁。

(61) Theodore Roscoe, *UNITED STATES SUBMARINE OPERATIONS IN WORLD WAR II* (Wisconsin: United States Naval Institute, 1949), p.319.

(62) ペイヤール『潜水艦戦争』一六五頁。

(63) マーシャル『B-29東京爆撃三〇回の実録』二一七頁。

(64) 『東京大空襲・戦災誌　第3巻』一二六頁。

(65) 安井繁禮『東部軍管区における空襲記録』（安井繁禮、一九五二年）。

(66) 大阪府交通課重村誠夫「燈火管制時に於ける都市の交通と交通整理」（『大大阪』第十巻第八号、一九三四年八月）二九頁。

(67) 『東京大空襲・戦災誌　第3巻』三五三頁。

(68) ジム・スミス、マルコム・マッコネル（新庄哲夫訳）『ラスト・ミッション——日米決戦終結のシナリオ——』（麗澤大学出版会、二〇〇六年）三四七—三六一頁。

(69) 同右、四一六—四一八頁。

第三章「偽装」

はじめに

「偽装（Camouflage）」とは、空襲目標となり易い物件に対し敵機からの発見を困難にさせ、精密な爆撃を不可能にするための処置であり、迷彩（塗装、植樹）及び遮蔽に分類される。[1] 空襲目標とは、爆撃目標、爆撃補助目標及び誘導補助目標等のことで、爆撃される可能性のあるものだけを「偽装」するわけではない。また「偽装」は、昼間に有効なもので、夜間に有効な「燈火管制」と対をなす消極的な防空である。その効果は、「燈火管制」と同様明らかにされにくい。なぜなら、第二部の第二章で述べたとおり、爆撃目標の発見を困難にしたとしても米軍のB-29は、爆弾を投下しないまま基地へ帰投することは、ありえないからである。また、夜間の爆撃にあっては、「偽装」そのものが見えないので、効果は期待できない。

「偽装」は、古くは一九三三年の関東防空演習において、すでに訓練の対象になっていた。同演習の統監部が発刊した「関東防空演習諸規定集」には、防護団のなかの工作班の動作として、「敵機をして爆撃目標及経路を不明ならしむる為」の「偽装」の種類、及び簡単ではあるが工事の方法が記載されていた。[2]

これまでも参照した『ＵＳＳＢＳ報告』では、迷彩（塗装、遮蔽）、隠蔽、欺瞞の三つを「偽装」としてとらえ、軍民に関係なく日本側の偽装効果を評価している。(3) しかし、軍の実施した「偽装」は、『野戦築城教範』に基づいており、その目的は、「上空及地上よりする敵の偵察に対し我が設備、材料及行動を秘匿し若は之を誤認せしむる」と示され、軍の施設や武器が対象であった。(4) それは防空法に基づいて官民が行う「偽装」とは、根拠も対象も異なっていた。(5)

隠蔽及び欺瞞は、内務次官から内閣書記官長に送付された「防空偽装指導要領」（昭和十六〈一九四一〉年八月十八日内務省発画第九七号）において、具体的な方策としては示されていない。「偽装」の目的である空爆目標の発見を困難にするという意味では、地下に移したり（隠蔽）、偽の構造物を作ったり（欺瞞）というのは、「偽装」と考えることができる。しかし、本章では、官民が主体となった防空法に基づく「偽装」、すなわち、迷彩及び遮蔽について、これにかかわる法令を整理し、建築学会や土木学会が科学的な視点で偽装技術を研究していたことを明らかにし、その要領や指導などを整理していく。その上で、『ＵＳＳＢＳ報告』をもとに「偽装」の効果を明らかにする。

一　「偽装」についての法体系

一九三七年に制定された防空法に「偽装」の項目はなかった。「偽装」は、一九四一年十一月二十五日の改正時、「防火」「防弾」及び「応急復旧」とともに追加され、空襲目標になり易い重要施設物件を敵機が発見することを困難にさせるため、物件の明度や形態、色彩等を変えて、周囲のものに類似させようとする措置であって、夜間の「燈火管制」に匹敵するものとして、国民に啓蒙された。(6)

主務大臣は、防空計画に基づき、「必要なる設備又は資材の整備」をさせ、地方長官は、防空計画に基づき、「必要な設備又は資材を供用せしむること」（改正防空法第五条）とされた。「偽装」に関し必要なるものを整備すべき設備として、「水道、下水道、電気工作物、瓦斯工作物、石油タンク、工場、鉱山、鉄道、軌道、電気通信施設、道路、橋梁、港湾、堰堤、堤防、水門、倉庫、学校、病院、診療所、高層建築物、飛行場」（昭和十九〈一九四四〉年一月八日勅令第二十一号改正防空法施行令第三条）が挙げられた。ここで主務大臣とは、それぞれの施設を所管する大臣をさしている。たとえば、水道、下水道の主務大臣は内務大臣及び厚生大臣であり、学校は文部大臣、さらに飛行場、鉄道、港湾は運輸通信大臣、そして電気、瓦斯施設は内務大臣及び軍需大臣であった。[7]

また、防空法第十五条二項の規定では、これらに要する費用は管理者または所有者の負担となっていたが、防空法施行令第十二条の二では、公共団体にあっては三分の一、その他にあっては二分の一が国庫から補助されるとされていた。

防空法に基づき、陸・海軍省から「防空計画ノ設定上ノ基準」が示され[8]、これを参考として一九四三年は内務省、一九四四年は内務省・厚生省・軍需省・農商省・運輸通信省から「中央防空計画」が示された。「中央防空計画」では、「偽装は空襲目標（爆撃目標、爆撃補助目標、誘導目標）となり易き工場、事業場、倉庫、官公衙、学校、高層建築物、港湾施設、橋梁、飛行場、競技場、上水道施設等にして視距離十粁以上より目標に依り発見容易なるものを対象として物件の明度、形態、色彩等を周囲に類似せしむる如く之を行はしむる」（「中央防空計画」第七十九条）とその対象と基本的手法が示された。[9]

府県では、「中央防空計画」及び軍司令官・鎮守府司令長官などが提示する「防空計画設定上の基準」を受けて、それぞれの防空計画を策定し、さらに指定した市町村に防空計画を策定させた。[10]たとえば、川崎市の防空計画では、神奈川県知事から「偽装」を指示された施設として、日本精工株式会社、東芝鋼管株式会社、日本油脂株式会社川崎塗料工場、昭和農産化工株式会社、東京中島電気株式会社、日昭電線伸鋼株式会社川崎工場などの工場が示され、さらに川崎市としては、市役所庁舎を「偽装」を要する建物として指定した[11]。

前述したように「中央防空計画」では、「偽装」の概要のみが示され、地方の防空計画では、「偽装」をすべき施設が示されたが、具体的にどのような「偽装」を施すべきかは示されていない。偽装要領の細部については、「防空建築規則」（昭和十四〈一九三九〉年二月十七日内務省令第五号）、「防空土木一般指導要領」（昭和十四〈一九三九〉年七月十日内務省計第五四一九号）及び「防空偽装指導要領」により示された[12]。これらの要領は、防空法に「偽装」が追加される一九四一年十一月二十五日以前に示されていることに注目したい。

「防空建築規則」は、建築物の構造、設備等に関して防空上必要な事項を定めたもので、その第一の目標は都市全体の木造可燃建築に対して外壁、軒等の構造を耐火的に統制し、全ての建築を緩燃焼化させようとするものであった[13]。その内容は防火、耐弾、防護室及び石油タンクの防護規定に加え、「地方長官は偽装の為建築物の形態、色彩又は偽装準備装置に関し必要なる措置を命ずる」（「防空建築規則」第十八条）ことが規定されていた[14]。

「防空土木一般指導要領」では、工作物にどのような防空処置を施すべきかが示されていた。そこでは「防火」「防弾」及び「応急修理」の考慮事項とともに「偽装」についての指導がなされていた。たとえば、浄水場の設計については、「偽装」並びに遮蔽を特に考慮すること。油槽、瓦斯タンク、等の形態、色彩等についてはなるべく周囲との対比度を減ずるよう考慮することなどであった[15]。

「防空偽装指導要領」は、「偽装」についてのさらに詳細な規定があり、防空偽装は、新設の場合と既設の場合に分けて示されていた。新設の場合、防空偽装は対象となるべき物件の明度、形態、色彩等を周囲に類似させて、初めて充分な効果を発揮するので、物件のみを単独に周囲より切り離して考えるべきではないこと。また、防空偽装の対象となるべき物件は、その所在地により発見の難易に相違があるので、都会、都会周辺、田園地、樹林地等その所在地域を充分考慮して「偽装」を計画すること。さらに、防空偽装は効果が消極的なので、重要施設においては、「偽装」のみに信頼を置き他の防空施設を顧みないことがないようにとされた。そして、敷地、配置規模、形態、色彩及び迷彩の種別や塗料についての方針が示され、さらに植樹に適切な樹木の種類までが、地域ごとに示され、遮蔽の場合による貯水池等の「偽装」の指針なども示された。また、既設の物件においてもできる限りその形態、明度、色彩等をその所在地域のものと類似させて、周囲と融合するよう工夫することとされた。(16)

二　偽装技術の研究

偽装技術の研究は、早くからその必要性が考えられていた。それは、防空法制定の八年前（それは「偽装」が法改正により追加される一二年前でもある）、一九二九年の大阪防空演習時後の所見のなかで、今後編成されるべき偽装班には、「都市に於ける迷彩法を適切ならしむる為め該地在住の美術家を加へ平時より迷彩法に就て研究せしむるも亦一案」と述べられている。また水源地、貯水池等は「偽装」を施し敵機からの発見を困難にさせることが必要とされた。(17)その偽装技術は、どのように研究されていったのかを述べる。

（一）　偽装技術研究の始まり

大がかりな偽装技術の研究は、一九三四年三月、東京工業大学に設立された「防空建築研究室」が、最初と考えられる。それまでは、研究といっても常識の範囲を出ないものであったとされている。(18)この防空建築研究室は、原田積善会からの奨学資金援助を受け、陸軍築城部本部からも助言を得て「都市偽装の研究」を実施し、一九三六年までに三回の研究成果の報告を行った。(19)研究論文は、東京工業大学助手の笹間一夫と警視庁建築課技手の新海悟郎によるもので、そこでは、「偽装」の目的を陸軍の『野戦築城教範』による定義ではなく、あらたに「都市の対空偽装」という観点から、「擬装の目的は上空よりする敵の偵察に対し、我が都市或は重要構築物の存在位置を秘匿し、若くは之を誤認せしむるにある」と定義をした[20]。

さらに「偽装」が対象とする偵察行動についても述べられ、「鮮明な空中写真を机上で綿密に検査すれば、大低《ママ》の偽装は看破せられるものである」。また、「既に航空写真に撮影された地域の偽装は甚しく困難であり、特に迷彩は写真偵察に対し殆んど価値なし」とする軍担当者の話が紹介されている。しかし、写真は偵察のみに使用されるもので、爆撃に際し目標を捜索するのは肉眼であり、目標を照準するのは爆撃照準器であるという考えの下、「偽装」は写真、肉眼、照準器の三つに対し完全に行われるのが理想であるが、そのうち一つ或いは、二つに対して行うことに意味はあるとされた[21]。

迷彩による「偽装」は、写真偵察には価値がないことを理解した上で、爆撃機搭乗員の肉眼及び照準器に対しての効果を期待し、「偽装」は研究されていた。そして「偽装」の要素として、色彩、形態、陰影の三つを挙げ、特に留意すべき事項が示された[22]。

（二）　偽装研究の収斂

一九三六年十二月、建築学会（現在の日本建築学会）は、「都市防空に関する調査委員会」を発足させ、防空対策の研究に着手した。中心となったのは、陸軍築城本部長の佐竹保治郎及び建築学会会長の内田祥三であった[23]。前述の笹間と新海の両名とも当該委員会の臨時委員に名を連ねていることから、第三回の報告以降の防空建築研究室による偽装研究は、この建築学会の都市防空に関する調査委員会のなかに収斂されたと考えられる[24]。

一方、陸軍の東部防衛司令部では、時期を同じくして、一九三七年二月に学者、政府、府県の担当者及び企業（鉄道、工場、電気、瓦斯等）の担当者らにより、「防空施設研究会」を発足させた。この研究会は、有事の際に防空上遺憾がないようにするため、技術・工作物等について平素から装備すべき事項や防空時に実施すべき方法などについて研究することを目的とした。その会長には東部防衛司令官がつき、一九三八年三月に解散となるまで約一年間活動をし、三回の総会と数回に亘る分科会及び一九三七年九月に実施された関東防空演習の支援などを行った。そのなかの第三分科においては、都市構造物の対空偽装をテーマに研究が進んでいた。最終的に「建築物ノ偽装」及び「都市防空ニ於ケル偽装ノ一般」が、当該分科会の決定案として提出された。(25)

「防空施設研究会」発足の二ヶ月後、一九三七年四月五日に防空法が成立し、同年十月一日に防空法施行、関連法令である防空法施行令が施行された。「防空施設研究会」の設置規約には、「防空法制定後、主管官庁に於て本会と同様の目的を有する常設研究機関を設置する場合に於ては、本会を解散若くは改組し其時迄に得たる研究資料は之を上記常設研究機関に引継ぐものとす」とされていた。その規約どおり、「防空施設研究会」は、翌年の一九三八年三月三十一日、第三回総会をもって解散となった。(26)審議決定した事項などは、この規約に従って、内務省または関係各省並びに陸軍関係官庁に引き継がれたものと考えられる。ただし、「偽装」は一九三七年の法成立時、実施項目には、未だ入っていなかった。

前述した建築学会の「都市防空に関する調査委員会」により進められた都市防空の研究指導は、一九三七年五月に「焼夷弾の作用とその対策」を作成して、これを公に発表した。一九四一年には避難所設備、工場防空施設、偽装等の調査研究を行い、その成果は、建築学会の学会誌である『建築雑誌』に発表されるとともに、講習会、講演会やパンフレットを通じて、一般に広められた。(27)

偽装研究については、一九四一年二月に「建築偽装指針」としてまとめられ、その内容は、①「建築偽装一般指針」、②「工場偽装指針」及び③「瓦斯溜偽装指針」から構成され、『建築雑誌』に寄稿された。そこには、内務省、警視庁、陸軍築城部本部、陸軍航空技術研究所等により種々な便宜と指導を得たとあり、建築学会だけではなく関係機関の総力を挙げて作成したことがわかる。[28] 同年十一月に防空法が改正され、「偽装」が追加されたことを考えると、偽装研究のまとまりを待って、法に追加されたと推測できる。

東部防衛司令部が発足させた防空施設研究会に内務省から参加し、その第六小分科（水源地、学校、社寺、公園緑地担当）の主任であった菱田厚介、そして、警視庁から参加し第三分科（大建築物、大工場、大倉庫担当）の主任であった石井桂の両名は、「都市防空に関する調査委員会」の委員にもなっている。[29] このことから、東部防衛司令部の防空施設研究会の建築に関係する分野は、都市防空に関する調査委員会に引き継がれ、その成果は、最終的に「建築偽装指針」としてまとめられたと考えることができる。

建築学会では、一九四一年二月に発表した「建築偽装指針」について講演会、講習会を実施することとともにパンフレットとして、定価二〇銭で販売し、広く周知させた。「建築偽装一般指針」は、視距離一〇キロメートル以上からの目視による発見を困難にし、あるいは錯誤させることで、状況により視距離は四～二〇キロメートルを想定するもので、詳細な指針が建築物ごとに示されていた。また「工場偽装指針」は、周辺の環境状況（工場地、田園地、樹林地）によって「偽装」の方式を変えることとされていた。「瓦斯溜偽装指針」についても、瓦斯溜（瓦斯タンク、瓦斯ホルダーともいわれるもので、製造した瓦斯を一時的に蓄えておくための施設）の偽装方式は周辺の環境状況（市街地、工場地、田園地、樹林地）によって迷彩を変えることと述べられていた。[30]

土木学会は、東部防衛司令部の「防空施設研究会」と連携するために、一九三七年二月「土木学会防空施設研究委員会」を設け、各種土木施設都市施設の防空に関する調査研究を行った。当該委員会の研究範囲は、①避難、②防火、消防、給水施設、③構造物の偽装、遮蔽、補強及び防護であった[31]。一九三八年に前述の「防空施設研究会」が解散した後、一九四〇年五月に学会内に「防空土木委員会」を設け、政治・軍事・産業・交通施設の集中している全国主要地域における防空の具体的実施方法を研究することとし、一九四一年五月には報告案を得た。そして、これをもとに、同年七月内務省から「防空土木一般指導要領」が示されたと浄法寺は述べている[32]。しかし、「防空土木一般指導要領」は、一九三九年七月に発簡されており、時期的な齟齬があるものの、いずれにせよ東部防衛司令部の「防空施設研究会」の土木に関係する分野が、「防空土木委員会」に引き継がれたと考えることはできる。

一九四一年八月、内務省計画局は、防空法改正前（昭和十六〈一九四一〉年十一月二十五日改正）で「偽装」が、まだ項目に入っていなかった時期にもかかわらず、「防空偽装指導要領」を定め、「極秘」の扱いで、関係する機関に送付した。「防空偽装指導要領」では、「防空偽装」の定義として、空襲目標（爆撃目標、爆撃補助目標及び爆撃誘導目標）となり易い物件に対し、敵機からの発見を困難にし、精密な爆撃を不可能にするための処置とされており、前述の「都市の対空偽装」の定義と文言は異なるが、大きな意味の違いはないと言える[33]。

さらに、対象となる物件を視距離約一〇キロメートル以上からの目視による発見を困難にすれば目的を達成するとされており、これは「建築偽装一般指針」と同様である。その他の内容についても類似の部分が多く、大きく異なるところはないが、「建築偽装一般指針」のなかに含まれていた「工場偽装指針」及び「瓦斯溜偽装指針」のような個別の物件への偽装要領の記載はない。全般的に内容に齟齬はなく、極秘とされた「防空偽装指導要領」を直接参照することができなくとも、一般に公表刊行された「建築偽装指針」、さらに刊行された図書も参考にすることで、工場等の管理者の責任による「偽装」は可能であったと思料する[34]。

(三)「公共企業防空研究会」

一九四〇年八月、軍と公共企業体は「公共企業防空研究会」を開催した。軍からは陸軍省の兵務局長（陸軍中将）をはじめとする担当者、参謀本部から防空担当の大佐ほか築城本部から担当者、さらに企業からは、鉄道・軌道・道路・上下水道・発送電・港湾・飛行場・瓦斯・石油・消防・警察・市役所の関係者が参加した。その後、各公共企業は、独自に「防空施設要綱」を発表した。[35] 具体的には、一九四一年九月に水道協会による「水道防空施設要綱」（内容は「上水道防空施設要綱」及び「下水道防空施設要綱」である。）、同年十月には「鉄道・軌道防空施設要綱」、同年十一月には「水力・火力発変電所防空施設要綱」が示された。いずれも「防火」「防弾」「応急復旧」の措置に加えて、「偽装」についても含まれていた。[36]

このように施設防空に関しては、建築学会と土木学会の先導によって、研究され、さらに各企業が独自に施設防空を研究してその要領を確立していった。「偽装」は、この施設防空の一部として、土木という広い範囲からは土木学会が「防空土木一般指導要領」の確立に寄与し、工場、瓦斯溜、一般の建築物などは建築学会が、「防空偽装指導要領」の確立に寄与した。さらに各企業は、それぞれで、「防空施設要綱」を発表し、そのなかで、防空偽装の要領を確立した。

そして、「偽装」は、各機関の研究によって、要領や指針等が、定められたのちに「防火」「防弾」及び「応急復旧」とともに、一九四一年の法改正で追加された。

三　「偽装」の実施

「偽装」が実際に施された記録があるのは、本章の冒頭で述べた一九三三年の関東防空演習が最初である。[37] 演習後の所見では、遮蔽偽装に関する統制が必要と述べられている。[38] 翌一九三四年の近畿防空演習では、部分的ではあったが、主要なる建築物、道路、水面等に対して各種の方法による偽装・遮蔽が試みられ、大阪市内だけでも五〇ヶ所に達した。しかし、当該防空演習の報告のなかで、赤外線写真での撮影がなされ、これにより容易に迷彩が看破できるとされ、さらに立体写真によっても、「偽装」が容易に看破できると述べられた。[39]

この時期の研究を東京工業大学の教授の田辺平学は、前述した東京工業大学の防空建築研究室の設立に際して「常識の範囲をでない研究」と述べた。[40] その後は、東京工業大学の防空建築研究室をはじめとする建築学会・土木学会などでさまざまな研究がなされてきたのは前述のとおりで、最終的には、「都市防空に関する調査委員会」の研究結果である「建築偽装指針」及び水道協会による「水道防空施設要綱」などに基づき、それぞれの施設において適切とされる「偽装」が実施された。これらの指針や要綱などにおいて、施設に対しては、どのような「偽装」が要求されたのか。主な施設の偽装要領について述べる。

（一）一般的な建築偽装

「防空偽装指導要領」「建築偽装一般指針」によれば、建築物の「偽装」は、その所在地、敷地の形状、配置、形態、色彩など全てに亘って計画しなければ完全ではないとして、新設、既設いずれの場合であっても偽装効果の増大を企図する必要があるとされた。所在地については、特徴のある地形などに接することは避ける。平坦で均一な明度をもった地形は「偽装」が困難で、樹草地、市街地等のように明暗陰影の分布が複雑で、樹林等の明度が低い地域にある場合には有効な「偽装」ができる。敷地の形状として、所在地域と融合させることが必要で樹林、道路、起伏などはこれを保存利用し、周囲に対して特異な形状をもたせないようにする。配置は、建物の規則正しい羅列は避け、高さは一〇メートル以下、やむをえない場合で三〇メートル以下とする。長さも一〇〇メートル以下とする。色彩は、所在地域の色彩に近似させ、明度の近似を重視することなどが示された。

「偽装」の方式として、①地形偽装、②技巧迷彩、③分割迷彩、④単色迷彩に分けた。地形偽装は、建物の周囲の地形や敷地に対しても偽装的な考慮をするもので、技巧迷彩は、建物所在地付近の特色ある二、三の明暗色を使用して、建物の形態や輪郭陰影をぼかして周囲に融合させるもので、その明るい色と暗い方の色の明度について標準を示した。分割迷彩は形態を分割するように「偽装」をするもので、単色迷彩は、周囲の平均明度と同じ暗色で塗装するものであった。さらに植林するべき樹木の種類やペイントの種類なども示された。(41)

(二) 水道偽装

水道協会の前身は上水協議会であり、水道事業運営上の諸問題に対して、水道関係者が集まり、自ら解決策を見出すという水道界の伝統が生まれ、その後、全国各地で水道の普及が進み加盟都市が増加し、その重要性が増して、一九三二年五月十二日に内務大臣の許可を得て社団法人水道協会へと発展した。(42)その機関誌である『水道協会雑誌』を通じて、水道関係者への防空対策は広められたと考えられる。当時の厚生省衛生局長は、「国防国家の一部面として上下水道が担当する役割は非常に重大である」として、「非常時局下に於て生産力の拡充都市防空の見地よりして一層其の整備拡充の必要が痛感せられる」と述べた。(43)さらに同局長から、内務省国土局長宛に「水道の防空対策に関する件」として、水道協会が作成した「水道防空施設要綱」により、実施するよう関係企業に速やかに実施させるようとの通牒がなされた。(44)

「防空土木一般指導要領」では、浄水場の設計について、「偽装」及び遮蔽を特に考慮することとされた。(45)「水道防空施設要綱」では、防空の一般的事項、分散、耐弾措置、防護及び応急処置、さらに水面の「偽装」などが示された(46)。「偽装」は、偽装（迷彩）、遮蔽（池面、建物）に分けられていた。そのうち池面遮蔽は、丸太材を井桁に組みて水面上に浮かし、その上に樹枝を載せたもの、板又は竹筏を浮かべたものなどであった(47)。また、空襲の目標となるのを避けるため建物の迷彩を施すこととされた(48)。これらの内容も、『水道協会雑誌』に掲載され、全国の水道局等に広められた(49)。

横浜市水道局では、一九四四年から一九四五年の水道事業にあっては、国土防衛、生産力増強以外の新規事業は全て見送られ、防空体制強化を目的とした水道施設の「偽装」や防備工事に追われたと記録されている(50)。

(三)　工場偽装

建築工学的には、防空を考慮しない従来の工場建築の概念を一掃し、敷地選定、配置決定、整地、建築形式、規模、材料等全てに亘って防空的考慮が必要とされていた(51)。たとえば、周囲の明るさにその施設の明るさをあわせる。工場のような大きな施設が一団をなしているような所は、その明るさや形状が周囲と違うということで目立つので、全体の明るさを周囲に適合させるために暗い所を作って平均値を暗くする。重要な大きな施設は、大きいことが特徴になるので、普通の民家の大きさに見えるようにする(52)。特に飛行機工場などは、樹林地、丘陵地等を選んで、組み立ての作業系統に従って数個の集団に分け建物を適当な棟に分割し、避弾を考慮した分散配置によって、理想の防空配置となるとされた(53)。偽装実施の参考としては、都会地においては分割迷彩、田園及び樹林地においては技巧迷彩を適用すべきとされた(54)。

(四) 瓦斯溜偽装

帝国瓦斯協会は、第一次世界大戦のロンドン空襲をもとに防空対策の研究を進め、一九四〇年から会員各社に対して瓦斯溜（瓦斯タンクまたは瓦斯ホルダーとも呼ばれる）の迷彩などの指導を始めた。[55] 東京瓦斯にあっては、瓦斯溜の「偽装」は高層建築に対する「偽装」の最新の進歩した方法を採用して実施したとされている。[56] 瓦斯協会としては、瓦斯工場の防空対策として、瓦斯溜は目立ち易いものなので、特別に注意を払い、東京帝国大学の星野昌一助教授の指導を得て、数回上空から視察をしてもらい、必要なものには迷彩を施すという処置を実施した。[57] 星野は、建築学会の都市防空に関する調査委員会の臨時委員を務め、さらに陸軍築城本部嘱託、陸軍航空技術研究所嘱託を務めていることから、建築学会の指針に沿った「偽装」を指導していたものと考えられる。[58]

「防空土木一般指導要領」では、瓦斯溜の形態、色彩等についてはなるべく周囲との対比度を減ずるよう考慮し、「偽装」を考慮することとされていた。[59] 「瓦斯溜偽装指針」では、さらに細部が示され、周囲が広大な地区にある場合は、その陰影の関係で完全な秘匿は困難とされ、立て込んだ市街地にある場合に秘匿をすることは、それほど困難ではないとされた。また、瓦斯溜は陰影によって目立つので明暗の対比を弱くしないと陰影を目立たなくすることができない。しかし、瓦斯溜は、小規模の割に迷彩が困難なので、その他の瓦斯発生装置などから離隔することで損害軽減を図るという対策をとるとされ、それは偽装（迷彩）以外の手段によることであった。[60] もっとも完全な「偽装」は埋没であって、半埋没により高さを減じたり、植樹によって判別を困難にする。迷彩は、所在地の地域色で特徴ある二、三の明色及び暗色により全体の形を歪め、分割されているように見せかけるなど市街地と工場、田園、樹林地で、それぞれ偽装例は異なって示された。[61]

このように建築工学的視点から指導された「偽装」は、その施設の管理者によって実施された。これら「偽装」にどのような効果があったのか。その「偽装」に対峙した側の記録である『ＵＳＳＢＳ報告』も含め考察する。

四 「偽装」の効果

前述したように日本の対空偽装が対象としたのは、肉眼及び爆撃照準器への「偽装」であった。それは視距離一〇キロメートル以上からの目視による発見を困難にし、あるいは錯誤させることであったので、写真偵察に対しての迷彩の効果はなかったと言える。日本空襲初期の段階でＢ‐29による高々度精密爆撃は、昼間の高度一万メートル（一〇キロメートル）から実施された。米軍爆撃機の飛行する高度は、日本側の予想どおりであった。これは、爆撃位置に至るまでのパイロット及び爆撃照準器を対象とした「偽装」の効果が期待できることを示している。

艦載機に対しては、攻撃が基本的に昼間だったが、爆弾の投下高度は一、〇〇〇～五、〇〇〇フィート（約三三〇～一、七〇〇メートル）とされており、一〇キロメートル以上からの目視による発見を困難にさせることが対象の「偽装」効果（主に迷彩）は期待できないが、遮蔽については、必ずしも距離とは無関係な要素があるので、効果が期待できる。(62)

しかし、一九四五年三月以降の都市を目標とした低高度焼夷弾攻撃にあっては、夜間の爆撃が主であるので「偽装」の効果は期待できない。夜間爆撃に対しても「偽装」と同じような効果を期待できるのは、「燈火管制」である。昼間であっても、広範囲を焼夷弾で焼き尽くすという意図のエリア攻撃に対しては、「偽装」の効果はなかったと言える。

つまり、「偽装」は、昼間の精密爆撃及び艦載機の空襲に対しての効果が期待できる。

（一）『USSBS報告』から

『USSBS報告』G-2（情報部門）がまとめた報告書には、日本の「偽装」は「偵察写真の分析官を大きく混乱させることはなかったが、攻撃を実行したパイロットや爆撃手を混乱させる効果はあったであろう」と記載されている。[63]

米軍による日本本土空爆初期段階である高々度精密爆撃は、失敗した。米軍の分析では、高々度からの爆撃は目標を確認するのが困難な上、日本上空に存在する高速のジェット気流（約八〇メートル／秒）の影響により爆撃精度が悪くなったために、延べ八三五機のB-29による攻撃は、四％の損傷を与えたにすぎなかったと結論を出した。[64] 失敗の原因は、高速のジェット気流による要因が大きいであろうが、高々度からの目標確認が困難であったのは、距離が遠いことや視界の状況に加え、「偽装」の効果も一因であった可能性がある。

（二）星野昌一の回想から

前述の星野昌一が定年退官するにあたっての記念講演で、迷彩の効果が、一九四二年の東京初空襲に中島飛行機武蔵野工場、日立製作所亀有工場などで多大な成果を収め、低空で進入した米軍機の発見をまぬがれて、他地域に爆弾が投じられた結果で実証されたと述べた（著者註：これはドーリットル帝都空襲をさしている）。さらに精密爆撃から地域爆撃に移行すると、個々の施設の迷彩の効果は減少したが、工場の地方分散にともない、配置や地域の選定に被爆確率が減少するような指導を行ったことが述べられている。[65] これらのことから、「偽装」の効果はあると当時の技術者は考えていたと言える。

(三)　九州飛行機会社

『USSBS報告』には、九州飛行機会社の偽装例が記載されている。航空機の組み立て工場の建物を分散し、茅葺き屋根で葺いて、小高い丘の地形を利用して、トンネルを掘って、工場間の連絡道としたことで、米軍の写真分析官に対し、これらを単なる倉庫または、兵舎と判断せしめる結果となったとある。[66] 事実、九州飛行機会社の各工場はほとんど攻撃されなかったという記録が残されている。[67] 九州飛行機会社は、現在の南福岡駅の西側一帯、及び香椎に工場などをもち、戦時中は一六種類の飛行機を製作、最多機種は零式水上偵察機で一、二〇〇機を生産した。そして、B-29の爆撃を避けるため工場疎開として、周辺の地下工場や学校、他の工場などに移転した。[68] その結果、九州飛行機や隣接する九州兵器の工場や敷地などは、爆撃を受けなかったので多くの工員、徴用工、動員生徒などが働いていたが無事だった。香椎にあった工場についても、近くの空き地に爆弾が二発落ちただけで戦争の間、工場は爆撃にあうことがなかったと伝えられている。[69] これは、「偽装（遮蔽）」に加え、隠蔽の効果もあったと言えよう。

(四)　水道施設

浄法寺『日本防空史』によれば、上水道施設では、給水栓や枝管に被害があったが、水源施設、浄水場・配水場・ポンプ場施設、動力施設で大きな被害を受けたものはなかった。水面偽装や建物の迷彩も良かったとされている。[70]
『水道協会雑誌』によれば、水道施設戦災状況として、名古屋市からの報告で、浄水場に被害を受け、急速濾過池が一四面のうち一一面が被害を受け、その他変電所の被害もあって給水能力は三分の一になったとある。[71] しかし、名古屋市以外に水源地の被害を報告した自治体はなかった。
建物の迷彩はともかく、水面が反射しないよう若しくは田畑に見えるようにした。ここに「偽装」の効果があったと言って良いだろう。そして上水道の水源が断絶しなかったことは、被災後の市民生活の復旧に対しても大きな役割を果たした。すなわち、上水道施設の「偽装」については成果があったと言える。

(五) 瓦　斯　溜

瓦斯溜は、その形状が特異であるので、特に考慮が必要とされていた。[72] 東京瓦斯では、工場はある程度分散し、瓦斯溜を九ヶ所に分置した上で、「偽装」を施した。[73] 空襲により、瓦斯の供給能力は半減したと記録がある。それは、被害前の半分の供給力は維持されたと単純に考えると、瓦斯溜についても半数は残ったものと推察できる。[74] 分散されてぽつんと立っている瓦斯溜は、空襲目標に容易になりうる。とすれば、目視による発見を防止するために「偽装」を施していた瓦斯溜の半数が残ったのは、「偽装」の効果があったと推測することができる。

ま　と　め

「偽装」は、それぞれの業界において、その実施要綱が作成され、業界ごと、それぞれの建物を保有する組織ごとに、偽装がなされていたと考えることができる。その偽装技術は、一九四一年に建築学会が発表した「建築偽装指針」において確立されていた。制度構築の時点では、写真偵察には価値がないことを理解した上で、爆撃機搭乗員の肉眼及び照準器に対しての効果を期待した。それ以後の技術の進歩や、空襲を受けるなかでの改善等がなされた記録は見あたらない。その結果、写真分析に対しては、ほぼ無力であったが、爆撃機のパイロットや爆撃手を困惑させる効果はあった。当時の日本の技術者も、そのように考えていた。これは、制度構築の時点での想定に対処したと言うことができる。三四五回の爆撃のうち、「偽装」が効果をもたらしたと考えられるのは、昼間の精密爆撃一六九回、気象偵察時の爆撃一〇回、艦載機による爆撃二三回の計二〇二回に対してである。たとえパイロット・爆撃手を混乱させたとしても爆撃は実行されたが、これは想定されていたと言える。法施行において、その効果はあった。多くの空襲の累積によって、最終的に多くの施設が破壊されたが、水道施設、一部の工場及び瓦斯溜が、被弾を受けずに残ったのは、「偽装」の成果であり、ここに国民保護の一面があったと言うことができる。

また、夜間の爆撃に対しては、「偽装」そのものが見えないので、これは「偽装」が対象としていない爆撃と考えることができる。夜間の爆撃への対抗策は前章で述べた「燈火管制」である。「燈火管制」と「偽装」は、一対となった防空対策である。昼間は「偽装」による対抗手段、夜間は「燈火管制」による対抗手段は、いずれも地道で消極的なものであり、たとえば重要施設においては「偽装のみに信頼を置き他の防空施設を顧みないことがないように」とされていた(75)。そして、「燈火管制」と「偽装」によって、三四五回の爆撃のうち、エリア攻撃（七八回）を除く、二六七回の爆撃において、敵機からの目標の確認を困難にし、精密な爆撃にわずかながらでも、障害を与えた。表10の網掛け部分に効果があったと言うことができる。

表10　「燈火管制」と「偽装」の効果　（単位：回）

	昼間		夜間		計
	高々度	低中高度	高々度	低中高度	
精密	34	135	5	24	198
エリア	1	8	0	69	78
気象偵察	10		36		46
艦載機	23				23
計	211		134		345

網目で囲んだ部分に効果があった。
その他に機雷敷設：46回。
＊２万フィート以上を高々度、それ以下を低中高度とした。

註

（1）内務省計画局「防空偽装指導要領」昭和十六（一九四一）年八月十八日内務省

発画第九七号（「防空偽装指導要領ニ関スル件（内務省発画第九七号）」国立公文書館デジタルアーカイブ／防空ニ関スル件（三）／件名番号：006）（以下、「防空偽装指導要領」）。

(2)「10．関東防空演習防護提要／附録第4　工作班業務書」（関東防空演習統監部「関東防空演習諸規定集」昭和八年七月一日、JACAR（アジア歴史資料センター）Ref.C13070903900、関東防空演習諸規定集　昭和8年7月1日（防衛省防衛研究所））一七〇頁（以下、JACAR：レファレンス番号）。

(3) THE UNITED STATES STRATEGIC BOMBING SURVEY, *Evaluation of Photographic Intelligence in the Japanese Homeland PART FIVE CAMOUFLAGE, CONCEALMENT, AND DECEPTION* (Photographic Intelligence Section, 1947)〔米国戦略爆撃調査団『太平洋戦争白書　第49巻　情報部門①』（日本図書センター、一九九二年）〕（以下、USSB, *Evaluation of Photographic Intelligence*）.

(4)『野戦築城教範』第百六十八、昭和二（一九二七）年五月九日　軍令陸第三号（「野戦築城教範」JACAR：C01006517000、大日記乙輯昭和6年（防衛省防衛研究所））一〇二頁。

(5) 新海悟郎・笠間一夫「都市対空偽装概論（都市の対空偽装に関する研究　第二回報告）」（『建築雑誌』第四十九巻第六〇七号、一九三五年十二月）一五〇〇、一五〇一頁。当該論文では、都市偽装については、要塞兵器の偽装には一切触れず、攻撃も陸上、海上からのものは除外し、航空機による場合のみを考慮して、都市或いは重要建築物の存在位置の秘匿と、これを誤認させることと定義した。

(6) 内務省「改正された防空法」（『週報』第272号、一九四一年十二月二十四日、内閣情報局、JACAR：A06031043400、週報（国立公文書館））五頁。

(7) 内閣印刷局『昭和年間　法令全書　昭和十九年（第18巻—2）』（原書房、二〇〇五年）一四—二一頁。

(8) 陸軍省・海軍省「昭和十八年度防空計画設定上の基準」一九四三年二月八日（「昭和十八年度防空計画設定上ノ基準ニ関スル件」国立公文書館デジタルアーカイブ／防空関係資料・防空ニ関スル件（四）／件名番号：031）。

(9)「中央防空計画」内務省・厚生省・軍需省・農商省・運輸通信省、昭和十九（一九四四）年七月（「中央防空計画設定ニ関スル件」国立公文書館デジタルアーカイブ／防空関係資料・防空ニ関スル件（六）／件名番号：019）。

(10) 氏家康裕「国民保護の視点からの有事法制の史的考察」（『戦史研究年報』第八号、二〇〇五年三月）三、六頁。一九四四年の防空法施行令の改正により、軍司令官・鎮守府司令長官などが「防空計画設定上の基準」を掲示することとなった。

(11)「昭和十八年度の川崎市防空計画」（川崎市『川崎空襲・戦災の記録　資料編』川崎市、一九七七年）四三一頁。

(12) 計画局土木局長から各府県長官宛「防空土木一般指導要領」（宮下孝雄『迷彩と偽装』成武堂、一九四三年。国立国会図書

館デジタルコレクション〈http://dl.ndl.go.jp/info:ndljp/pid/1450680〉）二七〇―二九五頁（以下、「防空土木一般指導要領」）。『迷彩と偽装』によれば、防空土木一般指導要領」は、一九三九年七月十日内務省発計第5419号という発簡日と番号が付与されているが、浄法寺『日本防空史』においては一九四一年七月と記載され、『東京大空襲・戦災誌』編集委員会『東京大空襲・戦災誌　第3巻　軍・政府〔日米〕公式記録集』（東京空襲を記録する会、一九七三年）（以下、『東京大空襲・戦災誌　第3巻』）では、発簡日は不明とされている。

(13) 日本建築学会『建築学の概観（一九四一―一九四五）』（日本学術振興会、一九五五年）二二七頁。

(14) 「防空建築規則」昭和十四（一九三九）年二月十七日内務省令第五号（「市街地建築物法（抜萃）　防空建築規則」JACAR：C13070877900、防空関係法令便覧　昭和19年5月（防衛省防衛研究所））。

(15) 「防空土木一般指導要領」。

(16) 「防空偽装指導要領」。

(17) 第四師団司令部『大阪演習記事』（教導社出版部、一九二九年）四四七、四四八頁（筆者の筆写による）。

(18) 『東京朝日新聞』（一九三四年三月四日）。当時東京工業大学教授であった田辺平学が、防空研究室設立の新聞記事のなかでそのように述べている。

(19) 第二回及び第三回の報告が建築学会に残されている。新海・笹間「都市対空偽装概論」、新海悟郎・笹間一夫「俯瞰せる場合に於ける都市の地域別色度に就いて（都市の対空偽装に関する研究　第3回報告）」（『建築学会論文集』第一巻、一九三六年三月）。

(20) 新海・笹間「都市対空偽装概論」一五〇一頁。

(21) 同右、一五〇一頁。

(22) 同右、一五〇二頁。

(23) 日本土木史編集委員会『日本土木史――大正元年～昭和十五年――』（土木学会、一九六五年）七六二頁。

(24) 都市防空に関する調査委員会『都市防空に関するパンフレット』（建築学会、昭和15年～16年）〈http://strage.aij.or.jp/da1/sonota/pdf/chousa_07_01.pdf〉〈http://strage.aij.or.jp/da1/sonota/pdf/chousa_07_02.pdf〉（以下、『都市防空に関するパンフレット』）。

(25) 「防空施設研究会　偽装関係　昭和13年」（防衛省防衛研究所公開史料「文庫―巽史料―88」）。「巽史料」とは、一九三七年当時、逓信省電気局の技官であった巽良和が、戦後、防衛省防衛研究所に寄贈した膨大な資料のことで、電気、発電、配電関係の資料の中に、偽装、防空建築等の資料が含まれている。巽は、防空施設研究会では第三分科に所属し、都市構造物の対空偽装の研究にあたっていた。

(26)「防空施設研究会　一般　昭和13年」(防衛省防衛研究所公開史料「文庫―巽史料―85、86」)(筆者の筆写による)。
(27)高杉造酒太郎『日本建築学会七〇年史』(日本建築学会、一九五六年)四三、四四頁。
(28)星野昌一「建築偽装指針に就て」(『建築雑誌』第五十五巻第六七一号、一九四一年)二四頁。
(29)「防空施設研究会　偽装関係　昭和十三年」。
(30)『都市防空に関するパンフレット』。
(31)土木学会防空施設研究委員会「防空施設研究報告」(『土木学会誌』第二十四巻第八号、一九三八年八月)一頁。
(32)浄法寺朝美『日本防空史』(原書房、一九八一年)一一二頁。防空土木委員会の設置は『日本土木史』では一九四〇年五月、『日本防空史』では同年十一月とされている。本書では、『日本土木史』の期日を引用、内容は『日本防空史』から引用した。
(33)「防空偽装指導要領」。
(34)発行された図書としては次のものがある。宮下『迷彩と偽装』、星野昌一『防空と偽装』(乾元社、一九四四年)、高屋長武『偽装・監視・通信・警報』(河出書房、一九四四年)。
(35)浄法寺『日本防空史』一一四、一一五頁。
(36)同右。
(37)田辺平学ほか「近畿防空演習に見たる偽装の諸形態」(『建築雑誌』第四十九巻第六〇〇号、一九三五年六月)七〇二頁には「前年の関東防空演習にも偽装や遮蔽が行われていたが、僅かに一、二の瓦斯タンクに迷彩を施し、水道貯水池を遮蔽したるものを見受けた」とあり、前年から偽装の訓練が実施されていたことがわかる。
(38)東京警備司令部「関東防空演習記事」(一九三三年)(東京警備司令部「関東防空演習記事　昭和8年」防衛省防衛研究所公開史料、中央―軍隊教育演習記事―158)一一五頁。
(39)田辺ほか「近畿防空演習に見たる偽装の諸形態」七〇二頁。
(40)『東京朝日新聞』(一九三四年三月四日)。
(41)都市防空に関する調査委員会「建築偽装一般指針」(『建築雑誌』第55巻第671号、一九四一年二月)一〇九頁(以下、「建築偽装一般指針」)。
(42)社団法人日本水道協会ホームページ〈http://www.jwwa.or.jp/about/index.html〉(二〇一六年六月三十日アクセス)。
(43)厚生省衛生局長　加藤於兎丸「時局下に於ける上下水道の使命」(『水道協会雑誌』第九十二号、一九四一年一月)三頁。
(44)厚生省衛生局長から内務省国土局長あて「水道ノ防空対策ニ関スル件」昭和十六(一九四一)年十月二十七日衛発第三六〇

号（「水道の防空対策に関する件」国立公文書館デジタルアーカイブ／厚生省防空対策関係資料・第五冊／件名番号：011）。

(45) 「防空土木一般指導要領」。

(46) 浄法寺『日本防空史』一一五頁。

(47) 水道協会『水道防空施設要綱』一九四一年九月（国立公文書館デジタルアーカイブ）。

(48) 横浜市水道局『横浜水道百年の歩み』（横浜市水道局、一九八七年）三四九頁。

(49) 島崎孝彦「防空と水道」（『水道協会雑誌』第一〇〇号、一九四一年九月）四〇頁。

(50) 横浜市水道局『横浜水道百年の歩み』三四九頁。

(51) 星野昌一「各種建築物の偽装に就て」（『建築学会論文集』第二十九号、一九四三年五月）三五一頁。本論文は、都市防空に関する調査委員会による「建築偽装一般指針」について補足的に述べたものとされている。

(52) 星野昌一「防空と迷彩」（『有終』第三十一巻第十一号、一九四四年十一月）五頁。

(53) 星野「各種建築物の偽装に就て」三五一頁。

(54) 「建築偽装一般指針」一〇九頁。

(55) 西部瓦斯株式会社史編纂委員会『西部瓦斯株式会社史』（西部瓦斯株式会社、一九八二年）三四四頁。

(56) 警視庁・東京瓦斯株式会社「瓦斯工作物の防護に就て」（『帝国瓦斯協会雑誌』第三十一巻第一号、一九四二年一月）一〇頁。

(57) 岩村　豊「瓦斯事業に於ける工場防空対策」（『帝国瓦斯協会雑誌』第三十一巻第二号、一九四二年三月）九七、九八頁。

(58) 星野昌一「建築偽装の基礎事項（遠距離認識）に就いて」（『建築学会論文集』第二十一巻一五六―一六一号、一九四一年）一五六頁。脚註に星野が、東京帝国大学助教授、陸軍築城本部嘱託、陸軍航空技術研究所嘱託であることが記載されている。

(59) 「防空土木一般指導要領」。

(60) 星野「各種建築物の偽装に就て」三五五頁。

(61) 「建築偽装一般指針」一〇九頁。

(62) 艦載機の任務報告書などによれば、Altitude of Bomb Release（爆弾投下高度）は、一、〇〇〇～五、〇〇〇フィート程度である〔“*USS Hancook Aircraft Action Report,*” Entry 55 Security-Classified Carrier-Based Navy and Marine Corps Aircraft Action Reports（国立国会図書館憲政資料室マイクロフィルム、請求番号 USB-6、R-13、0507-0776 コマ）〕。

(63) USSB, *Evaluation of Photographic Intelligence*, p. 5.01.

(64) E・バーレット・カー（大谷勲訳）『戦略・東京大空爆』（光人社、一九九四年）九〇頁、平塚柾緒『米軍が記録した日本空襲』(草思社、一九九五年)四一頁。

(65) 星野昌一「40年の研究生活をかえりみて――定年退官に当たって――」(『生産研究』第二十一巻第九号、一九六九年九月)五二五頁。

(66) USSB, *Evaluation of Photographic Intelligence* p. 5.04

(67) 渡辺洋二『異端の空――太平洋戦争日本軍用機秘録――』(文春文庫、文藝春秋、二〇〇〇年)三一四頁。

(68) 川口勝彦・首藤拓茂『福岡の戦争遺跡を歩く』(海鳥社、二〇一〇年)五一―五三頁。

(69) Warbird ホームページ〈http://www.warbirds.jp/kyuhi/baku.htm〉(二〇一六年六月三十日アクセス)。

(70) 浄法寺『日本防空史』四〇五頁。

(71) 「水道施設戦災状況一覧表」(『水道協会雑誌』第一四〇号、一九四五年十二月)四五頁。

(72) 「建築偽装一般指針」一一三頁。

(73) 岩村「瓦斯事業に於ける工場防空対策」九六、九七頁。

(74) 「複合都市(東京・川崎・横浜)への空襲の影響」(『米国戦略爆撃調査団報告書　56』(『東京大空襲・戦災誌　第3巻』))八二一頁。

(75) 「防空偽装指導要領」。

第四章 「消防・防火」

はじめに

第一部で述べたとおり、一九三七年成立時の防空法に定められたのは八項目「燈火管制、消防、防毒、避難、救護、並びにこれらに関し必要な監視、通信、警報」（防空法第一条）であった。一九四一年に防空諸情勢の変化と防空法施行の実際とにかんがみ、現下の国際情勢に則応するため、「偽装」「防火」「防弾」「応急復旧」が、追加された(1)。それまでも「消防」という項目がありながら、「防火」を特に加えたのは、火災発生後に、これを鎮圧する「消防」に対して、火災を未然に防止しまたは、火災の拡大を防止するための予防的な措置を加えたためで、木造建築の防火改修や家庭防空隣保組織（隣組）の家庭応急防火（以下、「応急防火」）が、その例であるとされた(2)。その火災に対抗する手段としての「木造建築の防火改修」については、防火改修が徹底されなかったことを第二部の第三章で述べた。

黒田康弘は、整備されていた消防対策は、「施設・設備が不備で（中略）、『消防業務に長年経験のある、健康で丈夫な男達が軍役に引き出された』」状況であったと述べている(3)。そのような状態で実際に焼夷弾攻撃に対処したのは、家庭防空隣保組織（隣組）による「応急防火」であった。本章では、この「応急防火」の成り立ちについて述べ、市民に与えられた任務を整理する。そして、その任務をどのように遂行したのかを東京都における空襲記録から分析し、

「消防」の項目として整備された常設の消防機関による成果とあわせて数的な分析を含めて論じていく。

対象となる焼夷弾については、第二部の第二章「空襲判断」で記述したが、再度ここで述べておく。

内務省編『時局防空必携（昭和十八年改訂版）』によれば、通常使用されるのは二キロ・一〇キロ・二〇キロ・五〇キロ級の焼夷弾で、「油脂」「エレクトロン」及び「黄燐」の三種類があった。(4) それぞれの違いは、含まれている焼夷剤によるもので、焼夷剤の違いによって燃え方が異なる。「油脂」はいわゆる油が入っていて黒煙を上げて油が燃え、さらに周囲に燃えながら飛散する。「エレクトロン」はアルミニウム混合物であり、三、〇〇〇度くらいの高熱を出して激しく燃える。そして「黄燐」は、黄燐を硫酸で溶かしたものが使われ、大音響を立てて発火し、黄燐の火の粉が四方に散る。(5)

一方、米国側が実際に使用した焼夷弾には、Ｍ47、Ｍ50及びＭ69という名称がつけられていた。(6) Ｍ47は大型で、当時日本では五〇キロ油脂焼夷弾と呼ばれていた。(7) Ｍ50は二キログラムのエレクトロンと考えられる。Ｍ69は、日本本土攻撃用として開発され、重量六ポンド（二・七キログラム）で、二キロ油脂焼夷弾と分類できるが、三八発をまとめて投下し、上空で収束帯がはずれて散乱することから、当時、日本側では親子焼夷弾とも呼ばれていた。(9) このＭ69は、焼夷剤としてナパーム（油脂）が使われていたが、着地後に信管が作動して火のついたナパームをまき散らすものであり、その燃え方から黄燐と思われていたとも考えられる。なお、Ｍ47は大型で一斉に火災を起こし、常設消防機関でなければ消せない火災を発生させることを目的としていた。(10) いずれの焼夷弾についても当時の日本側の認識に大きな錯誤はなかったと考えられ、これに対して、日本側はどのような対処を考えていったのであろうか。

一「応急防火」の成り立ち

本書では何度か参照している、土田宏成の『近代日本の「国民防空」体制』に、防空法の制定と「国民防空」体制の成立の過程が、まとめられている。[11] ここからの抜粋を中心に「応急防火」の成り立ちについて述べる。

第二章「燈火管制」で述べたように、防空法の成立前においても防空演習は各都市で実施され、そのなかで一般市民を巻き込んだ訓練は、一九一九年に海軍の横須賀鎮守府が実施した防空演習における「燈火管制」が最初であった。このとき火災に対しては、防護団[12]が対処訓練を実施した。

一九三四年、東京市の防空演習（九月一日及び二日）に先立ち、八月十六日、東京の戸山原において陸軍科学研究所が、防護団、消防、警察官などに対して、焼夷弾の効力の正確な認識と適切な消火法について教示した。さらに八月三十一日、横浜公園野球場において、一般市民に対しても教示した。[13] この様子は、一九三四年十月発刊の『偕行社記事』に東京警備司令部の寄稿記事として掲載された。また同誌には、陸軍科学研究所による、「焼夷弾に対する認識及処置に就て」という記事が掲載されており、市民に示されたのは、この記事の内容であったと考えられる。そこでは、焼夷弾に対する処置について、「焼夷弾其物の燃焼を消火するよりも、焼夷弾に依り第二次的に惹起する延焼を防止するを以て防火の第一義とせざるべからず」と書かれていた。

さらに、焼夷弾による都市への攻撃は、「少量の無数の焼夷弾を其都市の有する消防能力以上に分散的に投下する」とし、「市民自ら消防の処置を講ずること緊要なり」とされた。[14] 焼夷弾攻撃に対しては市民の手に余るものを常設消防機関（消防署及び防護団・警防団をさす）が支援するのではなく、常設消防機関の足りない部分を市民の処置に頼ることになっていたと言える。同年の防空演習では、市民への「燈火管制」の徹底を期し、その他は、各区ごと（神田区、京橋区など）、防護団が、火災、毒瓦斯、救護及び避難などの演習を実施した[15]。

翌一九三五年七月六日及び七日に実施された三市（東京市、横浜市、川崎市）連合防空演習において、演習開始にあたっての挨拶のなかで東京市総合防護団長の牛塚虎太郎は、「焼夷弾の初期防火及毒瓦斯に対する市民各個の訓練に重点を置きました」と述べた。「初期防火」（後に「応急防火」と呼ばれるようになる）という言葉は、前年の東京市の防空演習では使用されず、この三市連合防空演習で初めて使用された。それまでは、「所謂家庭消防」と言われていた[16]。そして、純粋に一般市民による焼夷弾火災対処を訓練の対象としたのも、この一九三五年の三市連合防空演習が最初であった。演習終了後の挨拶で牛塚は、「特に焼夷弾に対する処置は、分秒を争って処置する必要があり、防護隊員や消防隊員が駆け付ける前に向う三軒両隣の人々が見付け次第、馳せ寄って防火に努め初めて大事に至らずに済む」と述べた[17]。これは、防空法成立の二年前から、焼夷弾に対する「初期防火」は市民の任務とされていたことを示している。

一九三六年の演習も前年と同様に、三市防空演習として七月二十一日から二十三日にかけて実施された。この演習の重点のひとつに「市民の訓練は敵機の焼夷弾攻撃に対する個々の家庭防火と防護団との協同動作常設消防機関との連携を演練し併せて市民の□急防災準備及其実施（個人及家庭）」（□は判読不能）が掲げられ、市民訓練を強化する旨が述べられた[18]。さらに、「消防署長の焼夷弾に因る火災防火に関する講話」が実施された[19]。このように、空襲火災に対する対処としては、市民の「初期防火」が明確に期待されるようになっていった。

一九三六年六月、日本橋消防署長の栗原久作によって、江戸時代の五人組制度を参考にした家庭消防組織の設立が提唱された。栗原は、火災を大きくしないためには、早く発見し、処理することが大事で、焼夷弾攻撃に対処する方法は、「家庭消防組織」以外にないと唱えた[20]。

第一章でも述べたが、この家庭消防組織は東京市にあっては、一九三七年に「家庭防火群組織要綱」として制度化され、一九三七年八月までに「家庭防火群」が組織された(21)。一方、一九三九年の内務省発画第一〇八号「家庭防空隣保組織に関する件」によって、「家庭防空隣保組織要綱」が示され、「家庭防空隣保組織は（中略）応急的自衛消防の強化充実を急務とするものなるに鑑み防空に関する自主的自衛的機関たらしむること」とされた(22)。その名称は地方の実状に応じ適宜とされていたことから、東京市にあっては、「家庭防火群」が、一九三九年九月に「隣組防空群」に改組された(23)。

二　市民の任務

（一）「初期防火」と「応急防火」

一九四三年当時、東京都防衛局長の職にあった菰田康一（陸軍中将）の『防空読本』によれば、火災の初期とは、火に勢いがつくまでのことで、火事の子供である。木ばかりのバラックなどは二分間位でこの期間が終わる。また、「防火」は火事にならないようにすること、「消火」は火事を消すことで、これを一緒にしたのが「消防」とある(24)（筆者註：消防＝防火＋消火）。焼夷弾への対処は、焼夷弾が建物に引火して火事にならないうちに消すので、「消火」ではなく「防火」とされていた。前述したように「初期防火」という言葉は、一九三五年の演習から使われていた。

また、「消防」のコツとしては、「火がまだ勢ひの強くならない最初の間、即ち五分間位の間に、さつと消し止め」、さらに、「隣組防空群が火事を消すのは、……『初期』の間」という記述があり(25)、これは、今で言うところの「初期消火」と考えることができる。

「応急防火」という言葉は、一九四一年の法改正により使用され始めたもので、防空法第八条に追加された。そこでは、「建築物に火災の危険を生じたるときは（中略）応急防火を為すべし」（昭和十六〈一九四一〉年改正防空法第八条の五）と市民に対しての義務が明記されていた。(26)「建築物に火災の危険を生じたるとき」とは、火災に至る前であるので、「応急防火」というのは、「初期防火」と同じ意味と考えて良い（以後本書では「応急防火」という用語を使用するが、当時の警視庁の指導書や報告書などでは、「初期防火」が使われており、明確に統一されていなかったようである。引用する際は、原文のまま使用する）。

すなわち、焼夷弾が他の可燃物に引火する前に行う「応急防火」、及び他の可燃物に引火しても初期の段階で火を消す「初期消火」が、市民に与えられた大きな任務であった。内務省発刊の空襲対処マニュアルである『時局防空必携』には、どんな焼夷弾でも、水を周囲の燃えやすいものにかけて、延焼を防止することが第一であると示された。まず、燃え移ろうとする所に水をかけ、火災の広がるのを防ぐ（筆者註：応急防火）。次に燃えている箇所に周囲から逐次水をかけて消すこと（筆者註：初期消火）であった。(27)

(二) 「応急消防」

前述した「家庭防空隣保組織要綱」では、その組織の任務として「都市に於ては応急消防に重点を置」くとされ、ここで「応急消防」という言葉が、初めて使われた。この言葉は他の文献等には全く使われていない言葉で、家庭防空隣保組織ができることによって、「初期防火」を超えるような任務が付与されたように思える。しかし、この要綱は、組織を作ることに関してのもので、「行動の指導統制は市町村長警察消防署長各其の該当する防空業務に応じ之に当たること」(28)とされているので、防空業務を実施するという点では、防空法の法体系に基づく指導がなされる。つまり、内務省の出した要綱は、「応急消防」という言葉を新たに作り、防空法で示される市民の義務を超えた義務を市民に課したものではないと解釈できる。

(三) 延焼防止

『防空読本』では、隣組防空群が火事を消すのは、「初期」の間で、「中期」となると、もう素人の手にはおえないので、火事が初期から中期に移って天井やひさしに火の手が廻るような気配だったら、すぐに警防団なり消防署なりの応援を受けなければならないとされている。[29] そして、『時局防空必携』では、隣組長は隣組の力で防火の見込みがないと思うときは、警防団や消防署の応援を求めることとされていた。[30] つまり、中期の火災を消すのは、市民ではなく消防機関の役割であった。さらに、「何でも自分たちだけで消さう――といふ心がけは尊いが、火事にかぎつては負け惜しみは禁物である」とも書かれている。[31] これは、『東京大空襲・戦災誌』で述べられているような「都民には、絶対に逃げることのできない防火義務が、法律として、頭の中にたたきこまれていた」[32] という記述とは相反する。

「中央防空計画」によると、「防火活動中消防機関の来着したる時は其の作業を之に委ね其の指示に従ふものとす」(「中央防空計画」第百九十二条)と規定されている。[33]『時局防空必携』では、火災になっても、警察消防官吏や警防団の指図があるまで、飽くまで消火や延焼防止にあたるとあり、さらに、消防隊や警防団が到着したら、その指図に従って「消防」の補助にあたるとされた。[34] ここで消防隊や警防団から受ける指図が、何を意味しているのかは、いくつかの文献に記述がある。

内務省防空総本部指導課が発刊した『対空消防』では、「初期防火の着手が手遅れになつたり又は失敗して若し一軒一戸が炎に包まれ延焼拡大した場合は残念ながら、防火戦士も後退せざるを得ないことも当然考へて置かねばならない。(中略)焼けて居る建物は相手にせず、其の隣接する周囲の建物に飛び込んで軒先から地上まで火炎の降り掛かる面に対し、内外水幕を張る」と記述され、「延焼防止」にあたることとされていた。(35) また、「一軒一戸が全焼状態になれば、いかに勇敢な戦士でも家庭防火の装備では歯が立たない」と市民による防火活動の限界も述べられている。(36)

さらに、警視庁消防課長池田保吉は、「家庭防空の実際」(大日本防空協会編さん『一億人の防空』)において、「其の活動(筆者註：初期消火活動)が効を奏し得ないで火災となり、警防団又は官設の消防隊が出動来着して行動を開始した時には第一線を退いて消防隊の要求による援助を為し又は飛火警戒等に当たるべき」と、ここでも、手に負えない場合には、「飛火警戒」すなわち、延焼防止に廻ることが任務とされた。(37)

(四)「退去」「避難」「待避」「緊急避難」

「退去」「避難」「待避」という言葉と、法律上、法令上の運用には、流動的で混乱があったことを青木哲夫が、「日本の民防空における民衆防護」でまとめている。(38) それを踏まえた上で、「応急防火」に関連のある、「待避」と「緊急避難」について整理する。

「待避」とは、「各自が最大限に防空活動をするために、其れに先だつて徒らに無益の危難を受けないやうに持場の直ぐ近くで、一時的に掩護物下に入つて待避して居ることを謂う」(39) とあり、『時局防空必携』にも、敵機がきたら「予定の待避所で待避する」(40) と書かれている。

つまり「待避」とは、焼夷弾の直撃を逃れるために一時的に避難することで、敵爆撃機による投弾が終われば、市民は待避所(待避壕)から出て、焼夷弾火災を防ぐために戦わなければならなかった。

「緊急避難」は、防空法、同施行令、「中央防空計画」には記載されていない用語である。防空法の規定は、「応急防火」の義務を述べているだけで、一般的に退去、避難を禁止していたわけではない。『時局防空必携』には、緊急避難についての記載はない。これについて、青木は次のように述べている。

防空法の文言上、退去や避難が一般に禁止されていたわけではないということは、民衆の防護・安全に一定の配慮があったことを意味するものではない。それは防空態勢の体系性欠如(無責任)を示すとともに、まぎらわしい表現は退去・避難が禁止されているように一般に受け取られ、特に下部防空指導者に避難禁止のかたくなな態度をとらせる要因を作り出す結果ともなった。[41]

そのような避難禁止のかたくなな態度をとった事実は確かにあった。東部軍管区司令部「三月十日帝都空襲ヲ中心トスル民防空戦訓」によれば、一九四五年三月十日の空襲（筆者註：東京大空襲をさしている）における戦訓として、「四囲猛火に包囲せられ乍ら尚且つ、隣組消火を強要し待避を許さず、又適切なる指導もせず、遂に焼死に至らしめたる例あり（亀戸六丁目）」と記され、避難禁止のかたくなな態度によって死に至らしめた例が記録されている。しかし、それが全ての下部防空指導者の態度を示しているとは言えない。なぜなら、それは「大局的指導を誤らざること必要なり」と戦訓では、その行動を戒めているからである。[42]

内務省『防空法関係法令及び例規』のなかの「指導要領」には、「退去、避難及待避指導要領」が記載され、緊急避難については、「空襲に因る火災、毒瓦斯等の被害発生の為已むを得ざる者空地其の他の地域に避難する」こととされている。[43]また、一九四三年当時の内務省警保局警務課長であった館林三喜男が『防空総論』で、緊急避難とは「空襲に因る火災発生し、或は毒瓦斯が散布された場合、それに因る危害を避くる必要已むを得ざる者が、空地其の他の地域に避難すること」と述べている。[44]

さらに、一九四一年当時の防空総司令部参謀難波三十四（陸軍中佐）は『現時局下の防空』において、「緊急避難とは、空襲に因る火災等で被害を受けて、已む得ず避難するのを謂う」と緊急避難についての定義を述べている。[45] このように、内務省、軍いずれも緊急避難として火災から逃げることを禁止してはいなかったと言うことができる。

（五）市民による焼夷弾攻撃対処の流れ

これまで述べたことから、市民にとっての焼夷弾攻撃対処の流れをまとめる。

空襲が実行され、焼夷弾が投下されているときは、直撃の被害にあわないように待避所（待避壕）で待機する。そして、ひととおり焼夷弾がまかれ、敵航空機が直上を過ぎたならば、待避所（待避壕）から飛び出し、焼夷弾が、建物等に引火して火災になることを防ぐための、「応急防火」をする。それが叶わず、建物等に火が移ったならば、「初期消火」に努め、そこでも火を消せなかった場合は、常設消防機関（警防団、官設消防隊）の支援を要請する。そして警防団か官設消防隊が到着するまでは「延焼防止」に廻る。警防団か官設消防隊が到着したならば、その指示に従い延焼防止や補助をする。火災の勢いが強く、消火が無理で危険な状況になれば、（警防団、官設消防隊の指示により）緊急避難をする。

実際の状況はどうであったかを次項で述べていく。

三　対処の状況

圧倒的な密度で撒布された焼夷弾に対して、実際にはどのような対処がなされたのか。手記による現場の状況を述べるとともに、数的な指標として「消火率」を定義し、どの程度の対処ができたのかを数的に算出し、分析する。

(一) 数的な分析

(ア) 半焼家屋という指標

【一九四五年五月二十四日の東京空襲の際の手記】

私は思った。「なんとしてもこの家を半焼くらいにして、ここで火をくい止めなければならない」と。罹災家屋凡そ五〇戸余り、町会の三分の一程度におさえることができた。(中略)焼夷弾の直撃による四、五軒の焼失家屋の延焼を一〇軒位でくい止めなかったならば、(中略)大惨禍を招いたことと思う[46]。

この手記は、四、五軒が直撃により焼失したが、その延焼を一〇軒程度で食い止めたことで、町会全体が焼失せずにすんだことを示している。全体的には、五〇軒は被害を受けたが、延焼防止に努めたことで、被害は三分の一に押さえることができた。つまり、一〇〇軒が無事だったということである。延焼防止の実績は、多くの家屋が焼失することを防いだ実績でもある。延焼防止数という報告データはないが、半焼家屋という報告データは存在する。これは、延焼防止に努めて成功したので、半焼ですんだのであり、延焼防止をしていなければ全焼となったであろう。第二部の第二章で述べたように、米軍は気象偵察を実施した上で焼夷弾攻撃の目標を選定していることから、降雨により火災が消え半焼で済んだ可能性は考慮に値しない。

【一九四五年五月二十五日の東京空襲の際の手記】

山さんの家の二階の屋根から火が出ているとの知らせに、急いでハシゴをかけ、上にのぼって水！　水！　と叫びつづけました。隣組の皆さんの協力により、バケツリレーで水をかけ、一坪ほど焼いた程度で消しとめることができました。(47)

この家は、半焼家屋としてカウントされていると考えられる。

【一九四五年五月二十四日の東京空襲の際の手記】

塀が燃えだし、みるまに物置に火が移った。（中略）私達は口もきかず浴槽から水をくみ出し、バケツで家の中に向かって水をたたきつけた。（中略）私の耳に国道を消防車の近づく音が聞こえた。私はいつの間にか、バケツを放り出して駆けだしていた。どうして自動車をとめたのかわからない。気がついた時は太いホースの口をしっかりとにぎり、家に向かって走っていた。（中略）どのくらいの時間がたったのか。くすぶり続ける隣の家の焼跡に、私達四人は真黒な姿でたっていた。私の家は無事そこにあった。(48)

これは、隣組では手に負えない火災になって、常設消防機関の応援を呼んで自宅の火災の消火に成功した例である。同時多発の焼夷弾攻撃から逃げずに市民が「応急防火」「初期消火」に努めたからこそ、その後の官設消防機関・警防団の応援（すなわち「消防」）が有効になるのであって、半焼で消し止め延焼防止に成功したことは、「応急防火」「消防」の成果でもある。この考えに沿って、東京空襲のデータをさらに細かく分析をした。

（イ）　消火率の定義

半焼家屋数を隣組防空群の実績と考え、これを分析するために、「消火率」を定義する。

消火率＝〔半焼家屋数／（全焼家屋数＋半焼家屋数）〕×100（パーセント）

これは、被害にあった全家屋数のうち消火作業（延焼防止）に成功した家屋数の割合（百分率）と考える。これを第二部の第一章第二節で定義した爆弾・焼夷弾の比率による分類ごとに分析してみる（表11〜13参照）。

①　精密爆撃

「爆弾・焼夷弾の混合」（表11）と「爆弾のみ、または主に爆弾」（表13）の場合は、焼夷弾が少ないので、火災が発生する軒数は少なく、全体的に「焼夷弾のみ、または主に焼夷弾」（表12）と比較すると消火率は高い。

「爆弾のみ、または主に爆弾」（表13）において消火率〇パーセントのケースが三件あるが、全焼家屋が一軒、二六軒及び三軒と少ないことは、半焼家屋はないけれども、延焼防止はできたと考えられる。また、一九四五年四月三十日の立川陸軍航空廠への爆撃は、民家への被害がないので、例外とする。

すなわち、「爆弾・焼夷弾の混合」（表11）及び「爆弾のみ、または主に爆弾」（表13）においては、対象となる一四件の消火率は六〜六〇パーセントで、その多くは二〇パーセントを超えているので、消火率は高い。つまり、焼夷弾を主とした空襲でなければ、「隣組防空群」は火災に対処できていたと考えられる。これらは全て、第二部の第一章において精密爆撃として分類されているものであり、次のような手記が記録されている。

【一九四五年四月四日の東京空襲の際の手記】

表 11　「爆弾・焼夷弾の混合」(消火率)

年月日	目標	全焼家屋数(D)(軒)	半焼家屋数(E)(軒)	消火率数〔E／(D＋E)×100〕(パーセント)	爆撃の種類
1944.11.24	中島飛行機	29	9	23.68	精密爆撃
1944.11.27	中島飛行機	20	7	25.93	精密爆撃
1944.12.3	中島飛行機	20	10	33.33	精密爆撃
1944.12.27	中島飛行機	12	7	36.84	精密爆撃
1945.1.27	都市工業桟橋	508	95	15.75	精密爆撃
1945.2.19	桟橋地区	570	41	6.71	精密爆撃
1945.3.4	中島飛行機	2,365	810	25.51	精密爆撃

表 12　「焼夷弾のみ、または主に焼夷弾」(消火率)

年月日	目標	全焼家屋数(D)(軒)	半焼家屋数(E)(軒)	消火率数〔E／(D＋E)×100〕(パーセント)	爆撃の種類
1944.11.29	軽工業地区	2,773	141	4.84	エリア攻撃
1945.2.25	都市地域	19,927	368	1.81	エリア攻撃
1945.3.10	都市地域(東京大空襲)	267,171	971	0.36	エリア攻撃
1945.4.13	造兵廠地区(赤羽)	168,350	138	0.08	エリア攻撃
1945.4.15	南部都市	61,847	563	0.90	エリア攻撃
1945.5.24	都市地域	60,381	141	0.23	エリア攻撃
1945.5.25	都市地域	165,103	339	0.20	エリア攻撃
1945.5.29	都市地域	1,377	6	0.43	エリア攻撃

全焼家屋計数：746,929 軒、半焼家屋数：2,667 軒、総計の消火率：0.36パーセント。

表 13　「爆弾のみ、または主に爆弾」(消火率)

年月日	目標	全焼家屋数(D)(軒)	半焼家屋数(E)(軒)	消火率数〔E／(D＋E)×100〕(パーセント)	爆撃の種類
1945.1.9	中島飛行機	1	0	0.00	精密爆撃
1945.4.2	中島飛行機	11	1	8.33	精密爆撃
1945.4.4	立川飛行機	453	516	53.25	精密爆撃
1945.4.7	中島飛行機	4	6	60.00	精密爆撃
1945.4.12	中島飛行機	3	1	25.00	精密爆撃
1945.4.24	日立　立川	26	0	0.00	精密爆撃
1945.4.30	立川陸軍航空廠	0	0		精密爆撃
1945.8.10	造兵廠地区	3	0	0.00	精密爆撃

二人で屋根に登り、必死で水をかけた。かやぶき屋根なので火の粉が落ちるとぽっぽっと発火する。そのうち警察や警防団の人たちが来て応援してくれ、家は守り通すことができた。(49)

これは、「応急防火」に成功した例であり、焼夷弾攻撃に対処した成果である。

② エリア攻撃

一方「焼夷弾のみ、または主に焼夷弾」（表12）の場合、消火率は、九件のうち七件が一パーセントに満たない。その七件は全て、東京大空襲（一九四五年三月十日）以降である。東京大空襲以降は、急激に消火率が悪くなり、これらは「隣組防空群」の能力を超えた火災であったと言うことができる。これらは全てエリア攻撃であった。一九四五年三月以降とされるエリア攻撃は、実際には、焼夷弾の大模擬試験とされる一九四五年二月二十五日の空襲から行われており、これらの空襲（エリア攻撃）への対処は不十分であった。なぜなら、第二部の第二章で述べたように予想の一〇倍を超える落下密度での焼夷弾攻撃を受けたからである。しかし、そのなかで、どれだけの対処ができたのかを論じてみたい。エリア攻撃においては、次のような手記が記録されている。

【一九四五年五月二十四日の東京空襲の際の手記】

どんなことをしても御殿を焼いてはいけない。ただそれだけで、ご親戚の方と三人で箒でたたき、ホースで水をかけ、足で踏みつけるなど無我夢中だった。（中略）大事に至らず、また御長屋の方々が、随分とおのおののお家を消火されたので延焼せずにすんだ。(50)

これは、自らの「応急防火」「初期消火」で火災を消し止めた例である。

【一九四五年二月二十五日　東京空襲の際の手記】

物干台づたいに、隣の座敷に飛びこんで、燃え上がろうとする火の上にバケツの水をたたきつけた。（中略）障子を外しては路上へ投げ下ろして延焼を防いだ。煙にむせびながらリレーされる水をかれこれ二、三十杯もかけただろうか……。（中略）どの家からも炎を吹き上げて、熱と煙でどうにも留まっていられなくなった。「もう駄目だ。皆、早く逃げろ、残っている者はいないか？」と路上から叫び声がする。(51)

これは、消火に努め、さらに延焼防止に努めたものの、最終的に消し切れずに緊急避難をした例である（手記を書いているぐらいだから、当人も緊急避難をして無事であったことは間違いない）。

これらの手記には、官が考えた空襲への備えに沿って対処している事実がある。このことは、「敢闘精神とバケツリレー」で消せる程度の焼夷弾攻撃であれば、適切に対処し、それが不可能な場合には逃げた（「緊急避難」をした）事実が存在することを示している。

しかし、それができなかった状況も残されている。

【一九四五年四月十二日　東京空襲の戦訓事項の報告（警視庁消防部）】

三月十日の空襲戦訓は徒らに都民の恐怖心を助長せしめたる結果一部を除いては大半初期防火に敢闘の跡を認め

られず[52]

【一九四五年四月十五日　東京空襲の空襲災害状況（警視庁消防部）】

民防空は全く戦意喪失し見るべきものなく向島　江戸川　日本橋の各区を除き他は合流火災となり広範囲に亘り焼失せしめたり[53]

このように三月十日の東京大空襲を機に、市民による「応急防火」は機能しなくなったというのが、一般的な解釈である。しかし、全てがそうではなかった。

【一九四五年五月二十四日　東京空襲の空襲災害状況（警視庁警備総第一七六号）】

尚警防団隣組防空群等の士気極めて旺盛にして終始初期防火延焼防止等に敢闘せり（中略）前回大空襲時の如く徒らに逃避せんとするもの少く一般都民の士気極めて旺盛　民心概ね平静にして治安上憂慮すべき事象を認めず[54]

これは東京大空襲後であっても「応急防火」がなされ、対処し、成功したケースがあることを示している。「応急防火」などそっちのけで逃げたのも事実であろうが、人によっては自分の家を自分で守ろうという気持ちはあったはずである。次に挙げる『週報』の記事が興味深い。

【『週報』（一九四五年一月十日）「敢闘精神と初期防火」の記事】

□　長崎と東京の焼け方の異ふ一つの原因は、長崎あたりは昔から同じ土地に永く住んでゐる。さうして、だいたい自分の家に住んでをりますが、東京の方は借家人が多いから、家は焼けても他人のものだといふやうな気分で消火しないのぢやないかといふ人がありますが、さういふ気分はありますか。

●　残念ながらあるやうでございます。(55)

これは、借家人は、持ち家住民に比べると家への執着は少ないことを示している。しかし、逆に持ち家住民は、自分の家を守るために「応急防火」に努めたケースが多くあったのではないだろうか。

一九四一年の統計によれば、東京市（当時）の持ち家比率は二五パーセントである。(56)四軒に一軒は持ち家であり、東京大空襲後であっても自分の家を守ろうという人はいたはずである。それを裏づけるのが次の手記である。

【一九四五年四月十三日の東京空襲の際の手記】

「だから、各自が我が家を守り抜けば焼けずにすんだのだ。一人が一軒消し回れば守りきれたのに」と、二六年後の今も、七〇歳の父は口惜しがる。それなのに、死物狂いで消し回る二人の回りで、見向きもせずに逃げていく群れがふえた。(57)

逃げる人もあり、「応急防火」に努める人もあるという混乱の状態であった。

【須藤亮作「隣組長の手記」、一九四五年五月二十五日から抜粋】

第二部第一組の元小島氏の家の二階から火が起った、空家であったため消せなかったのである。次で隣の四丁目巡査駐在所を始め六戸が類焼したが駐在所が炎上して隣の伊藤五郎氏の教室が危険になった。私は組の手のあいている者を集め家の中から二階のはめ板へバケツのリレーで水をかけ、移るのを防いだ。バケツリレーが実戦に役立った。(58)

この手記は、バケツリレーによって延焼を食い止めることで焼失家屋を局限することができた実例である。このことは、元々人が住んでいないか、早くに避難してしまい人がいなくなった空家は消せないのが明らかなことと、「延焼防止」の措置が正しいことを表している。

「焼夷弾のみ、または主に焼夷弾」（表12）の空襲九件においては、それぞれの空襲において数百軒の半焼家屋があるので、その裏には数千軒の延焼をまぬがれた家屋があった可能性が考えられる。そして、〇・〇八～一・八四（総計〇・三六）パーセントというわずかな消火率、これが、エリア攻撃（低高度焼夷弾攻撃・大都市焼夷弾攻撃・飽和焼夷弾攻撃）に対する「隣組防空群」の活動の実績、ひいては官設消防機関も含めた「応急防火」「消防」の実績である。

四　地方都市の状況

地方都市においても状況は似通ったものと考えられ、エリア攻撃に関する記録を調査した。(59)

各自治体からの報告をまとめると、明確な回数を報告できないほど何度も空襲を受けた自治体もあるが、『戦災復興誌』の記載から整理すると空襲を受けた総数は、六一三回となる。米軍の任務飛行の回数は、三九一回で空襲を受けた数からは、はるかに少ないが、これは、一回の任務飛行で複数の自治体が空襲を受けた場合は、それぞれの自治体ごとに空襲被害が記録されているためである。

この六一三回のうち、東京及び空襲回数が多く、細部を把握することが困難な名古屋、大阪、神戸を除外すると、四三九回となる。そのうち地方都市を狙ったエリア攻撃と考えられるのは、八一回である。そこから半焼家屋の記載のあった戦災都市を抽出すると三二回分について調査ができた。この三二回の空襲における平均消火率は、四・〇六パーセントであり、東京の〇・〇八二〜一・八四(総計〇・三六)パーセントに比べると高い消火率が算出された(表14)。この理由は、家屋の密集状況が地方では緩いことが考えられる。また、地方では、大規模な焼夷弾攻撃は一回というのがほとんどであり、その一回に対して家庭防空隣保組織(隣組)などによる消火態勢が、圧倒されながらも機能した部分があったと考えることができる。

米軍は、一九四五年五月以降、空襲予告のビラを投下するようになり、七月に入ると都市名(郡山、水戸、前橋、八王子、富山、高岡、長野、大津、舞鶴、西宮、福山、久留米の一二地方都市)入りのビラを投下した。八王子には、七月十日、十一日、十四日、二十六日、二十七日、三十一日と連日のようにビラが撒かれた[60]。実際に空襲を受けたのは、一二都市のうち、郡山、水戸、前橋、八王子、富山、西宮、福山、久留米の八都市であった。このうち郡山と久留米が受けたのは、B-29によるエリア攻撃ではなく、艦載機による攻撃であった。

ビラによる予告の後、B-29による空襲を受けた六都市のうち、半焼家屋の記録があったのは、八王子、西宮市及び福山市であり、他は全焼を含めた被害総数の記録である。その八王子市の八月二日の空襲の消火率は〇・三五パーセント、西宮市の八月六日の空襲の消火率は〇・六パーセント、福山市は〇・二パーセントと地方都市の平均値四パーセントと比較するとかなり低い値となっている。ビラ配布を受けた都市は、「応急防火」「消防」の努力よりも住民の避難が優先された可能性が考えられる。

表 14　地方都市へのエリア攻撃に対する消火率

都市名	日付	B−29 機数(機)	全焼数(軒)	半焼数(軒)	消火率(パーセント)
仙台市	7.10	B−29　100	11,645	293	2.45
八王子市	8.2		14,147	50	0.35
横浜市	5.29	250	79,437	133	0.16
甲府市	7.6	編隊	17,864	230	1.27
岐阜市	7.9	71	20,303	29	0.14
浜松市	6.18	50	16,011	193	1.19
一宮市	7.13　7.28	20　260	10,395	95	0.90
四日市市	6.18	35	8,410	130	1.52
堺市	3.13		158	38	19.38
堺市	6.15		295	136	31.55
堺市	7.10		8,009	104,37	56.58
姫路市	7.3		10,248	39	0.37
明石市	7.7		9,075	104	1.13
西宮市	6.5	350	1,207	28	2.26
西宮市	6.15	300	308	32	9.41
西宮市	8.6	数次	13,464	86	0.63
芦屋市	8.6		2,732	87	3.08
岡山市	6.29	50 〜 70	24,232	800	3.19
呉市	7.1	80	22,052	116	0.52
福山市	8.8	大群	10,154	25	0.24
徳山市	合計 2 回		4,590	32	0.69
宇和島市	7.12	40	2,100	62	2.86
宇和島市	7.28	30	3,900	40	1.01
高知市	7.4	50 〜 80	12,031	169	1.38
門司市	6.29		3,616	99	2.66
佐世保市	6.28	30	12,037	69	0.56
宮崎市	3 回分	8.10 〜 8.12 の合計	1,991	22	1.09
合計			320,411	13,574	4.06

※自治体は当時の名称。

五　考　察

「応急防火」「消防」は、黒田の述べた、「木造家屋密集都市の改造が進まぬまま戦争に踏みきり、空襲による大火災発生の危険を予知していたにもかかわらず、消防の基本的な態勢がまったく整備されていなかった」[61]という環境下にあって、現場の実績はどうであったのか。

(一)『USSBS報告』から(Neighborhood Group：隣組)

米軍の圧倒的な空爆に対して、日本の防空体制が無力であったことは、多くの研究者が認めており、東京をはじめとして、荒廃した各都市の状況がそれを明らかにしている。しかし、『USSBS報告』のSPECIAL CIVILIAN DEFENSE AGENCIESの項目のなかに、"Neighborhood Groups"として次の記述がある。

日本の民防空組織のほとんどにおいて、最も徹底した協力的で効果的な活動は、飽和焼夷弾攻撃に対処するには不十分だった。一九四五年三月から戦争終結までの空襲で多くの死傷者と混乱があったのは、空襲が、その対処能力を遙かに超えたものであり、それは当然の結果である。しかし、論理的には、この組織がなかったならば、はるかに多くの人命と財産の損失となっていたと言える。[62]

家庭防空隣保組織(隣組)の「敢闘精神とバケツリレー」による防火活動に対して、米国は主観的な表現であるが、この組織の効果を認めている。

この家庭防空隣保組織（隣組）、東京にあっては、隣組防空群と称された組織は、一九四五年三月より前にあっては、都市の民家を焼失させるための爆撃が主ではなかったこともあり、多くの場面で対処していた。一九四五年三月以降にあっても、爆弾を主とした空襲に対しては、隣組防空群は機能していた。このことは、国家総動員体制の下、戦争が遂行されていたことから、日本全国においても同様であると考えることができる。すなわち、対象となる爆撃は、

表15　「消火」と「防火」の効果　（単位：回）

	昼間		夜間		計
	高々度	低中高度	高々度	低中高度	
精密	34	135	5	24	198
エリア	1	8	0	69	78
気象偵察	10		36		46
艦載機	23				23
計	211		134		345

網目の部分に効果があった。
その他に機雷敷設：46回。
＊2万フィート以上を高々度、それ以下を低中高度とした。

三四五回中、精密爆撃一九八回（昼一六九回、夜二九回）、気象偵察機による投弾四六回、艦載機による攻撃二三回の合計二六七回の爆撃に対して、対処していたと言える（表15の網掛け部分）。

焼夷弾を主とした空襲にあっては、予想の一〇倍を超える焼夷弾の落下密度は、対処能力をはるかに超えたものであった。このため、多くの死傷者を出し、大きな混乱があった。対象となる爆撃は、エリア攻撃七八回（昼九回、夜六九回）である。

しかし、「応急防火」「消防」の活動は、皆無ではなかった。焼夷弾による火災に対して、東京都にあっては、数百軒の半焼家屋が成果である。そして、そこから導かれる総被害家屋数の〇・〇八二〜一・八四（総計〇・三六）パーセントという消火率、地方都市にあっては四・〇六パーセントという消火率が、「応急防火」「初期消火」及び「延焼防止」並びに「消防」の実績である。

予想の一〇倍もの焼夷弾攻撃に対して、「応急防火」「消防」の努力があったこと、そして、わずかではあるが、それに成功した実績があること、すなわち

市民と官設消防機関の努力は無駄ではなかった。

(二)「消防・防火」の数的な検討

これまで算出した数値から、数的な分析を実施し、「防火・消火」による実績を見出してみたい。罹災者に占める死者の割合からの考察を試みるため、犠牲率という指標を定義し、これを分析する。

犠牲率＝(死者数／罹災者数)×100(パーセント)

と定義する。

ここで第二部の第二章で分類された「爆弾・焼夷弾の混合」(表4)、「焼夷弾のみ、または主に焼夷弾」(表5)、「爆弾のみ、または主に爆弾」(表6)を使用して、これに犠牲率を加え、さらに本章の表11〜13をそれぞれあわせて、表16〜18を作成した。

犠牲率は空襲の被害にあった人(罹災者数＋死者数)のうち、死者数の割合を示す指標である。値が小さいほど、家は焼かれても無事逃げることができた人が多いことを示している。また傷者は罹災者の内数と考える。

「爆弾・焼夷弾の混合」(表16)及び、「爆弾のみ、または主に爆弾」(表18)の犠牲率は二・〇九〜八五・八五パーセントと高く、「爆弾・焼夷弾の混合」と「爆弾のみ、または主に爆弾」の合計件数一五件のうち一〇パーセントを超えるケースが一〇件ある。一方、「焼夷弾のみ、または主に焼夷弾」(表17)の場合は約〇・二三〜八・三一パーセントで、東京大空襲の八・三一パーセントは突出して値が大きい。その他は一パーセント未満にとどまる。

爆弾を多く含む場合の犠牲率は、焼夷弾攻撃の犠牲率に比べ格段に高い。これは死傷者の多くは、爆弾の直撃によるものであることを表している。たとえば、避難壕を直撃したり、近くに落ちて防空壕内で生き埋めになるケースで

表16　爆弾・焼夷弾の混合(犠牲率、消火率)

年月日	目標	死者数(A)(人)	傷者数(B)(人)	死傷者数(A+B)(人)	羅災者数(C)(人)	犠牲率(A/C×100)(パーセント)	全焼家屋数(D)(軒)	半焼家屋数(E)(軒)	消火率〔E/(D+E)×100〕(パーセント)
1944.11.24	中島飛行機	209	311	520	1,325	15.77	29	9	23.68
1944.11.27	中島飛行機	41	48	89	486	8.44	20	7	25.93
1944.12.3	中島飛行機	185	240	425	687	26.93	20	10	33.33
1944.12.27	中島飛行機	51	105	156	578	8.82	12	7	36.84
1945.1.27	都市工業桟橋	540	911	1451	4,296	12.57	508	95	15.75
1945.2.19	桟橋地区	163	223	386	3,802	4.29	570	41	6.71
1945.3.4	中島飛行機	650	353	1,003	14,186	4.58	2,365	810	25.51
合計		1,839	2,191	4,030	25,360	7.25	3,524	979	21.74

表17　焼夷弾のみ、または主に焼夷弾(犠牲率、消火率)

年月日	目標	死者数(A)(人)	傷者数(B)(人)	死傷者数(A+B)(人)	羅災者数(C)(人)	犠牲率(A/C×100)(パーセント)	全焼家屋数(D)(軒)	半焼家屋数(E)(軒)	消火率〔E/(D+E)×100〕(パーセント)
1944.11.29	軽工業地区	32	126	158	9,112	0.35	2,773	141	4.84
1945.2.25	都市地域	195	431	626	78,285	0.25	19,927	368	1.81
1945.3.10	都市地域(東京大空襲)	83,793	40,918	124,711	1,008,005	8.31	267,171	971	0.36
1945.4.13	造兵廠地区(赤羽)	1,822	4,980	6,802	708,983	0.26	168,350	138	0.08
1945.4.15	南部都市	707	1,464	2,171	241,713	0.29	61,847	563	0.90
1945.5.24	都市地域	559	3,993	4,552	238,376	0.23	60,381	141	0.23
1945.5.25	都市地域	3,597	17,899	21,496	620,125	0.58	165,103	339	0.20
1945.5.29	都市地域	41	116	157	7,692	0.53	1,377	6	0.43
1945.8.2	八王子	225	221	446	75,216	0.30	14,147	50	0.35
合計		90,971	70,148	16,1119	2,987,507	3.04	761,076	2,717	0.35

表18　爆弾のみ、または主に爆弾(犠牲率、消火率)

年月日	目標	死者数(A)(人)	傷者数(B)(人)	死傷者数(A+B)(人)	羅災者数(C)(人)	犠牲率(A/C×100)(パーセント)	全焼家屋数(D)(軒)	半焼家屋数(E)(軒)	消火率〔E/(D+E)×100〕(パーセント)
1945.1.9	中島飛行機	28	31	59	92	30.43	1	0	0.00
1945.4.2	中島飛行機	224	23	247	821	27.28	11	1	8.33
1945.4.4	立川飛行機	710	483	1,193	827	85.85	453	516	53.25
1945.4.7	中島飛行機	44	15	59	100	44.00	4	6	60.00
1945.4.12	中島飛行機	94	34	128	不明	---	3	1	25.00
1945.4.24	日立　立川	246	267	513	400	61.50	26	0	0.00
1945.4.30	立川陸軍航空廠	11	19	30	30	36.67	0	0	
1945.8.10	造兵廠地区	194	292	486	9,302	2.09	3	0	0.00
合計		1,551	1,164	2,715	11,572	13.40	501	524	51.12

ある。そして、爆弾による被害は大きな火災につながらないため、高い消火率になり、家を焼かれて罹災する人が少ないので、分母が小さくなり、犠牲率は高くなる。そして死者数は、焼夷弾の場合に比べて少ない。

「焼夷弾のみ、または主に焼夷弾」（表17）の場合、東京大空襲の犠牲率は八・三一パーセントで、格段に高い。それ以後の犠牲率は、〇・二六〜三・〇五パーセントで、それ以前の軽工業地区（一九四四年十一月二十九日）の〇・三五パーセントや都市地域（一九四五年二月二十五日）の〇・二五パーセントと比較して、大きな変化は見られない

「爆弾のみ、または主に爆弾」（表18）の場合、爆弾による空爆は、全て軍事的目標への精密爆撃である。そこから外れた爆弾は市民に被害を及ぼしたが、爆弾による火災の被害は少なく消火率は高い。そして罹災者が少なくなり、直撃弾による死者が多くなるので、結果的に犠牲率は高くなった。

焼夷弾攻撃にあっては、多くの範囲が焼かれ、罹災者が増大するので、犠牲率は爆弾攻撃に比べるとはるかに低い値になる。また消火率が低いのも特徴である。一九四五年三月十日の東京大空襲は、人的被害が極めて大きく、犠牲率は、八・三一パーセントで「焼夷弾のみ、または主に焼夷弾」のなかの他の空襲に比べて格段に高い（表17）。これは、例外と考える。東京大空襲は、警報も遅れ、予期しない時刻（東京にとっては初の夜間の空襲）でもあり、多くの犠牲を出した。しかし、その後は、教訓を生かしたり、引き続き訓練も続けている。また、火を消さずに逃げるようになったとも言われている。

ここで、民防空政策がなかったならば、以後の焼夷弾を主とした空襲についてどのくらいの被害が出たのかを推定してみる。その比較を行うために、防空法制定前、一九三四年三月二十一日の函館大火との比較で、算出する。函館大火は、死者二、一六六人、罹災者一〇二、〇〇一人を出した大火災である。[63] 防空法制定前であることから、隣組によって自ら火災を消火するような規定もなかったであろう時期である。この函館大火の犠牲率は二・一［(二一六六

／一〇二〇〇一）×一〇〇〕パーセントである。もし、空襲被害の局限という政策や組織がなく、また、そのための訓練がなされていなければ何度も同じことが繰り返され、この二・一パーセントという犠牲率が発生すると仮定することができる。

これを東京都における、「焼夷弾のみ、または主に焼夷弾」による爆撃にあてはめ、さらに地方空襲においても同様にあてはめてみる。

犠牲率を二・一パーセントとした場合、東京大空襲以後の空襲については、表17の一九四五年四月十三日以降の罹災者の合計数（一、八九二、一〇五人）の二・一パーセント、すなわち、約四万（三九、七三四）人の死者が発生したと推測することができる。実際の死者は、六、九五一人なので、新たに約三・三万（三九七三四－六九五一＝三二八一九）人の死者が発生、言いかえれば東京都における民防空政策は、少なくとも約三・二万人の命を救ったと考えることができる。

地方空襲においては、その被害のうち、焼夷弾攻撃と考えられるのは、罹災者が多いケースであり調査の結果、これは五九項目あった（表19参照）。そして、罹災者数の合計は、二、七九九、六六九人、死者は若干傷者を含む数字で三〇、八七二人である。ここで二・一パーセントの死者が出ると仮定すれば、五八、七九三人すなわち、さらに約二・八万（五八七九三－三〇八七二＝二七九二一）人の死者が発生、言いかえれば二・八万人の命が失われずにすんだ。さらにこれを東京都の数字とあわせると三・二万＋二・八万＝約六万人の命を救ったと言うことができる。

罹災者とは、家を焼かれながらも空襲で生き残った人々であり、生き残ったのは、防空壕、消防、防火、救護、避難、隣組の活動など民防空政策に何らかの効果があったからである。松浦総三『天皇裕仁と地方都市空襲』は、一九四五年三月十日の東京大空襲後の四月十三日の東京空襲の死者はなぜ少ないのかを次のように記している。

表19　地方空襲におけるエリア攻撃の被害　（人）

都市名	日付	B−29機数など	死者数	重傷者数	軽傷者数	重軽傷者数	行方不明者数	死傷者数計	罹災者数
青森市	7.28	60機、焼夷弾	747			300		1,047	74,258
仙台市	7.10	B—29　100機	901			1,689		2,590	57,321
水戸市	8.2	焼夷弾	242	144	1,149			1,535	41,100
前橋市	8.5	60機、焼夷弾	535			600		1,135	60,738
宇都宮市	7.12	70機、焼夷弾	521			1,128		1,649	47,976
熊谷市	8.14	B—29　10機	234			3,000		3,234	15,390
八王子市	8.1～8.2	焼夷弾	396			2,000		2,396	73,500
横浜市	4.15	200機、焼夷弾	345			654	2	1,001	80,362
横浜市	5.29	250機、焼夷弾	3,650			10,198	309	14,157	311,218
長岡市	8.1～8.2		1,143			809		1,952	63,160
富山市	8.1	B—29　70機	2,275			7,900		10,175	109,592
福井市	7.19	120機	1,576	481	1,086			3,143	92,300
敦賀市	7.12	100機の一部	123			186		309	19,300
甲府市	7.6	編隊、焼夷弾	82	345	899		42	2,112	78,952
岐阜市	計2回		863			515		1,378	86,197
大垣市	7.29	焼夷弾	50			100		150	30,000
静岡市	6.19	100機、焼夷弾	1,169			600		1,769	114,000
豊橋市	6.20	焼夷弾	624					624	75,000
岡崎市	7.20	80機	203			327	13	543	32,013
一宮市	7.13	20機、260機	727			4,187		4,914	41,027
四日市市	6.18	35機、焼夷弾	死者・行方不明者数799			1,500		2,299	47,153
伊勢市	7.28	焼夷弾	75			117		192	22,600
桑名市	計2回		416			364	51	831	28,754
堺市	3.13	焼夷弾	4	8	8			20	776
堺市	6.15	焼夷弾	8	29	28			65	1,325
堺市	7.10	焼夷弾	1,860	223	749			2,832	70,000
姫路市	7.3	焼夷弾	173	41	119		4	337	45,182
尼崎市	計7回		479	709		1,188		2,376	43,282
明石市	7.7	焼夷弾	360	57	133		7	557	36,410
西宮市	計2回		716			1,470		2,186	56,831
芦屋市	8.6		89	44	85		2	220	16,397
和歌山市	7.9	50機、焼夷弾	1,101			4,438	207	5,746	82,625
岡山市	6.29	50～70機、焼夷弾				912		912	100,507
福山市	8.8	大群、焼夷弾	192			393		585	47,326
下関市	7.2	焼夷弾360t	307			774		1,081	38,692
宇部市	7.2	焼夷弾						0	24,277
岩国市	8.14	爆弾	479			85		564	5,650
徳山市	計2回		482			469		951	16,512
徳島市	7.4	80機	900			2,000		2,900	70,295
高松市	7.4	90機	927			1,034		1,961	86,400
今治市	8.4	60機						0	34,234
高知市	7.4	50～80機	401	95	194		22	712	40,937
福岡市	5.19～20	60機、焼夷弾	902	586	492		244	2,224	58,375
門司市	6.29	焼夷弾	55			92		147	16,337
大牟田市	6.18	大編隊，焼夷弾	死傷者数 360					360	12,700
大牟田市	7.27	60機、焼夷弾	死傷者数 867					867	41,088
佐世保市	6.28	30機焼夷弾	1,030			336		1,366	60,734
都城市	8.6		86			43		129	17,284
延岡市	6.29							0	15,233
鹿児島市	6.7	焼夷弾	2,316			3,500		5,816	66,134
枕崎市	7.29		75			20		95	11,084
垂水町	20.8.5		74			42		116	9,308
合　計			30,872						2,799,669

各自治体史などから筆者が調査（東京、名古屋、大阪を除く）。※自治体は当時の名称。

この日投下された焼夷弾は二一四〇トン。この数字は三月一〇日に投下された焼夷弾の一七八三トンよりも三五七トンも多いのだ。ところが三月一〇日の死者は約一〇万人だったが、四月一三日爆撃の死者は二五〇〇名であった。（中略）要するに空襲が始まったら都民は防火などそっちのけで逃げてしまったのである。だから死者が少なかったのである。(64)

空襲が始まったならば、応急防火などせずに逃げたので、犠牲者が少なかったという手記は、民防空政策を身をもって批判しているように思われるが、空襲が始まったことを知る重要な手段は、空襲警報である。この空襲警報が鳴っていること自体、防空法を中心とする民防空政策のひとつであり、それによって逃げることができたのであれば、それは民防空政策の効果があったということである。

また、逃げずに消火にあたって犠牲になった数を人的な代償と考えることはできるが、その数を明らかにすることは不可能である。しかし、その数は、空襲で犠牲になった数とイコールではない。それよりもはるかに少ないことは確かである。これを表17の東京都における「焼夷弾のみ、または焼夷弾による」爆撃での犠牲率から考察してみる。

一九四五年三月十日の東京大空襲を除いては、これらの空襲による犠牲率は一パーセントに満たない（最大〇・五八パーセント）。つまり、家を焼かれても九九パーセント以上の人は、逃げて生き延びたと考えることができる。たとえ、空襲で犠牲になった数が全て、防火に従事していたと考えても、九九パーセント以上の人は無事に逃げることができ、家を失い、罹災者となっている。この九九パーセント以上の人が逃げることができたこともまた、民防空政策の効果、実績及び成果であると言える。

まとめ

「消防・防火」にあっては、効果はあった。その成果は、エリア攻撃以外の空襲にあっては、機能し、火災を消し止めることができた。エリア攻撃にあっては、半焼家屋の数が成果である。予想の一〇倍もの焼夷弾攻撃に対して東京では〇・三六パーセント、地方都市で四・〇六パーセントという消火率が実績である。

機関消防としての消防活動がいかに迅速に処置したとしても、同時に発生する焼夷弾による火災に対処することはできない。同時発生する火災に対して、家庭防空隣保組織（隣組）を基本とした防火体制が整っていなければ、火災の拡大を防ぐことはできない。その重要性は現在でも変わらない。

戦時中は、市民に与えられた義務として、応急防火（初期防火）という言葉が使用されていたが、現在この言葉は使われていない。今日の防火・防災にあっては、初期消火という言葉が使われる。各自治体の消防局ホームページなどでは、「炎が天井に届かない程度の火災ならば、家庭用の消火器で消すことができます[65]」と、これを初期消火と称し、その重要性を説いている。

菰田康一『防空読本』では、初期の火災を「火に勢ひがつくまでのことで、火事の子供である」と定義していたが、今日では、「天井に炎が届かない程度の火災で、家庭消火器などで消火可能な状態」が初期の火災である。その段階で家庭用消火器などで消火するのが、今日の初期消火である。その初期消火は、誰が、どのようにすべきなのか。東京都震災対策条例では、第二十五条に以下の規定がある。

都民は、火気を使用するときは、出火を防止するため、常時監視するとともに地震時の出火に備え、消火器等を配備し、初期消火に努めなければならない[66]。

また、渋谷区のホームページでは、

消防車にも限界があります。

ふだんなら、火災を見つけたら、すぐに一一九番通報、です。しかし、同時に多くの火災が発生する震災では、消防署の対応能力にも限界があります。まだ燃え広がる前に、自分たちで消す。これが、最も被害を小さく抑える方法です[67]。

と書かれている。平和な現代にあっても同時に多くの火災が発生する震災においては、消防署では手が回らないので市民の初期消火に期待している。

隣組に応急防火・初期消火という任務がなく、市民が全員避難してしまったならば、常設消防機関以外に消火作業をする組織はいなくなることから、多くの家屋が焼失し、さらに多くの罹災者が発生すると予想される。

それは、防空法制定前、一九三四年三月二十一日の函館大火との比較で、犠牲率という指標を定義して算出した結果、東京都の場合で、少なくとも約三・二万人、地方空襲においては、約一・八万人の命が失われずに済んだと算出した。この実績から、「消防・防火」は、国民保護の一面をもっていたと言うことができる。

「消防・防火」の制度構築の際の想定は、「一隣組に一発の焼夷弾」である。その程度であれば、市民の手で火災の発生は防げたであろう。これをはるかに上回る状況になっても、その対処要領は、改善されることはなかった。しかし、一斉に発生する火災を自らの手で初期防火をしなければ生命財産が失われることを考慮すれば、自らを自らの手で守るという意味での国民保護の一面があったと言える。しかし、法施行においては、無理な消火活動を強制したり、逃げることを禁止したというケースで、国民保護とは言えない場面があった。それは日本人の文化的要素でもあり、集団行動を強調するあまり、互いにけん制するような雰囲気になり、逃げることを規定することへのあいまいさがこれを増長した結果であるとも言えよう。ただし、常時このような状態であったわけではない。

「防火・消火」にあたったのは、警防団及び家庭防空隣保組織（隣組）が主体であり、その役割は大きかったと言える。

註

（1）内閣印刷局『昭和年間　法令全書　昭和十二年（第11巻―2）』（原書房、一九九七年）六二―六五頁、内務省「改正された防空法」（『週報』第272号、一九四一年十二月二十四日、内閣情報局、JACAR：A06031043400、週報（国立公文書館））五頁（以下、JACAR：レファレンス番号）。
（2）内務省「改正された防空法」。
（3）黒田康弘『帝国日本の防空対策』（新人物往来社、二〇一〇年）一九三頁。
（4）内務省編『時局防空必携（昭和十八年改訂版）』（「「時局防空必携」改訂ニ関スル件」国立公文書館デジタルアーカイブ／防空関係資料・防空ニ関スル件（五）」／件名番号：010）（以下、『時局防空必携（昭和十八年改訂版）』）。
（5）防衛総司令部参謀陸軍中佐難波三十四『現時局下の防空――『時局防空必携』の解説――』（大日本雄弁会講談社、一九四一年）三四―三八頁（以下、『現時局下の防空』）。
（6）E・バーレット・カー（大谷勲訳）『戦略・東京大空爆』（光人社、一九九四年）二三―二六頁。
（7）奥住喜重・早乙女勝元『新版　東京を爆撃せよ――米軍作戦任務報告書は語る――』（三省堂、二〇〇七年）六七頁。
（8）同右、一六頁。
（9）同右、四〇―四一頁。
（10）同右、六七頁。

(11) 土田宏成『近代日本の「国民防空」体制』(神田外語大学出版局、二〇一〇年)。

(12) 防護団については、第二部の第三章で述べたが、非常変災(空襲を含む)時に公的機関の活動を援助する団体として青年団などの各種団体が市長の下で統合されたもので、東京では一九三〇年に設立された。一九三九年に消防組と統合されて警防団となった。

(13) 東京警備司令部「昭和九年度東京市・横浜市・川崎市総合防護団連合防空演習に就て」(『偕行社記事』第721号、一九三四年十月。防衛省防衛研究所公開史料、中央—偕行社記事—406)。

(14) 陸軍科学研究所「焼夷弾に対する認識及び処置に就」(『偕行社記事』第721号、一九三四年十月。防衛省防衛研究所公開史料、中央—偕行社記事—406)。

(15) 千田哲雄編『防空演習史』(防空演習史編纂所、一九三五年。国立国会図書館デジタルコレクション。インターネット公開なし)三九—四一頁。

(16) 東京警備司令部「昭和九年度東京市・横浜市・川崎市総合防護団連合防空演習に就て」。

(17) 『東京市公報』2582号(一九三五年七月十一日、東京:議会官庁資料室所蔵)。

(18) 『東京市公報』2732号(一九三六年七月二十一日、東京:議会官庁資料室所蔵)。

(19) 『東京市公報』2735号(一九三六年七月二十八日、東京:議会官庁資料室所蔵)。

(20) 栗原久作「焼夷弾火災と五人組制度に就て」(『大日本消防』第十巻六号、大日本消防協会、一九三六年六月)二八—三一頁。

(21) 阿部源蔵「家庭防火群組織を完了して」(『大日本消防』第十一巻九号、大日本消防協会、一九三七年九月)五頁。

(22) 内務省防空局『防空関係法令及例規』(「防空関係法令及例規送付ノ件」国立公文書館デジタルアーカイブ/防空関係資料・防空ニ関スル件(四)/件名番号:004)三五七、三五八頁。

(23) 「防火群を『隣組防空群』に改組」(東京市『市政週報』第26号、一九三九年九月三十日。市政専門図書館所蔵〈雑誌記号:OPS　雑誌番号61〉)。

(24) 菰田康一『防空読本』(時代社、一九四三年)一一一—一一三頁。

(25) 同右、一一三、一一七頁。

(26) 内閣印刷局『昭和年間　法令全書　昭和十六年(第15巻—1)』(原書房、二〇〇一年)二〇一—二〇七頁。

(27) 『時局防空必携(昭和十八年改訂版)』。

(28) 『防空関係法令及例規』三五七—三五八頁。

（29）菰田『防空読本』一一三、一九七頁。
（30）『時局防空必携（昭和十八年改訂版）』。
（31）菰田『防空読本』一九七頁。
（32）『東京大空襲・戦災誌』編集委員会『東京大空襲・戦災誌　第1巻　都民の空襲体験記録集　3月10日篇』（東京空襲を記録する会、一九七三年）二二一―二二三頁。
（33）「中央防空計画」内務省・厚生省・軍需省・農商省・運輸通信省、昭和十九（一九四四）年七月（「中央防空計画設定ニ関スル件」国立公文書館デジタルアーカイブ／防空関係資料・防空ニ関スル件（六）／件名番号：019）。
（34）『時局防空必携（昭和十八年改訂版）』。
（35）竹内　武『民空消防　防空指導全書』（東和出版社、一九四三年。国立国会図書館デジタルコレクション。インターネット公開なし）二二六、二二七頁。
（36）同右。
（37）池田保吉「家庭防火の実際」（『一億人の防空』金星堂、一九四一年）二七一頁。
（38）青木哲夫「日本の民防空における民衆防護――待避を中心に――」（『政経研究』第九十二号、二〇〇九年五月）。
（39）『現時局下の防空』七六頁。
（40）『時局防空必携（昭和十八年改訂版）』。
（41）青木「日本の民防空における民衆防護」。
（42）東部軍管区司令部「3月10日帝都空襲ヲ中心トスル民防空戦訓」（防衛省防衛研究所公開史料「空襲戦訓綴　昭和19年　稲留参謀」陸空―本土防空―75）（筆者の筆写による）。
（43）「指導要領（「退去、避難及待避指導要領」）」（内務省防空局『防空関係法令及例規』）二八三頁。
（44）館林三喜男等『防空総論　国民防空叢書　1』（河出書房、一九四三年。国立国会図書館デジタルコレクション〈http://dl.ndl.go.jp/info:ndljp/pid/1460441〉）一七九、一八〇頁。
（45）『現時局下の防空』七五頁。
（46）『東京大空襲・戦災誌』編集委員会『東京大空襲・戦災誌　第2巻　都民の空襲体験記録集初空襲から8・15まで』（東京空襲を記録する会、一九七三年）四四一―四四二頁（以下、『東京大空襲・戦災誌　第2巻』）。
（47）同右、五五五頁。

(48) 同右、四三〇―四三一頁。
(49) 同右、二一二頁。
(50) 同右、四二二頁。
(51) 同右、八〇、八一頁。
(52) 『東京大空襲・戦災誌』編集委員会『東京大空襲・戦災誌　第3巻　軍・政府〔日米〕公式記録集』(東京空襲を記録する会、一九七三年)二六七頁(以下、『東京大空襲・戦災誌　第3巻』)。
(53) 同右、二七八頁。
(54) 同右、三〇二頁。
(55) 「敢闘精神と初期防火」(『週報』第428号、一九四五年一月十日、内閣情報局、JACAR：A06031058400、週報(国立公文書館))一二頁。
(56) 米山秀隆「マンションの終末期問題と新たな供給方式」(『富士通総研(ＦＲＩ)経済研究所研究レポート』No.239、二〇〇五年九月)〈http://fujitsu.com/downloads/JP/archive/img.jp/group/fri/report/research/2005/no239.pdf〉(二〇一六年六月三十日アクセス)。
(57) 『東京大空襲・戦災誌　第2巻』三三〇頁。
(58) 須藤亮作『隣組長の手記』(須藤亮作、一九七〇年)九―一一頁。
(59) 建設省編『戦災復興誌　第四巻〜第九巻』(都市計画協会、一九五七〜一九六〇年)。
(60) 平塚柾緒『米軍が記録した日本空襲』(草思社、一九九五年)一八四、一八五頁。
(61) 黒田『帝国日本の防空対策』一九三―一九四頁。
(62) THE UNITED STATES STRATEGIC BOMBING SURVEY, *FINAL REPORT Covering Air-Raid Protection and Allied Subjects in JAPAN* (Civilian Defense Division, 1947), p.32〔米国戦略爆撃調査団『太平洋戦争白書　第5巻　民間防衛部門④』(日本図書センター、一九九二年)〕.
(63) 「1　箱館大火概要」(「箱館大火に関する参考諸統計」函館市消防本部ホームページ〈http://www.city.hakodate.hokkaido.jp/docs/2014012200615/〉)(二〇一六年六月三十日アクセス)。
(64) 松浦総三『天皇裕仁と地方都市空襲』(大月書店、一九九五年)四八、四九頁。
(65) 「火災やケガへの対応」(「地震発生時の対応」渋谷区役所ホームページ〈https://www.city.shibuya.tokyo.jp/anzen/bosai/hasai/kyusyutu.html〉)(二〇一六年六月三十日アクセス)。

（66）東京都震災対策条例〈http://www.reiki.metro.tokyo.jp/reiki_honbun/ag10101731.html〉（二〇一六年六月三十日アクセス）。

（67）「火災やケガへの対応」（渋谷区役所ホームページ）。

第四部　空襲後の処置

「空襲後の処置」は、これまで研究の対象にされることがなかった。このため空襲後の処置に批判的な文献も見あたらない、いわば無関心の分野と言えよう。防空法の項目から空襲後の処置とは、「応急復旧」「防疫」「防毒」「給水」「清掃」「救護」「非常用物資の配給」がこれにあたる。自治体史などにはこれらの項目が、空襲後に行われた記録はあるものの、それを効果として実証的に論述するのは困難である。なぜならば、評価のための指標を設定することができないからである。また、先行研究もないことから、批判的な意見も見出すことができない。このため、空襲後の処置については、史実の記録を列挙するような形で、それが行われたという事実を述べるにとどまらざるをえない。これらの項目は、効果があったというよりも、やるべき空襲後の処置がなされたということを論述することになる。そして、その処置をとった根拠に防空法があったということを述べていきたい。

ここでは、第一章で「応急復旧」について述べる。第二章は、「防疫」が主であるが、「防疫」という項目以外にも伝染病の発生防止に寄与した「防毒」「給水」「清掃」を「空襲に際する防疫対策」と定義して述べていく。さらに第三章では、「応急復旧」「救護」及び「非常用物資の配給」という項目を災害対処という面から見ることで、これらの項目の国民保護の一面を明らかにしていきたい。

第一章「応急復旧」

はじめに

「応急復旧」は、予想される空襲被害に対して、被害箇所を応急的に修理し、使用可能な状態に戻すためのものである。一九三三年の関東防空大演習において、すでに「工作」という項目で「応急復旧」は訓練項目に入っていた。同演習の統監部が発刊した「関東防空演習諸規定集」の「工作班業務書」という項目には、「電気、水道、瓦斯の（中略）保護し常に完全なる状態を維持するに努むること肝要なり」とされ、その要領が簡潔に規定されていた。[1] 翌一九三四年の三市（東京市、横浜市、川崎市）連合防空演習においては、防護団内に組織された工作班の訓練があり、空襲によって、水道管及び変電所が爆破されたときの応急処置の訓練が実施された。[2]

しかし、一九三七年に制定された防空法に「応急復旧」の項目はなかった。一九四一年に改正されたなかで「応急復旧」は、瓦斯、電気、水道、交通機関その他の重要施設が空襲されて破壊された場合に、これを応急的に修理、処置し、機能の回復を目的として追加された。[3]

この章では、「応急復旧」について、まず法体系を整理し、市民のライフラインに関係の深い、水道、電気、瓦斯、路面電車をとりあげ、それらの実態を整理したのち、それらがどのような組織によって「応急復旧」されたのかを述べ、その評価をこれまでも参照した『ＵＳＳＢＳ報告』から導くとともに各自治体の自治体史や企業の社史から、具体的な事実を整理して、陸海軍の実施した「防衛」[4]との関係を考察しつつ、その実態を明らかにしていく。

一　ライフラインの実態と応急復旧の組織

主務大臣は、防空計画に基づき、「応急復旧」に「必要な設備又は資材を整備」させ、地方長官（都道府県知事）は、防空計画に基づき、「必要な設備又は資材を供用せしむる」（昭和十六〈一九四一〉年改正防空法第五条）こととされた。[5]そして「応急復旧」に関し必要なものを整備すべき設備として、「水道、下水道、電気工作物、瓦斯工作物、石油タンク、工場、鉱山、鉄道、軌道、電気通信施設、道路、橋梁、港湾、堰堤、堤防、水門、倉庫、学校、病院、診療所、高層建築物、飛行場」（昭和十六〈一九四一〉年改正防空法施行令第三条）が示された。[6]

本章でとりあげる市民のライフラインに関係の深い、水道、電気、瓦斯、路面電車は、防空法施行令においては、それぞれ水道、電気工作物、瓦斯工作物、軌道と記載されている。まず、それら水道、電気、瓦斯及び路面電車の実態について述べ、さらに「応急復旧」を実施する組織は、防空法に基づいて設置された組織及び軍隊であり、これらについても整理をしておく。

(一)　ライフラインの実態

（ア）水　道

水道は当時、非常時局下において生産力の拡充、都市防空の見地より一層その整備の拡充が必要とされていた。[7]水道協会の記録では、戦災前の東京都の世帯数は、一、四〇五、〇四八(約一四〇万)戸であり、そのうち給水戸数が、一、〇〇九、〇三三(約一〇〇万)戸で、七割程度の普及率であった。そして、その六二パーセントが被害を受けたとされる。(8)

（イ）電　気

電気事業は、一九三八年三月、「電力管理法案」を含む四法案が成立し、第一次電力国家管理と言われる政策がスタートした。この政策によって、民間電力会社等の既存の電気事業者からの設備出資を受けて日本発送電が誕生し、同時に国家管理の実施官庁として電気庁が発足した。そして一九四一年八月、第二次電力国家管理と呼ばれる、配電統制令が公布、施行され、翌一九四二年四月に北海道、東北、関東、中部、北陸、関西、中国、四国、九州の九配電会社が発足した。この九配電事業体制の下で日本発送電と連携した配電事業が行われた。(9)

関東配電管内での電灯需要家数は、一九四二年度末で三、四一九、六六六（約三四〇万）戸である。それに対して、関東六県の世帯数は、若干時期が異なるが、総務省統計局のホームページの「国勢調査」一九三〇年の統計データによれば、二、四〇一、三三一（約二四〇万）戸となっている。(10) 一九三〇年から世帯数は増加したであろうが、多くの世帯で電灯を使用していたことがわかる。そして、空襲などの影響で、一九四五年度末には、二、四九二、〇八八（約二五〇万)戸に減少した。(11) しかし、電力供給量には問題はなかったとされている。(12)

（ウ）瓦　斯

瓦斯会社は、政府から、瓦斯協力集団の組織化を要請され、全国を、一一ブロックにまとめた。その目的は、軍需最優先の方針の下に技術、資材、資金、労力などのあらゆる面に亘って相互に援助し、小規模瓦斯事業が空襲による破壊を受けた場合など、互いに復旧に救援し、軍需産業へ瓦斯を休みなく円滑に供給することであった[13]。

関東地域は、東京瓦斯の管内であり、一九三八年の需要者数が一、〇二五、九八八（約一〇〇万）戸、一九三〇年の関東六都県の世帯数は約二四〇万戸であり、電気に比べれば、その普及率は低く、また、ここには家庭だけでなく事業者も含まれているが、約四割程度の家庭に、瓦斯が普及していたことが想像できる。瓦斯の用途は、家庭の炊事、暖房、風呂等の都市生活の必要燃料であると同時に、精巧な兵器、軍需品の製造、その他の重要産業において、直接・間接に燃料として重要で、金属・硝子類の溶融、焼入などの熱処理、塗装の乾燥、薬品の煮沸など工業用瓦斯としての用途が広くあった。そして、一九三七年には工業用瓦斯は、全消費量の約二〇パーセントであったものが、一九四〇年には四〇パーセントとなり、軍需工場の需要が増し、一般家庭は節約を強いられていた[14]。空襲によって瓦斯生産能力は、ほとんど半減し、瓦斯総合消費は五五パーセント減退したと記録されている[15]。

（エ）　路面電車

路面電車は、当時トラックの大量徴用、燃料（ガソリン）の規制が強化されることによって国内の道路運輸の減退という大きな影響が現れ、必然的に路面電車の利用が増加し、さらに貨物輸送という点まで考えられていた[16]。戦争の激化につれて軍需産業がさかんとなり、労働力の確保とともにその通勤輸送が大きな問題となっていた。輸送力を高め、軍需産業労働者の通勤輸送を円滑に行う必要があり、それは国家的要請でもあった。その要請に応え、大きな役割を果たしたのが、路面電車であった[17]。

当時路面電車を有していた都市は四三都市あり、そのうち三四都市が戦災にあった[18]。

(二)　防空法に基づく応急復旧の組織

防空法に基づき、陸・海軍から「防空計画策定上の基準[19]」が示され、それを受けて、一九四四年に内務省・厚生省・軍需省・農商省・運輸通信省から「中央防空計画」が示された。「中央防空計画」には、「応急復旧」のために次のように組織の設置が定められていた。

第二十四条　運輸通信施設、電気、水道、瓦斯等の重要施設の管理者は其の施設の応急復旧に従事せしむる為応急復旧(工作)隊を設置するものとす

内務省土木出張所、各都庁府県並に防空上の重要都市にして相当多数の土木職員を有するものは公共土木施設の応急復旧を実施する為応急土木工作団を設置するものとす

各都庁府県は応急復旧を為し又は応急復旧に応援協力せしむる為緊急工作隊を設置するものとす尚罹災者を収容する仮設住宅の建設に当るものとす[20]

この「中央防空計画」を受けて地方長官が防空計画を制定、さらに市町村の防空計画が制定された。神奈川県の防空計画では、「重要生産工場及港湾、交通、運輸、通信、電気、水道、瓦斯施設等の管理者は速に応急工作隊の充実を図り所要の器資材を準備すると共に被害に対する具体的復旧計画を樹立し之が演練に努むる[21]」(第五十五条)とされ、官営、民営に関係なく管理者が「応急復旧」のための準備をするように定められていた。水道、電気、瓦斯、路面電車について、「東京都防空計画[22]」及び「川崎市防空計画[23]」に示された組織等は、次のとおりである。

①水　道
水道局に水道局工作隊を確立（東京都）。
水道局に水道部防護団を編成（川崎市）。
②電　気
関東配電株式会社神奈川支店川崎営業所の定める応急復旧計画による（川崎市）。
③瓦　斯
東京瓦斯株式会社蒲田営業所の定める工作物復旧作業計画による（川崎市）。
④路面電車
東京都交通局に修理工作隊を組織（東京都）。

このように官営であれば官（東京都、川崎市など）により、工作隊等の組織編成がなされた。関東配電、東京瓦斯など民営であれば、それぞれの営業所が定める復旧計画とされた。これら工作隊等の名称はさまざまであるが、「中央防空計画」が示す「応急復旧」のための組織として編成された。その他の府県及び市町村においても、その事業管理が官営か民営かに違いはあっても、「応急復旧」を計画すべき管理者によって必要な組織が編成されていたと考えられる。

(三) 軍　隊

軍隊による「応急復旧」は、太平洋戦争末期の一九四四年三月に防衛総司令部が定めた「警備指針」に示されている。(24)
「警備指針」では、「空襲に応ずる警備」として、応急処置・復旧等に関して官民の活動が不十分であれば、官民機関を鼓舞、推進し、必要であれば自ら中核となって各種業務を処理することとされていた。しかし、復旧業務は、官民の旺盛なる責任観念と自発的復興心を発揮させること、軍隊の役割は戦争遂行上・警備上の観点から決められるものとされた。そして、特殊技能、集団的作業力を必要とする場所において積極的に援助することとされ、交通、通信の復旧は、治安維持と救防業務に重要で応急的に必要範囲を迅速に復旧し、各種運輸機関、水道、瓦斯、電気等の復旧は、軍需生産と治安維持上、特に注意すべきとされた。[25] すなわち、空襲後の電気、瓦斯、水道、路面電車の「応急復旧」は、軍隊の警備任務として留意することが規定されていた。

二　『ＵＳＳＢＳ報告』より（Clearance and Repair：清掃と復旧）

米軍は日本の「応急復旧」についてどのように見ていたのか。『ＵＳＳＢＳ報告』の“Clearance and Repair”の項目から、その要約を以下に示す。[26]

(一)　水　道

日本の全ての都市では、水道事業の防空が非常に重要であると見なされた。各都市では、非常時の水道の復旧組織（水道工作隊）を設立した。新しい人員追加はなく、系統立ての徹底した戦時用の訓練も実施されなかったので、平時の組織が緊急事態にも対処するとされていた感があった。

日本本土空襲の早い時機、高性能爆弾による空襲で引き起こされた給水本管の中断は数時間のうちに修理された。しかし、空襲の厳しさが増すに従って、水道関係者が死傷し、分散され、そして輸送ができなくなったため著しくその効率は低下した。警察の警備部隊及び警防団といった補助組織は、訓練を受けていないものの、時折破損している給水本管に対する一時的な修理を試みた。しかし、技術的な訓練不足のため効率が悪かった。

(二)　電気及び瓦斯

民営か官営かに関係なく、公益事業は戦時用の維持部隊を設立する動きに直面していたが、最終的には、もともとの維持部隊に非常時という名称を付与しただけだった。戦時、民間企業は企業に雇われた作業員、または近隣の協力集団から訓練された人材を呼び出すことで対応した。

(三)　路面電車

官営、民営の公共機関において、もっとも復旧のために効果的に組織化されたのは、路面電車であった。路面電車の組織は、非常時の補助組織へ支援要請をすることなく復旧させた。路面電車の会社は、近隣の他会社の技術者の助けには依存しなかった。応急修理工作隊はさまざまな地点に配置され、必要な装備をもち、模擬的に爆撃の被害状況を作為して特別な訓練を受けていた。

このように『ＵＳＳＢＳ報告』では、水道、電気、瓦斯、路面電車について、いずれも「応急復旧」の努力があったことを認めている。しかし、報告のなかに具体的な事項がなく、全般的なまとめで終わっている上、軍隊の関与については、ほとんど触れられていない。

三　「応急復旧」の実態

『USSBS報告』では、「応急復旧」の具体的な実態が明確でないので、それらを明らかにするため、関係する会社の社史や自治体の戦災誌などを調査、整理した。

（一）水　道

『戦災復興誌』では、戦災都市とされた一一二都市のうち三六都市で水道の「応急復旧」に関する記述があった。それは、根室市、函館市、郡山市、水戸市、宇都宮市、銚子市、八王子市、横浜市、川崎市、甲府市、岐阜市、静岡市、一宮市、堺市、布施市、住吉町、本庄村、尼崎市、明石市、鳴尾町、和歌山市、広島市、下関市、宇部市、岩国市、徳山市、徳島市、高松市、福岡市、若松市、八幡市、佐世保市、久留米市、大分市、宮崎市、日南市であり[27]（いずれも当時の市町村）、これに加え東京都及び横浜市（『戦災復興誌』と重複）の戦災誌等から[28]、①準備、②被害、③労働力、④復旧の実施、⑤復旧に要した期間に、分類し整理した。

なお、該当する都市は、東京都を加え、三七都市となった。

①準　備

・漸次防衛工事が実施されるとともに、被害発生の場合における応急処置と復旧の迅速を期するため警備体制（水道局工作隊）が確立された（東京都）。

・空襲の目標となるのをさけるため水面偽装、建物の迷彩が施された[29]（横浜市）。

・水道部防護団を編成し応急復旧工作並びに措置に従事せしめた（川崎市）。

②被　害

・水源施設、浄水場・排水場・ポンプ場施設、動力施設で大きな被害を受けたものはなかった[30]（横浜市）。
・給水栓の焼損七七％、鉛管漏水五六、五〇〇ヶ所であった（甲府市）。
・一〇、〇〇〇戸以上に及ぶ焼失家屋内の給水装置はほとんど破壊され、莫大な量の漏水があった（堺市）。
・給水本管及び給水管は五〇パーセント程度の被害を受けた（住吉町）。
・延長八、七〇〇余メートルに及び給水不能となった（本庄村）。
・市内各所の給水装置（止水栓、給水栓）は破損飛散して随所に噴水し、一部地域は給水不能となった（久留米市）。
・配水管は一〇パーセント、各給水栓は九・五パーセントが利用不能となった（日南市）。
・引込給水管及び一部配水管が破壊され、ほとんど漏水によって全く給水機能を失った（静岡市、一宮市、和歌山市、徳島市、八幡市）。

③復旧のための労働力

・警防団員二五人、男子師範学校生徒四〇人、南北両国民学校児童二〇人、軍隊に五〇人の応援を求めた（宇都宮市）。
・川崎市に駐屯している陸軍神奈川地区防備隊から一個大隊が一週間派遣された（横浜市）。
・大阪府土木工作団員一日三〇人宛、国民義勇隊員一日三〇人宛、延べ二一〇人の応援を求めた（堺市）。
・担当課が実施した（住吉町）。
・阪神上水道組合、警防団員の協力を得た（本庄村）。
・水道部職員必死の作業と陸軍部隊の援助とによった（広島市）。

・女子職員まで動員した（徳島市）。
・応急修理班を編成した（久留米市）。

④復旧の実施
・配水管の接手漏水箇所の修理や鉛管の折損箇所を取り替えた（水戸市）。
・鉄管及び消火栓の発掘作業を施行し、その完了をまって直ちに給水栓を設置した（宇都宮市）。
・臨時給水栓を設置して応急給水を開始した（本庄村）。
・漏水防止作業を実施、漏水する鉛管をたたきつぶして漏水を止めた。管口を閉鎖、止水栓を閉止（函館市、横浜市、甲府市、静岡市、一宮市、堺市、尼崎市、徳山市、宇部市、下関市、福岡市、日南市など）。
・応急復旧（措置）した（根室市、布施市、住吉町、鳴尾町、徳山市、高松市、若松市、宮崎市など）。
・排水管破損部の接続、給水栓類の補充並びに被害家屋内の使用不能管路の撤去等を強行した（八王子市、久留米市、佐世保市など）。

⑤復旧に要した期間
・水源地が戦災を免れたため、その翌朝には早くも送水を開始した（岐阜市）。
・水源地は応急修理により、同日午後四時に至り給水可能となった（一宮市）。
・約二〇日後に応急復旧工事を完了し、要所に臨時給水栓を設置して応急給水を開始した（本庄村）。
・市周辺末端までに一応給水ができる状態に復旧するまでには、九ヶ月近くかかった（広島市）。
・約四〇日間の工期をもってわずかながら通水した（岩国市）。
・水源地は戦災を免れたため、三日後には送水を開始した（高松市）。

・戦災直後二日にして断水状態を解除し、給水を開始した（佐世保市）。
・被害を受け、直ちに応急復旧した（根室市、鳴尾町）。

水道の応急復旧の概況

水道の「応急復旧」は、それぞれの管理者（主に市町村）が防護団や工作隊を組織するとともに、第三部の第三章で述べたように施設への偽装を施して空襲に臨んだ。これは、「中央防空計画」に定められ、かつ、社団法人水道協会『水道協会雑誌』により、全国に広められた事項であり、全国的に実施されていたと考えられる。そして、全体的に水源及び浄水場は都市部から離れていること、また、水面偽装等の効果もあって、大きな被害を受けたケースは少なく、被害のほとんどは、市内配水管であった。

市内配水管の被害により漏水が起き、供給圧力が上がらなくなった。このため漏水している鉛管開放口をたたきつぶして漏水を止める作業が「応急復旧」として多くの市町村で行われた。浄水場からの水の供給は、ポンプによって圧力をかけて市内の配水管へと送水されるが、市内の配水管からの漏水が至る所で続いた場合には、送水圧力が下がるためにポンプから遠いところや、標高の高い場所には水が送水されなくなる。このため、軍隊、国民義勇隊、警防団員及び学徒の支援を受けて「応急復旧」すなわち漏水箇所のたたきつぶしに努めていた。

水道は、生産力の基礎、飲料水、消火水としての重要性から、「応急復旧」が重視され、送水への復旧は迅速で、翌日もしくは三、四日後には応急的な送水が開始された。その後、漏水箇所をつぶして、水圧を維持するという作業に移行していた。漏水防止作業は、さほど技術を要するものではないことから、警防団や学徒によって行われていた都市もあった。それは、送水を確保するために最優先で実施されたと考えられる。その後の復旧は、たたきつぶした漏水箇所を新しい水道管と交換する作業が生ずるが、それは、爾後の作業であり、給水管の修理など専門的な作業は、『USSBS報告』にあるとおり、技術的な訓練不足のため、警防団、学徒等では効率が悪かったと考えられる。

戦災一一二都市のうち、三三パーセントにあたる三七都市で記録があり、いずれも「応急復旧」活動に尽力したことが記載されている。各市町村にあっては、防空法に基づき、被害発生時の応急処置と復旧の迅速を期するための体制とその努力がなされ、また不足する部分は軍隊の出動により補われていた。記録がない都市では、「応急復旧」の処置がとられなかったとは考え難いことから、他の戦災都市においても同様であったことが推測できる。

(二) 電　気

九配電会社のうち、北陸配電[31]、中部配電[32]、関西配電[33]、中国配電[34]及び九州配電[35]の社史を調査することができた。これを①準備、②被害、③復旧のための労働力、④応急復旧の実施、⑤復旧に要した期間、に分類、整理した。

①準　備

・社長直属として新たに防衛課が設けられ、防空計画並びにその指導統括に関する事項、天災地変その他非常時対策に関する事項を掌ることになり、「非常時防衛措置規程」が制定された（中部配電）。

・電気施設の防護、災害復旧に万全を期するため、電気施設防衛団が結成された（中部配電）。

②被　害

・焼夷弾攻撃による被害は、範囲も広く、ほとんどが停電した（中部配電）。

・被害額は配電設備費の約二割、変電所九一ヶ所（全設備の二八パーセント）、送電線断線五三〇ヶ所、配電線一〇〇万ヶ所、屋内配線二〇〇万ヶ所が被害を受けた（関西配電）。

・電灯は灯数で一六・九パーセント、電力はキロワット数で一二・三パーセントが被害を受け、発送電設備、変電設備、配電設備、需要家屋内設備等が被害を受けた（中国配電）。

・三支店と七事業局が焼失、三水力発電所に損傷、長崎火力発電所は壊滅、転電設備は二〇ヶ所が破壊、送電線、屋内設備にも多大な打撃を受け、資産上の損害は全資産の七パーセント強であった（九州配電）。

③復旧のための労働力

・重要地域の送電線接続工事を軍隊の協力を得て実施した[36]（関東配電）。

・関係従業員及び他支店からの応援により（北陸配電）。

・支店、本店直轄及び長野支店より（中部配電）。

・北陸配電から名古屋市の戦災復旧工事に、延べ七二四人の派遣を受けた。静岡県の復旧作業総人員の七〇パーセントは軍隊。名古屋市では、愛知県当局が、緊急工作隊を派遣し、また戦災資材の整理には中等学校学徒多数が応援した（中部配電）。

・変電所の復旧には、作業班が編成され、突発事故の応急復旧、定期的保守作業の応援、物資の配給、変電所員の欠員補充等に活躍した（関西配電）。

・もっとも被害のはなはだしかった本・支店関係の復旧には、被害の少ない支店、配電局の協力あるいは工場側の応援によって復旧に全力を傾注した。小曽根―木津川線の復旧には軍隊が出動した（関西配電）。

・管内各営業所、九州電気工事会社、軍隊、佐賀支店からも応援を受けて復旧に挺身した（九州配電）。

④応急復旧の実施

・軍関係、放送用の電力、治安維持のための一般電灯、残存重要工場の送電維持復旧に重点を置き実施（北陸配電）。

・被害の復旧には、まず、軍の防空作戦に必要な箇所及び水道、交通、通信等国民生活に欠かせないものを第一とし、次いで重要軍需工場、一般需用の順位に従って実施（中部配電）。

⑤復旧に要した期間

・敦賀市では、罹災の七月十三日、停電した敦賀変電所の負荷を他の変電所に切り換え、敦賀駅及び残存市街の一部に点灯し、七月二十日までに一応配電を完了した。市内における配電線清掃作業は七月末ほぼ完了した。福井市では、罹災の七月二十日から一部の配電を始め、逐次拡大し、八月十日をもって残存部分に対する送電を完了した（北陸配電）。

・八月九日広島市へ原爆投下……翌十日には一部の市内へ送電、十一日には放送局迄の線路を復旧させ、夕刻までには市内全域に仮送電をなすに至り、九月五日には接続町村を含む全被害地域の復旧を完了した（中国配電）。

電気の応急復旧の概況

電気に関しては、『ＵＳＳＢＳ報告』にあるように、戦時にあって人員を増やすことなく応急復旧組織を編成した。非常時の組織を編成することによって円滑に体制が確立し、各配電会社とも速やかに「応急復旧」に努めており、翌日には一部再開、一週間から三週間で「応急復旧」は完了していた。また、『ＵＳＳＢＳ報告』にある「企業に雇われた作業員、または近隣のコミュニティから訓練された人材」とは、配電会社内の他支店同士及び他の配電会社からの人的援助をさしているが、これだけではなく、軍隊、労務報告会、学徒の支援も受けた。九つの配電会社のうち、五つの配電会社で記録があり、また、これらは「中央防空計画」に定められた「応急復旧」の活動であることから、他の配電会社においても同様であったことが推測できる。すなわち、配電会社による電気の「応急復旧」の努力はなされていたと言える。

(三) 瓦　斯

前述した防空法施行令では、「応急復旧」に関し必要なるものを整備すべき設備として、瓦斯工作物が示されている。瓦斯工作物とは、瓦斯製造関係工作物、瓦斯貯蔵関係工作物及び瓦斯供給関係工作物をさしており、このなかでもっとも大きな工作物は、瓦斯貯蔵関係工作物すなわち瓦斯溜（瓦斯タンクまたは瓦斯ホルダーとも呼ばれる）であった。地上約四五～七〇メートルの工作物で空襲のもっとも目標になり易いものと思われていた[37]。

瓦斯会社については、東京瓦斯[38]、静岡瓦斯[39]、東邦瓦斯[40]、大阪瓦斯[41]、四国瓦斯[42]、西部瓦斯[43]について調査した。電気の場合と同様に①準備、②被害、③復旧のための労働力、④応急復旧の実施、⑤復旧に要した期間、に分類、整理した。

①準　備

・瓦斯会社及び同系会社の全従業員により全東京瓦斯特設防護団を組織し、製造所内瓦斯工作物の被害に対する復旧、瓦斯供給工作物の被害に対する復旧、需用家先の諸工作物の被害の対処にあたった[44]（東京瓦斯）。

・工場はある程度分散し、供給配管は環状にして相互に連絡をつけて置いた。工場を七つ、瓦斯タンクを九ヶ所に分置し、その間の供給管は連絡し、各工場から市中に出る高圧供給管も二本あった[45]（東京瓦斯）。

②被　害

・瓦斯本管が破壊され、瓦斯に引火した（各社）。

・瓦斯溜頂板が破壊または損害を受けた（東京瓦斯、芝工場・鶴見工場）。

・施設のほとんどを失い破損した（四国瓦斯）。
・瓦斯溜に一九ヶ所の破壊孔、天井板が飛散した（西部瓦斯、八幡営業所）。
・瓦斯溜に被弾し、引火した（西部瓦斯、島原営業所）。
・被災需要家は一八、七三二戸（西部瓦斯）。

③復旧のための労働力
・復旧工作隊を主とし、警察署、警防団、労士隊、警防団などが協力した（東京瓦斯）。
・東京瓦斯から応援隊の派遣を受けた（東邦瓦斯）。
・関東及び近畿の瓦斯協力集団からの応援を受けた（東邦瓦斯）。
・神戸瓦斯その他から一三〇人の応援を得た（大阪瓦斯）。
・警防団にサービスコック（各家庭の元栓）の閉鎖を依頼した（西部瓦斯）。
・軍隊の応援を得た（西部瓦斯、熊本支店）。

④応急復旧の実施
・焼失地区の重要家への瓦斯供給停止、バルブ・地区整圧に努め瓦斯の供給を確保した（大阪瓦斯）。
・瓦斯溜の火災は、従業員の活動によって消火、漏洩防止をした（西部瓦斯）。
・サービスコック止めの応急処置をし、供給管の整理を実施した（西部瓦斯）。
・戦災施設の整理と復旧工事を行った（西部瓦斯、熊本支店）。

⑤応急復旧に要した期間
・軽微な被害は即日に復旧完了。一月二十九日（六二機のB-29）の被害は二、三日中に復旧完了、二月十九日（一三

一機のB-29)の被害は翌日に復旧完了、三月四日〜四月十五日の被害は五月二十日までに復旧(東京瓦斯)。
・家屋が全壊したところは復旧不可能(西部瓦斯)。

瓦斯の応急復旧の概況

瓦斯に関しても電気と同様、戦時にあって人員を増やすことなく応急復旧組織を編成した。非常時の組織を編成することによって円滑に復旧体制が確立し、各瓦斯会社とも速やかに「応急復旧」に努めていた。不足する労働力は、他社からすなわち瓦斯協力集団による応援(『USSBS報告』にある「企業に雇われた作業員、または近隣のコミュニティから訓練された人材」がこれにあたると考えられる)が主たるものであった。そして、軽微な被害は即日に復旧させ、瓦斯溜の火災の消火や応急処置に努め、瓦斯供給の持続に尽力した。家屋が全壊した場合などは、瓦斯供給の復旧をすることはできなかったものの「応急復旧」は組織的に行われ、可能な限り瓦斯供給は持続された。熊本では、軍隊が応援して復旧作業にあたった。一一の地域に分けられた瓦斯協力集団のうち、五つの地域に関する記述が残されており、これも電気と同様、他の地域においても「応急復旧」は実施されたものと推測することができる。

さらに、東京、横浜、川崎三都市内で使用する瓦斯は、三都市内八工場が全て生産しており、空襲による工場施設の損害は甚大で、三都市内の瓦斯生産能力は、ほとんど半減し、瓦斯総合消費は五五パーセント減退した。しかし、全壊家屋への瓦斯供給が必要なくなったので、これを減殺することで瓦斯不足を救済する結果となった(46)。ここで、瓦斯生産能力が半減しながらも瓦斯の供給を持続したことも、「応急復旧」の成果と考えられる。

(四) 路面電車

空襲を受けた三四都市のうち交通局、社史等の記録が調査できたのは、仙台市交通局(47)、茨城交通(48)、東京都交通局(49)、横浜市交通局(50)、川崎市交通局(51)、富山地方鉄道(52)、静岡鉄道(53)、豊橋鉄道(54)、京福電気鉄道(55)、広島電鉄(56)、土佐電気鉄道(57)、伊予鉄道(58)、長崎鉄道(59)の一三社であった。これを、①準備、②被害、③労働力、④復旧作業の実施、⑤復旧に要した期間、に分類した。

①準　備

・電車車両は予め郊外に避難したため被災を逃れた(茨城交通)。
・非常運輸計画、車両の非常配置、軌道及電線路の非常計画、車両、軌道、電線路の管理及応急修理等避難輸送、交通の確保に万全の準備をした(東京都)。
・重要文書の疎開、本社業務の分散、電車や自動車の郊外への夜間分駐などの対策を講じつつあった(富山地方鉄道)。
・車両を疎開してあった(伊予鉄道)。

②被　害

・市電は延長九・六キロメートルに亘って被害を受けた(仙台市)。
・架線及び軌道の被害は甚大で、運転は完全にストップした(茨城交通)。
・市電は七両のうち六両を失った(川崎市)。
・電車が二〇二台中四五台が焼失(横浜市)。
・ほとんど満身創痍と言って良いほどの莫大な損害をこうむった(静岡鉄道)。

・本社・電車車庫・変電所を残して、全線運転不能におちいった（豊橋鉄道）。
・福井、新福井、福井口、西別院、西福井の各駅舎が焼失し、車両三二両が大破炎上した。鉄道五キロメートル、電力線四・五キロメートル、電信線一〇・七キロメートルが被弾によって損傷を受けた（京福電気鉄道）。
・原爆により、広島市内の軌道路線は壊滅状態となった（広島電鉄）。

③労働力
・全従業員を動員して昼夜兼行（茨城交通）。
・軍隊の協力を得て（横浜市）。
・職員一同は必死の努力で徹夜の復旧作業を行った（京福電気鉄道）。
・陸軍東京電信隊など（広島電鉄）。
・運輸、技術、事務職員らによって夜を日についで精力的に行われた。香川の琴平電鉄からは架線工夫数人が応援のため高知にきた（土佐電気鉄道）。

④復旧作業の実施
・架線及び軌道の復旧作業に取り組んだ（茨城交通）。
・焼失したまま路上にあった車両を、軍隊の協力を得て撤去した（横浜市）。
・架線を整理し、変電所を応急に手当した（横浜市）。
・電柱の立て替えと電線路の復旧に全力を傾注した（豊橋鉄道）。
・被災をまぬがれた唯一電力源の二十日市変電所からの市内線への送電には、東京電信隊など約四〇人による応急修理によった（広島電鉄）。

⑤復旧に要した期間

・空襲後四〇日目の八月二十日に全線が一応開通(仙台市)。

・被災三日後の八月五日には、浜田－磯浜間の運転を再開、続いて八月十六日には、東柵町まで運転を延長(茨城交通)。

・空襲後、半月以上かけて整備し、営業を再開(川崎市)。

・一九四五年五月二十九日空襲、七月一日には全路線の七三パーセントにあたる三五・六キロメートルが復旧(横浜市)。

・立山線、射水線は旬日にして常態に復した(富山地方鉄道)。

・清水と音羽町の間を、焼け残った三台の電車でかろうじて運転(静岡鉄道)。

・一九四五年六月二十日空襲、七月八日、東田－前畑間が復旧し、前畑－朝橋間復旧に着手し、同月、その工事を終了して運転を開始(豊橋鉄道)。

・越前本線は開発駅以遠、三国芦原線は新田塚駅以遠の運転を、戦災の翌日から再開(京福電気鉄道)。

・一九四五年八月六日原爆、八月九日己斐より西天満町までの折り返し単線運転が開始された……八月十四日には己斐－小網町間の運転を再開(広島電鉄)。

・戦災の翌二十七日には高浜線、郡中線、横河原線、森松線は一部を除いて運転を開始(伊予鉄道)。

路面電車の応急復旧の概況

路面電車についての「応急復旧」も各社並びに各都市の交通局などによって、必要な体制がとられ、被害軽減のために車両の疎開等の措置もとられていた。被害及びその「応急復旧」は、都市によってさまざまであり、軍隊の協力を得て、焼失車両の撤去をしたところもあるが、基本的に労働力は従業員でまかない、『ＵＳＳＢＳ報告』にあるとおり、他社からの応援を受けている会社等は、少なかった。それぞれの路線で「応急復旧」の努力が見られ、いずれの会社も路線の早期復旧に尽力し、復旧させたことがわかる。軍隊は焼失車両の撤去といった人手を必要とする部分と電信隊といった専門分野で活動していた。これは、特殊技能、集団的作業力を必要とする場所において積極的に援助するという「警備指針」の規定どおりの行動であったと言える。

ここで記録のない都市は、「応急復旧」をやっていないと考えることはできない。「中央部空計画」の規定に則り、「応急復旧」の準備をそれぞれの交通局、会社で実施していたと考えられる。

まとめ

水道については一一二都市のうち三七都市で記録があり、電気については九配電会社のうち五配電会社、瓦斯については一一ブロックの瓦斯協力集団のうち五つのブロックを含む瓦斯会社に記録があり、路面電車については、当時路面電車を有する都市で空襲被害にあった三四都市のうち、一三都市の交通局、会社等で「応急復旧」を示す記録がされていた。すなわち、電気、瓦斯、水道、路面電車の「応急復旧」にあっては、その管理者によって、官民を問わず、実施された。これは、「中央防空計画」の規定に沿ったものであって、防空法に基づく復旧努力であった。事業である以上、営業努力とも称されるが、そこには事業者の自覚があった。

輸送機関の復旧、再開は治安維持の上からも緊急を要するとの立場から、当社は直ちに復旧の方針を固めた(60)（茨城

交通）

輸送機関の停滞は一日もゆるがせにしておくことは出来ない[61]（伊予鉄道）

一方で、軍隊による活動は「警備指針」に基づいて、空襲に応ずる対処として行われ、地方官民の活動が不十分な場合には、交通、通信の復旧は治安維持と救防業務のために、電気、瓦斯、水道、各種運輸機関は、軍需生産と治安維持上の重要性から軍隊の実施すべき復旧業務となっていた。

軍隊による「応急復旧」は、横浜市、静岡県における配電の復旧、宇都宮市、川崎市、広島市における水道の復旧、熊本県における西部瓦斯の復旧及び横浜市の路面電車の撤去、広島市の電車用の配電復旧支援活動を行ったという記録が残されている。

このように市町村、事業者が、法律及び防空計画に沿って、「応急復旧」に尽力した。そして、官民で不足する部分は、軍隊の援助があったことは、それぞれの地域で多少の差があるにしても、他の戦災都市においても同様と考えることができる。これら軍の活動が『ＵＳＳＢＳ報告』には記述されていないことは、米軍の調査不足を指摘せざるをえない。すなわち、「航空機の来襲に因り生ずべき危害を防止し又は之に因る被害を軽減する」という防空法の目的を達するために「応急復旧」は、陸海軍の活動と相まって実施されたと言うことができる。なお、軍隊による空襲後の活動及び災害対処としての「応急復旧」については、第三章「防空法の災害対処」において、さらに詳しく述べる。

「応急復旧」は、三四五回全ての爆撃に対して機能したと考えられ（表20）、効果ありということができる。そして、その成果は、電気、瓦斯、水道、路面電車にあっては、復旧活動が迅速になされたこと、実績としては、水道（戦災一一二自治体のうち三五自治体）、電気（九配電会社のうち五つの会社）、瓦斯（全国一一ブロックのうち五つのブロックを含む会社）、路面電車（三四自治体のうち一三の自治体、企業）において、応急復旧を実施した記録が残されていたことが挙げられる。

「応急復旧」が防空法の項目に追加された一九四一年（制度構築時）の「空襲判断」は、防空法制定時（一九三七年）のままである。その見積もりは、第二部の第二章で述べたとおり、「多くの場合夜間または払暁、来襲機数は、数機編隊または数十機の編隊群で、一～五割が対空防御を突破して目標に到達する」というもので爆撃機一機あたりの爆弾搭載量は二トンと予測されていた。さらに焼夷弾の落下密度は、「一隣組に一発」というものであった。見積もられる「空襲様相」から、各自治体の防空計画、事業者の応急復旧計画は、その程度の空襲による損害を受けることを想定していたと考えられる。実際の空襲ははるかに過酷なものであったが、「応急復旧」の活動は、どの自治体でも実施されたと考えられ、想定以上の事態に対応していたと言うことができる。それは被害が大きくなることは、復旧までに時間がかかるということであり、「応急復旧」できないと言うことではないからである。

災害に対する行政は、中央においては内務省が中心となり、現地においては府県庁や市町村役場が中心的な役割を担っていた(62)。このため、災害時の「応急復旧」は、自治体の役割として、実施されていた（細部は第三章で論述）。

表20「応急復旧」の効果　（単位：回）

	昼間		夜間		計
	高々度	低中高度	高々度	低中高度	
精密	34	135	5	24	198
エリア	1	8	0	69	78
気象偵察	10		36		46
艦載機	23				23
計	211		134		345

網目の部分に効果があった。
その他に機雷敷設：46回。
＊２万フィート以上を高々度、それ以下を低中高度とした。

また軍隊もその任務をもっていたことから、防空法による制度がなくとも、空襲後に関係する組織による「応急復旧」の実施は可能であったと考えられる。しかし、法施行により、あらかじめ、「応急復旧」を掌る組織を設置させ、その準備を実行する根拠をそこに与えたということは、国民生活のいち早い復旧にも結びついたと考えられ、この点で、防空法の「応急復旧」は、国民保護の一面をもっていたと言うことができる。

そして、これを担ったのは、「応急復旧」のために設立することを法体系により定められた組織であったが、人手が必要なときには、軍隊、警防団などの組織の援助を借りた場面もあった。

註

（1）「10．関東防空演習防護提要／附録第4　工作班業務書」（関東防空演習統監部「関東防空演習諸規定集」昭和八年七月一日、JACAR（アジア歴史資料センター）Ref.C13070903900、関東防空演習諸規定集　昭和8年7月1日（防衛省防衛研究所））一七二、一七三頁（以下、JACAR：レファレンス番号）。

（2）千田哲雄編『防空演習史』（防空演習史編纂所、一九三五年。国立国会図書館デジタルコレクション。インターネット公開なし）三九―四一頁。

（3）内務省「改正された防空法」（『週報』第272号、一九四一年十二月二十四日、内閣情報局、JACAR：A06031043400、週報（国立公文書館））五頁。

（4）「防衛とは陸軍の要塞防禦防空及警備、海軍の防備並に之等に関連して軍部外の行ふ一切の行為を謂う」（「国内防衛ニ関スル陸海軍任務分担協定　第二条一」参謀本部（「国内防衛に関する陸海軍任務分担協定」JACAR：C05034892200、公文備考昭和11年E教育、演習、検閲　巻4（防衛省防衛研究所））。

（5）内閣印刷局『昭和年間　法令全書　昭和十六年（第15巻―1）』（原書房、二〇〇一年）二〇一―二〇七頁。

（6）内閣印刷局『昭和年間　法令全書　昭和十六年（第15巻―4）』（原書房、二〇〇一年）八九〇―八九六頁。

（7）加藤於兎丸「時局下に於ける上下水道の使命」（『水道協会雑誌』第九十二号、一九四一年一月）三頁。

（8）「水道施設戦災状況一覧表」（『水道協会雑誌』第一四〇号、一九四五年十二月一日）九頁。

(9) 橘川武郎『日本電力業発展のダイナミズム』(名古屋大学出版会、二〇〇四年)一六七、一六八頁。

(10) 総務省ホームページ「2―17 都道府県、世帯人員別一般世帯数(大正九年~平成十七年)」〈http://www.stat.go.jp/data/chouki/zuhyou/02-17.xls〉(二〇一六年六月三十日アクセス)。

(11) 橘川『日本電力業発展のダイナミズム』一六七、一六八頁。

(12) 『米国戦略爆撃調査団報告書』〈複合都市への空襲の影響〉(『東京大空襲・戦災誌』編集委員会『東京大空襲・戦災誌 第3巻 軍・政府〔日米〕公式記録集』東京大空襲を記録する会、一九七三年)八二〇頁(以下、『東京大空襲・戦災誌 第3巻』)。

(13) 東邦瓦斯株式会社社史編集委員会『東邦瓦斯五〇年史』(東邦瓦斯株式会社、一九七二年)一二六頁、日本瓦斯協会協会史編さん特別委員会『日本瓦斯協会史』(日本瓦斯協会、一九七六年)一〇頁。瓦斯協力集団とは、一九四四年十月、各種の相互援助と瓦斯の供給確保を図るために全国を一一ブロック(東邦瓦斯の社史には八ブロックとある)に分け、それぞれのブロックで結成したものである。

(14) 岩村 豊「瓦斯事業に於ける工場防空対策」(『帝国瓦斯協会雑誌』第三十一巻第二号、一九四二年三月)九〇、九一頁。

(15) 「複合都市(東京・川崎・横浜)への空襲の影響」(『米国戦略爆撃調査団報告書 56』)(『東京大空襲・戦災誌 第3巻』)八二一頁。

(16) 電気局「戦争と路面電車」(『市政週報』第七十四号、一九四〇年九月)一二頁。

(17) 茨城交通株式会社三十年史編纂委員会『茨城交通株式会社三十年史』(茨城交通株式会社、一九七七年)五二頁(以下、『茨城交通株式会社三十年史』)。

(18) 路面電車を保有していた都市の数は、和久田康雄『日本の市内電車』(成山堂書店、二〇〇九年)の記載から調査した。

(19) 「昭和十八年度防空計画設定上ノ基準」陸軍省・海軍省、昭和十八(一九四三)年二月八日(「昭和十八年度防空計画設定上ノ基準ニ関スル件」国立公文書館デジタルアーカイブ/防空関係資料・防空ニ関スル件(四)/件名番号:031)。

(20) 「中央防空計画　第二章　防空要員　第二十四条」内務省・厚生省・軍需省・農商省・運輸通信省、昭和十九(一九四四)年七月(「中央防空計画設定ニ関スル件」国立公文書館デジタルアーカイブ/防空関係資料・防空ニ関スル件(六)/件名番号:019)。

(21) 「昭和十八年度神奈川県防空計画」(横浜市・横浜の空襲を記録する会『横浜の空襲と戦災 3 公式記録編』横浜市、一九七五年)一四〇頁(以下、『横浜の空襲と戦災 3』)。

(22) 東京都『東京都戦災誌』(東京都、一九五三年)四九三―四九八頁。

(23) 川崎市『川崎空襲・戦災の記録　資料編』(川崎市、一九七七年)四四二、四四三頁。

(24)「警備指針　昭和十九年三月一日」防衛総司令部、一九四四年三月（防衛省防衛研究所公開史料「警備指針　2／2部　S19．3．1」「警備指針　1／2部　S19．3．1」本土―全般29、30）。
(25)同右。
(26)THE UNITED STATES STRATEGIC BOMBING SURVEY, *FINAL REPORT Covering Air-Raid Protection and Allied Subjects in JAPAN* (Civilian Defense Division, 1947), pp.95-99〔米国戦略爆撃調査団『太平洋戦争白書　第5巻　民間防衛部門④』（日本図書センター、一九九二年）〕.
(27)建設省編『戦災復興誌　第四巻～第九巻』（都市計画協会、一九五七―一九六〇年）。
(28)東京都『東京都戦災誌』、『横浜の空襲と戦災　3』。
(29)横浜市水道局『横浜水道百年の歩み』（大日本印刷、一九八七年）三四九頁。
(30)同右。
(31)北陸配電社史編纂委員会『北陸配電社史』（北陸配電社史編纂委員会、一九五六年）九六―一〇八頁。
(32)中部配電社史編纂委員会『中部配電社史』（中部配電社史編纂委員会、一九五四年）一四〇―一四四頁。
(33)人見牧太『関西配電社史』（関西配電株式会社精算事務所、一九五三年）二〇八―二一一頁。
(34)山本　勇『中国配電株式会社十年史』（中国配電株式会社精算事務所、一九五三年）一六三―一七二頁。
(35)松藤秀雄『九州配電株式会社十年史』（九州配電株式会社精算事務所、一九五二年）九一―九五頁。
(36)『横浜の空襲と戦災　3』七九頁。
(37)警視庁・東京瓦斯株式会社「瓦斯工作物の防護に就て」（『帝国瓦斯協会雑誌』第三十一巻第一号、一九四二年一月）一〇―一一頁（以下、「瓦斯工作物の防護に就て」）。
(38)東京瓦斯株式会社『東京瓦斯九十年史』（恒陽社印刷所、一九七六年）二〇三―二三一頁。
(39)静岡瓦斯株式会社『静岡瓦斯五十年史』（静岡瓦斯株式会社、一九六一年）二九、三〇頁。
(40)東邦瓦斯株式会社史編集委員会『東邦瓦斯五〇年史』一二七―一三一頁。
(41)大阪瓦斯株式会社社史編集室『大阪瓦斯五十年史』（大阪瓦斯株式会社社史編集室、一九五五年）六六―七五頁。
(42)森光　繁『四国瓦斯株式会社五十年史』（四国瓦斯株式会社、一九六二年）一六九―一七三頁。
(43)西部瓦斯株式会社史編纂委員会『西部瓦斯株式会社史』（西部瓦斯株式会社、一九八二年）三四四―三七二頁。
(44)「瓦斯工作物の防護に就て」一九頁。

(45) 岩村「瓦斯事業に於ける工場防空対策」九六、九七頁。
(46)「複合都市(東京・川崎・横浜)への空襲の影響」八二二頁。
(47) 建設省編『戦災復興誌　第七巻』一八頁。
(48)『茨城交通株式会社三十年史』五九頁。
(49) 東京都『東京都戦災誌』四九七―四九八頁。
(50) 横浜市交通局『横浜市営交通八十年史』(横浜市交通局、二〇〇一年)一七六頁。
(51) 同右。
(52) 富山地方鉄道株式会社『富山地方鉄道五十年史』(富山地方鉄道株式会社、一九八三年)三七二―三七六頁。
(53) 静岡鉄道株式会社『静岡鉄道』(静岡鉄道株式会社、一九六九年)八一―八三頁。
(54) 豊橋鉄道創立五〇周年記念事業委員会『豊橋鉄道五〇年史』(豊橋鉄道家具式会社、一九七四年)八〇頁。
(55) 京福電気鉄道社史編さん事務局『京福電気鉄道五〇年の歩み』(京福電気鉄道株式会社、一九九三年)二一頁。
(56) 広島電鉄株式会社社史編纂委員会『広島電鉄開業八〇創立五〇年史』(奥窪央雄、一九九二年)七七、七八頁。
(57) 八十八年史編纂委員会『土佐電鉄八十八年史』(土佐電気鉄道株式会社、一九九一年)二一七頁。
(58) 伊予鉄道株式会社『伊予鉄道百年史』(伊予鉄道株式会社、一九八七年)二九八―三〇三頁(以下、『伊予鉄道百年史』)。
(59) 長崎電気軌道株式会社『五〇年史』(長崎電気軌道株式会社、一九六七年)四八頁。
(60)『茨城交通株式会社三十年史』五九頁。
(61)『伊予鉄道百年史』三〇二頁。
(62) 大霞会編『内務省史　第三巻』(地方財政協会、一九七一年)六二五―六二六頁。

第二章　空襲に際する防疫対策（「防毒」「防疫」「応急復旧」「給水」「清掃」）

はじめに

本章では、防空法の項目のなかから、一九四三年の改正により追加された「防疫」を中心に、空襲を受けた後に、防疫効果を期待できる施策について、いくつかをまとめて述べていく。なぜならば、「防疫」以外の防空法の項目にも、「防疫」の効果に寄与したものがあるからである。さらに「防疫」の目的である伝染病の予防は、古くから「伝染病予防法」による対策がとられており、防空法と防疫行政・衛生行政との関係のなかで論じる必要がある。

「防疫」の対象となる伝染病は、我が国において、古くから流行を繰り返したことは史実にも明らかで、明治維新後の防疫対策としては、一八七一年にとられた種痘対策が最初とされている(1)。その後、死者一〇万人を超える一八七九年のコレラの全国的な大流行などを経験し、その予防措置がとられ、一九〇一年に伝染病予防法が制定された(2)。伝染病の対策には、抵抗力を養成することも重要とされ、戦争の進展とともに、健兵健民の政策の下、国民保健衛生に関する諸施策が強化され、一九四〇年に国民体力法が制定された(3)。このような伝染病予防の歴史から、防空法にある「防疫」は、太平洋戦争開戦後、空襲の恐れが高まってきたことをきっかけに新たにとられた施策ではなく、もともと伝染病対策を目的とした防疫行政・衛生行政が進められるなか、特に空襲対策として特化した部分を一九四三年の法改正により追加し、強化したと考える方が自然である。

これらのことから、本章では、空襲後に防疫効果を期待できる施策（「防毒」「応急復旧」「給水」「清掃」）について、「防疫」も含め、「空襲に際する防疫対策」と定義し、その実態を明らかにするとともに、そのなかでの防空法と防疫行政・衛生行政の関係並びに効果、成果及び実績について述べていく。

一　防空法と防疫行政

一九三七年の防空法成立時は、「燈火管制、消防、防毒、避難、救護並びにこれらに関し必要な監視、通信、警報」の八項目で、[4] 一九四一年の改正で、「偽装」「防火」「防弾」「応急復旧」の四項目が追加された。[5] そして、一九四三年十月の改正で、「分散疎開」「転換」「防疫」「非常用物資の配給」[6] 及び「清掃」「阻塞」「給水」「応急運輸」「応急労務の調整」が定められた。[7]

法律の運用にあたっては、法律の規定に則り、陸軍大臣・海軍大臣が、一九四二年五月、一九四三年二月及び一九四四年一月に種々の「防空計画設定上の基準」を示した。[8] この「防空計画設定上の基準」を受け、一九四三年は内務省によって、翌一九四四年には内務省、厚生省、軍需省、農商省、運輸通信省により「中央防空計画」が定められた。[9] さらに、軍司令官、鎮守府司令長官及び警備司令長官が「防空計画設定上の基準」を提示した上で、これらを受けて地方長官（府県知事をさす）による防空計画が制定され、さらに市町村の防空計画が制定された。[10]

防空法は、一九四三年十月の改正で「防疫」という項目が加わったものの、その条文のなかに「防疫」を具体的に示した規定はなかった。あえて言えば、第六条に、「地方長官は（中略）特殊技能を有する者をして防毒、救護其の他防空の実施に従事せしむることを得」（昭和十八〔一九四三〕年改正防空法第六条）るという、特殊技能を有する医師等を、防空の実施（としての「防疫」）のために従事させることを可能にする規定があったのみで、防空法施行規則にも規定はなく、具体的な規定は、「中央防空計画」に示されていた。「中央防空計画」では、「防疫」として、「伝染病発生未然防止を図る為予防接種其の他伝染病予防止必要なる措置を講じ置く」「防疫組織（防疫班等）を確立し機動活動的を為さしめ且衛生組合又は伝染病予防法に基く予防委員等下部組織を活用する様計画準備するものとす」「伝染病多発に備へ都市の周辺に必要なる伝染病患者収容施設（予備救護所を以て之に充つ）を計画準備するものとす」（「中央防空計画」第百八条、百九条）とされていた。(11)

一方、防疫行政として、我が国では、種痘対策が明治維新後の最初の「防疫」とされており、それは一八七一年に実施された。(12)その後、一八七七年に中国で流行したコレラ菌が長崎から入り、横浜経由で東京に伝染し、一八七九年に全国的な大流行となった。死者十万余人を数え、内務省は、虎列刺予防仮規則、検疫停船規則を制定し、その予防措置を図った。(13)その後内閣制度や府県制などが制定されるなかで、一九〇一年に伝染病予防法（法律第三十六号）が制定された。伝染病予防法は、コレラ、腸チフス、赤痢、ジフテリア、発しんチフス、痘そう、ペスト、しょう紅熱を対象として、広汎な予防措置を規定し、これらの措置を市町村、道府県に義務づけた。(14)伝染病予防法の施行にともなって、たとえば東京府は、伝染病院並びに消毒所、隔離所を設置することを東京市に命じた。(15)

この法律の制定にともない、伝染病予防法施行規則、伝染病予防法による清潔方法並消毒方法等の関係省令がそれぞれ制定されたことで、我が国の防疫制度は画期的な進展を遂げたとされる。(16)さらに一九二二年までに四回の改正を経て、ペスト予防が加えられ、パラチフス、流行性脳髄骨膜炎が法定伝染病に加えられ、細菌学を中心とする医学の進歩を反映して、病原体保有者に関する規定、患者の就業禁止に関する規定、こんな虫駆除に関する規定等が加えられ、伝染病予防の基礎が完成したとされている。(17)

一九四三年九月に発生した鳥取地震に対して、鳥取県は、防空法を準用した災害対処を実施した[18]（防空法の災害対処への準用に関する細部については、第三章で述べる）。二度目の防空法改正前であり「防疫」の項目は、まだ追加されていなかったにもかかわらず、鳥取県がとった処置に「空襲に際する防疫対策」を見ることができる。

鳥取県は、震災後、上下水道が震災の被害にあったことにより、汚物の処置ができなくなり、それが、井戸や破裂した水道管の飲料水に浸透するといった伝染病の発生を防止するために、軍官民合同の鳥取震災防疫委員会を設けた。そして、①防疫のための給水と井戸等の消毒、②共同便所の設置、③防疫指導の巡回、④予防注射、⑤市内の清掃などが実施された。その結果、疫病の発生は前年同期間に比べ三倍弱程度に食い止めたと記録されている[19]。これらの処置は、もともとあった伝染病予防法の市町村・道府県に義務づけられた広汎に亘る予防措置の一部がとられたものと考えることができる。

つまり、「中央防空計画」の規定にある、「伝染病発生未然防止を図る為（中略）必要なる措置」を講ずることは、伝染病予防法によって、すでに伝染病対策として確立していたと考えられる。次に、「防疫組織（防疫班等）を確立し機動活動的を為さしめ且衛生組合又は伝染病予防法に基く予防委員等下部組織を活用する様計画準備する」ことについて述べる。この条文からは、衛生組合と伝染病予防法に基づく下部組織はすでに確立されていたものと解釈でき、それを防空という視点で組織を定義し、「機動活動」という手段を付加したと考えることができる。そして、「伝染病多発に備へ都市の周辺に（中略）収容施設（中略）を計画準備する」ことについては、東京の例にあったように、すでに伝染病院、消毒所、隔離所の設置がなされていたと言える。

すなわち、「中央防空計画」に定める「防疫」に関しては、機動活動を除けば、伝染病予防法により確立した体制を再定義したと言うことができる。

次に、防空法の「防疫」以外の項目でも「空襲に際する防疫対策」と考えられるものがある。それは、今で言う生物化学兵器への対策である「防毒」、空襲を受けた後に飲料水を確保するための「給水」、被害現場の後片づけ等の「清掃」、さらには、空襲被害にあった水道を復旧させるための「応急復旧」といった防空法及び防空法施行令に示された項目である。

陸軍の増田知貞（軍医中佐）は、防空法改正前に「空襲下の防疫」（『防空事情』一九四一年十月）において、「空襲に際する防疫対策としては、敵が細菌戦を行ふと否とに拘らず、其の原則は同じ」で、「衛生施設は、之を完備させなければならない」及び「一般防疫の原則を其の儘実地に応用すれば足りる」と結論づけた。なお、増田は、陸軍軍医学校の教官という職にあったことから、この論文は陸軍の見解と大きく異なることはないと解釈できる。そして、一般防疫の原則として、「伝染病の病原体の排除掃滅」「伝搬経路を遮断」及び「個人予防の徹底」を挙げている。

「伝染病の病原体の排除掃滅」については、患者・保菌者の発見隔離と病原体を含む排泄物の迅速で完全な掃滅（消毒）によりなすものとされた。「伝搬経路の遮断」については、接触感染、空気感染、水によるもの、飲食物によるもの、動物によるものの五つを挙げ、このなかで「水によるもの」が重要としている。さらに、「個人予防の徹底」については、民族としての疾病に対する抵抗力を養成することを重要視し、栄養面、衣食住に対する諸政策は、充分な科学的検討により実施されるべきであると述べ、加えて防毒マスクが必要と述べた[20]。防毒マスクは、毒瓦斯による攻撃への対処と思われがちであるが、増田は、砒素系瓦斯に対応できる防毒マスクであれば、普通の細菌は通さないと述べており、防毒マスクは細菌戦にも有効であるとされていた[21]。

以上のことから、「空襲に際する防疫対策」を考えるにあたっては、「中央防空計画」の規定である、①防疫組織を確立して機動活動に加え、増田が、「空襲に際する防疫対策」として挙げた、②衛生施設の完備、③病原体の排除掃滅、④伝搬経路の遮断、⑤個人予防について考察していくことで、防空法に規定された項目（「防毒」「防疫」「応急復旧」「給水」「清掃」）と防疫行政・衛生行政のかかわりを明確にすることができるものと考える。なお、「応急復旧」については、空襲被害にあった水道の復旧を意味しており、すでに第一章で述べているので、本章での細部に亘る言及は避ける。

二　空襲に際する防疫対策の実態

前項で述べた五つの項目、①防疫組織を確立して機動活動、②衛生施設の完備、③病原体の排除掃滅、④伝搬経路の遮断、⑤個人予防、について具体的に述べ、防空法と防疫行政・衛生行政のかかわりについて明らかにしていく。

（一）防疫組織を確立して機動活動

「中央防空計画」には、「防疫組織を確立して機動活動的を為さしめ」、かつ「衛生組合又は伝染病予防法に基く予防委員等下部組織を活用する様計画準備するものとす」とされ、既存の組織を活用するように定めている。一九四三年九月から都政が開始された東京都では、一九四四年三月に東京都庁防衛本部を設置した。その組織構成は、本部室のほかに防備、救護、物資、工作等の九部からなり、本部長に都長官があたり、民政局が救護部を担当した。その所管事項には、「防毒」に関する事項、「防疫」に関する事項及び応急清掃に関する事項が含まれていた[22]。

伝染病予防法には、「地方長官は衛生組合を設け清潔方法消毒方法其の他伝染病の予防救治に関し規約を定め」（伝染病予防法第二十三条）と規定され、伝染病予防に対する協力組織として、地方長官は命令によって衛生組合の設立を強制できることになっていた。その衛生組合の活動内容は、狭い意味での伝染病予防だけでなく、衛生思想の宣伝、春秋二季の清潔方法の督励、飲料水の改善、はえの駆除、腸チフス予防接種、種痘の督励、市街地の散水などを行っており、広く保健衛生の諸問題を対象としつつ全国的に普及していった(23)。

「伝染病予防法に基づく予防委員」とは、東京都では伝染病予防委員をさしている。一九四二年、行政機構の簡素化にともない、警視庁保安衛生部で所管していた衛生事務は、一部を除き東京府に移った。これにより従来警察署で処理していた防疫業務は区に移り、末端行政機構が弱体化したので、その充実強化を図るためと、伝染病の発生状況による予防上の必要から、伝染病予防委員を設置することにし、一九四四年都告示をもって東京都伝染病予防委員規定を制定した。しかし、戦局により、予防委員の任命は遅れ、一九四五年七月になってようやく三、〇〇〇人の委員を委嘱した(24)。

このように東京都の場合、東京都庁防衛本部をはじめ、衛生組合、予防委員によって防疫組織が確立されたと考えられる、そして、その「機動活動」については、いくつかの記録が残されている。『東京都戦災誌』によれば、「焼野原と化してからは、特にこの焼跡に簡易生活を営む人々に対し伝染病対策の上からも手を打つ必要があった。(中略)自動車による地域的移動診療を行うこととなり」と記されている(25)。そして、その細部は、『東京都衛生行政史』に次のような記載がある。

これら壕舎生活者の悩みの種は、湿気による冷えや排泄物の処理で、罹災者の健康上からも防疫の上からも都としては何らかの手をさしのべる必要にせまられた。このため「戦災地区移動診療に関する件」を民政局衛生課(筆者註：前述したように民政局は、東京都庁防衛本部の組織としては救護部を担当)において決定し、日本医療団支部、都医師会、戦災援護東京都支部などの協力を得て、さらに各区や保健所などと協議の上、これら壕舎生活を送る人々にトラックによる地域的移動診療を行なった。[26]

神奈川県では、県の防空計画において、県防衛本部に直轄防疫班を設置し防疫の指導連絡にあたるとなっていた（「防空医療救護実施要綱」第三十七条）。一九四五年五月二十九日の横浜空襲の際には、六月一日以降、国防衛生隊員が罹災民収容所を巡回視察して市民の保健防疫にあたったと記録されている。[27]

これらの活動は、鳥取県が地震後にとった行動と大きな差異はない。すなわち、空襲後の伝染病予防に関しては、防空法に基づき定められた各自治体の防空計画によって、「空襲に際する防疫対策」が行われたものの、内容的には、従来の伝染病予防法による「防疫」を大きく変えるものではなかった。しかし、防空法によって、組織を再定義することで、空襲後の防疫組織による機動活動を容易にしたということができる。

（二）　衛生施設の完備（保健所）

一九三七年に設立された日本の保健所は、健康相談事業を中心とした保健衛生指導の第一線機関とされているが、[28]業務内容は、健兵健民政策に資する公衆衛生行政であったとも言われている。[29]

保健所設立の第一義的な目的は、国力（経済・軍事・文化）発展の基礎としての国民体力の向上だった。保健所法第一条には「保健所は国民の体位を向上せしむる為地方に於て保健上必要なる指導を為す所とす」とされ、具体的には、次の業務に関する指導を行うこととされた。それは、「一　衛生思想の涵養に関する事項、二　栄養の改善及飲食物の衛生に関する事項、三　衣服、住宅其の他の環境の衛生に関する事項、四　妊産婦及乳幼児の衛生に関する事項、五　疾病の予防に関する事項、六　其の他健康の増進に関する事項」である。都道府県においては、だいたい人口一二〜一三万人につき一ヶ所、六大都市においては二〇万人につき一ヶ所設けることとし、必要に応じて支所を置くものとした。人員は、医師、薬剤師、保健婦、指導員などからなっていた(30)。

一九四一年、太平洋戦争開戦にともない、兵力・労働力の確保と青年男性に対する結核予防施策の強化が急務となり、翌年に国民体力法が改正され、保健所長に、事業主や学校長などの行う体力検査への指揮監督権、国民体力管理医への指揮、検査を受けた者への療養に関する処置命令等の行政権限が与えられることになった。一九四二年六月には、厚生省の基本政策として、「国民保健指導方策要綱」が定められ、保健指導業務の内容として、保健並びに結核予防に主力を注ぎ、体力錬成、栄養改善に特段の留意をすること、結核、トラホーム、寄生虫病の予防に必要な措置を行うこと、国民体力の管理を徹底することとされた(31)。

東京都においては、一九四三年七月の都政開始にともない、それまでの東京府、東京市及び通信院所管の簡易保険相談所を引き継ぎ、五、六ヶ所が東京都保健所として、一九四四年十月に一斉に業務を開始した。これによって初めて保健所網整備が完成され、同時に保健所の運営を刷新して、保健所を単なる健康相談施設に止めることなく、事実上行政庁としての機能を発揮することとなった。保健所長は検疫委員に任命され、また町村及び国民健康保険組合の保健衛生事業の指導監督も行うようになった(32)。このような一連の措置によって、保健所が国民の保健指導機関として十分な活動ができるような仕組みをめざし、保健所を整備しようとした。しかし、それが完成する前に敗戦を迎え、保健所網の整備は中断し(33)、相次ぐ空襲のため、保健所は本来の使命達成よりも防空救護が主たる目的となっていったと言われている(34)。

すなわち、衛生施設の完備（保健所）は、防空法ではなく、衛生行政により整備され、保健所網は完成には至らなかったが、「防疫」を担うための衛生施設は、整備されていたと言える。また、その衛生施設である保健所は、通常は、国民体力の管理と伝染病予防のための業務を実施していた。

（三）　伝染病の病原体の排除掃滅

一九四三年の改正で、防空法に追加された「その他勅令を以て定むる事項」として、[35]防空法施行令（昭和十九〈一九四四〉年一月改正　勅令第二十号）によって、「被害現場の後片付けその他の清掃（清掃）」が規定された。「中央防空計画」には、「清掃」として、「一般の汚物処理等に関し計画準備するものとす」「被害地並に避難地区の共同便所の仮設及市街地に於ける之が円滑処理等に関し計画準備する」（「中央防空計画」第百三十七条）と規定された。[36]さらに「神奈川県防空医療救護実施要綱」（神奈川県告示第九百十一号）では、「第三十九　市町村長は避難所開設の場合便所の増設、消毒、飲料適水の供給、炊事場の清潔保持、患者の早期発見、隔離等特伝染病予防に留意するもの」とされた。[37]

伝染病予防法では、患者の収容、汚染地区の交通遮断、患者の移動制限、死体の処理、伝染病院隔離病舎消毒所等の設置、列車船舶の検疫、予防検疫委員の設置、流行時における健康診断、死体検案、集会制限、物品の出入り売買等の制限といった広汎な予防措置を規定し、また、これらの措置を市町村、道府県に義務づけるとともに国庫負担等の規定を設けた。[38]

伝染病の病原体の排除掃滅という視点で見た場合、具体的な措置のほとんどは伝染病予防法によるものであり、防空法に根拠を置く「中央防空計画」には、清掃と共同便所といった空襲に特化した規定がもうけられていた。

（四）　伝搬経路の遮断（水にかかわる処置）

増田によれば、伝搬経路の遮断については、水にかかわるものが重要とされている。事実、「防疫」に対しての水道の重要性は、早くから指摘されていた。上水協議会が発展し、一九三二年に社団法人となった水道協会[39]の機関誌の『水道協会雑誌』（一九三四年）にその一部を見ることができる。そこでは、都会での水道敷設の目的は、飲料水、使用水の欠乏を補うのが主であるが、井戸水の不良のために起こる疾病、伝染病を予防するという「防疫」から出発した面も少なくない。しかし、水道水の汚染が原因で伝染病（チフス）を拡大させ数千人の患者を出し、さらに数万の赤痢患者を流行させた事例もあった。このため水道の水源地に対し衛生的な取り締まりを厳重になすことは、よく理解されていると述べられている[40]。

空襲対策として水にかかわる処置は、空襲被害にあった水道を復旧させるための「応急復旧」、空襲を受けた後に飲料水を確保するための「給水」、被害現場の後片づけ等の「清掃」といった項目が、防空法及び防空法施行令に規定されていた。これら、「応急復旧」「給水」及び「清掃」について述べる。

（ア）「応急復旧」

第一章で述べたとおりであり、水道の復旧作業は、漏水管のたたきつぶしから始まり、これに軍隊を含む多くの人員が支援したことで、比較的短期間で水道は復旧された。

（イ）「給　水」

水にかかわる処置は、防空法施行令（昭和十九〈一九四四〉年一月改正　勅令第二十号）によって、勅命の定める事項として、前述した「被害現場の後片付けその他の清掃（清掃）」の他に「飲料水の供給（給水）」が規定された[41]。さらに「中央防空計画」において、「給水」として、「水道の水質を保全」と「水質の汚染等に因り浄水の供給不可能なる場合を考慮して（中略）配水等に関し計画準備する」（「中央防空計画」第百十、百十一条）ことが規定された(42)。

川崎市では、陸軍衛生隊の濾過器自動車の派遣をこい、大師地区は大師プールの水を、大島地区は防火貯水池の水を、それぞれ現場で浄化し給水を続けた。さらに戸手浄水場から運搬給水した(43)。兵庫県の本庄村では、阪神上水道組合、警防団員の協力を得て自動車による給水したという記録が残されている(44)。さらに桑名市では、軍部の応援を得て、河水を濾過し、四斗樽に詰め、トラックで市内要所数ヶ所に配置、暫定的給水を実施した(45)。このように空襲時、すぐに給水ができない場合は給水車により実施したり、現場で濾過もしくは浄化して給水するという防疫上の措置がとられていた。

（ウ）「清　掃」

防空法施行令において、「清掃」に関しては、実施と必要な設備または資材の整備は、内務大臣及び厚生大臣の担当とされた(46)。具体的には、被害現場の後片づけ、特に、交通路の啓開、屍体処理、被害物件の処理及び管理、その他一般汚物処理等に関して計画準備するものとされていた(47)。

一九四三年度の「川崎市防空計画」によれば、罹災後の交通支障物件及灰燼の除去処分は、公道上のものは市において除去、民有地のものは所有者または管理者の受託により除去、それ以外は知事の指揮を受け除去することとされていた。つまり、民家の被害についての後片づけは、住民自らがやるしかなかった。大まかな規定のみで、細かい実施の細部等は、準備されていなかった。そのようななかで、「清掃」はどのように行われたのか。実際に行った活動について、建設省編『戦災復興誌』に一部の自治体の記述が見られる。本格的な「清掃」の多くは、終戦後に国家予算を活用して実施されているが、戦災直後に「清掃」に尽力した自治体（青森市、花巻町、前橋市、熊谷市、千葉市、勝浦町、川崎市、平塚市、富山市、岐阜市、大垣市、静岡市、一宮市、高松市、宇和島市、熊本市、鹿児島市）の記録が残されている。(48) これを①労働力、②清掃の実施、について分類し、整理した。

①労働力

・青森刑務所の模範囚部隊八〇人が県軍需課の要請により出動した（青森市）。
・各自宅の焼跡整理作業を開始した（花巻町）。
・罹災した市民は、……自主的に（熊谷市）。
・地元消防団等によって（勝浦町）。
・一般住宅内の土砂瓦礫等は町内会、隣組等の協力により（平塚市）。
・市民の自治組織の協力、或いは各個人の自発的な作業と相まって（静岡県）。
・警防団、在郷軍人会等が出動した（宇和島市）。

②清掃の実施

・まず市街地の清掃事業に着手した（千葉市）。
・罹災直後七、八四〇坪を地元消防団等によって清掃（勝浦町）。
・市街地交通の緊急確保の必要から、公共用地に散乱堆積した瓦礫の取片づけを第一とした（静岡市）。
・一応交通可能な程度に清掃された（高松市）。
・戦災後直ちに焼失区域内の道路の啓開に着手し、順次公共用地に及ぼし、散乱する焼瓦等をとりあえず支障ない箇所、または低地にして埋め立てを必要とする場所へ搬出した（熊本市）。
・被災後直ちに罹災市街地の道路の啓開に着手し、路面に散乱する焼瓦等を両側民有地に押し寄せ、道路の効用をまずもって発揮しうるようにした（花巻町、前橋市、川崎市、富山市、岐阜市、大垣市、静岡市、一宮市、鹿児島市）。

上記のように空襲後の「清掃」を実施した自治体の記録は残されており、その労動力は、自治体だけでなく、住民、住民自治組織（平塚市、静岡市）、警防団（宇和島市）及び模範囚の労動力（青森市）が活用された。このように被害現場の「清掃」は、防空法に基づき組織的に行われていたということができる。一四の自治体で記録が残されていたが、記録のない自治体が何もしなかったとは考えにくいことから、ほぼ、同様であったと推測できる。

『戦災復興誌』には、「被害現場の後片付け及びその他の清掃」に関する軍の出動記録はない。『ＵＳＳＢＳ報告』では、軍隊の出動は東京のみ五、五〇〇人で、他の都市で軍隊が出動した記録はなかったとされている。(49)『東京都戦災誌』に、道路橋梁の応急修理として、一九四五年三月十日の東京大空襲以降の大被害に対して、常に自発的或いは都の要請により、軍隊の出動ありと記されており、これが陸軍五、五〇〇人の根拠と考えられる。(50)

一方、各自治体が発行した戦災誌には、軍隊出動の記録が残されている。青森市では、東北第九十三部隊、第八十部隊から約一、〇〇〇人が出動し、残火整理、警備警戒・通信復旧・道路の啓開清掃に従事し、(51)甲府市では、戦災跡地は軍隊及び国民義勇隊の出動を求めて整理された。(52)第一章で述べたように、防衛総司令部の定めた「警備指針」によれば、応急処置や交通の復旧は、軍隊の警備任務として留意することになっていたので、軍隊が空襲後に、応急処置としての「清掃」に従事することは、不自然なことではない。この『ＵＳＳＢＳ報告』の記載に関しては、米国側の調査不足を指摘せざるをえない。

このように「清掃」にあっては、自治体、警防団、隣組、住民及び軍隊によって実施された。当然これは空襲を受けるごとに実施されたと考えられる。

これまで述べたように、水道を復旧させるための努力は、第一章で述べたとおり、「応急復旧」のための必要な組織を確立した上で、なされていた。また、「給水」にあっては、軍の支援も受けつつ、給水に努力していたことが、記録されており、さらに「清掃」についても、さまざまな組織によって実施されていた。すなわち、伝搬経路の遮断（水にかかわる処置）については、防空法に根拠をなす「空襲に際する防疫対策」がなされていたと言うことができる。

(五) 個人予防

（ア）　疾病に対する抵抗力の養成

疾病に対する抵抗力の養成は、衛生行政に関わることであり、『東京都衛生行政史』からの引用によりまとめる。

衛生行政は、一八七五年内務省に衛生局が設けられて以来、取り締まりを主とした警察行政の一部門として発展してきた。そして、戦争の進展とともに衛生行政は、健兵健民の政策の下に国民保健衛生に関する諸施策が強化された。まず一九四〇年に国民体力法が制定された。国民体力法は、従来未成年者の心身保護が民法による親権者の監視義務に一任されていたのに対し、これをある程度まで公法上の義務とし、もし親権を行う者がこの義務を履行しえない場合には国家自らの手によってこれを果たし、未成年者の死亡を防ぎ、体力向上を目的をするものであった。これに要する費用は一切国費でまかなわれ、道府県衛生課の衛生行政官吏はもとより全国医師の大部分は国民体力管理医として、この体力管理事業に動員された。国民体力法は、一九四二年に改正され、乳幼児に対しても体力検査を実施することとなり、その指導の徹底が期せられた。(53)

衛生教育は、内務省、地方警察部衛生課、警察署を中心に急性伝染病の取り締まりを主軸として行われてきた。疫病が流行するたびに、一般市民の間に迷信や流言が乱れ飛び、迷信の多くは医学的に根拠のないもので、伝染病に対する療法をきらう者もあり、取り締まりを主とした衛生行政は行き詰まり、市民の理解と協力を必要とするようになった。この結果、警察官その他によって衛生講話が行われた。また、一八九七年の伝染病予防法によって、伝染病予防に対する協力組織として、前述した衛生組合が全国的に結成された(54)。

公衆衛生の面においては、一九〇七年に癩予防法、一九一三年に精神病院法、一九一九年に結核予防法、トラホーム予防法、一九二七年花柳病予防法、一九三一年寄生虫予防法が制定され、従来の急性伝染病を対象とした防疫から、慢性疾患の予防へと発展した。そして、その早期発見、早期治療についての保健指導が必要と考えられるに至った。大正から昭和初期にかけて衛生教育の必要性がだんだん認識され、講習衛生のなかに衛生教育が大きくとりあげられるようになった(55)。

警視庁衛生部では、防疫講習会を大規模に行った。対象は、各町内会、町村等の自治団体の指導者で、教材として「防疫講習会読本」を作成し、使用した。講習会の内容は、腸チフス、赤痢予防を主眼点とし、原因、伝染経路、症状、予防方法等のほか、調理場の改善、飲食物と最近の関係、食品の保存及び調理の要領、防疫と栄養、呼吸器系伝染病の予防等であった。実施状況は、一九二六年から一九二九年までに一八七回、聴講人員二万五千人、一九三〇年には、一一七回、二万二千余人、一九三一年以降も継続実施した(56)。

このように、個人予防における「疾病に対する抵抗力の養成」については、衛生行政のなかで行われたと言って良い。

（イ）　防毒マスク

「中央防空計画」では、「防毒」に関して、「防空重要都市に於ける満三歳以上の市民に対し防空用防毒面甲型を整備することとし三歳未満の乳幼児に対しては其の他の防毒施設を整備する」「防空重要都市及防空上重要なる事業又は施設に於ける防空要員に対し防空用防毒面乙型を整備する」（「中央防空計画」第百三条、第百四条）とされていた。[57]

防毒マスクには二種類あり、防空用防毒面甲型と乙型があった。甲型は、市民用とされる一般向けの防毒マスクであり、マスクのみであった。一方、乙型とは、服務用（防空従事者用）とされ、マスクだけでなく、ゴム製の面、手袋、袴、長靴さらに瓦斯吸収かんも装備され完全能力とされていた。[58]

『時局防空必携』では、毒瓦斯に気がつくか、毒瓦斯警報を聞いたら防毒マスクを直ちにつける。防毒マスクのないものは、濡れ手ぬぐいを口と鼻にあて、風上と直角の方に逃げるとされていた。[59] 日本国内の防毒マスクの大規模な生産は一九三八年に開始され、軍人がもつ以上に民間人にも防毒マスクをもつことが奨励された。一九四〇年四月に内務省は二六の主要都市の各個人に防毒マスクを供給する計画をたて、約一六〇〇万人に対し、一九四五年三月までに供給を完了する予定であった。最終的に防毒マスクは約九六五万個が生産され、当初予定の半分以上の個人に割り当てる分を準備したとされている。[60] 配布の状況は、一九四四年五月現在で、甲型（市民用）が約八七七万個、乙型（防空従事者用）が約七六・六万個配布された。甲型（市民用）の配布先は、各都市であり、府県庁を通じて、市民に配布されたもの考えられる。また、防空従事者用は、中央官庁、府県庁、各都市及び特設防護団に配布されたことが記録されている。[61]

このように、個人防護である防毒マスクは、防空法の下に配布された。また、前述したように、防毒マスクは、細菌に対しても有効であることが、増田によって述べられている。しかし、実際の空襲においては、毒ガス・細菌（今でいう生物化学兵器）が使用された記録はないので、防毒マスクの効果を見出すことはできない。

三　空襲に際する防疫対策の効果（『ＵＳＳＢＳ報告』から）

『ＵＳＳＢＳ報告』の医療部門の報告では、一九四一年一月から一九四五年十月の日本の六都市（東京、大阪、横浜、神戸、名古屋、京都）における八つの伝染病（赤痢、腸チフス、パラチフス熱、ジフテリア、脳膜炎、しょう紅熱、天然痘、発疹チフス）の発生についての調査と分析結果が記載されている。その結論には次のように書かれている。

赤痢、腸チフス及びパラチフス熱の発生は、戦略爆撃の効果を大きく反映した。たとえば、名古屋における赤痢伝染及び神戸におけるパラチフス熱伝染の状況は戦略爆撃の効果である。一九四五年夏の名古屋、横浜、京都の腸チフスとパラチフス熱の高い発生数にも注目すべきである。これらの四つの都市（名古屋、神戸、横浜、京都）での赤痢、腸チフス及びパラチフス熱の発生は、日本の空襲を受けた全ての都市においても同様の可能性があるとされている。しかし、日本全体の一九四五年夏の赤痢の高い発生数については、戦略爆撃との関連性は薄い。さらにジフテリア、脳膜炎、しょう紅熱、天然痘、発疹チフスについては、爆撃と直接の関連性はないであろう。なお、ジフテリアとしょう紅熱の発生数については、子供への栄養不足や薬品不足という点で、爆撃と関連性を考えることができる。[62]

『ＵＳＳＢＳ報告』では、戦略爆撃と関連性のあった点のみをとりだして評価しているが、関連性がなかったとされる部分は多々あり、名古屋の赤痢や神戸のパラチフスの伝染が、戦略爆撃の大きな効果であるならば、その他の都市がそのようにならなかったこと及びジフテリア、脳膜炎、しょう紅熱、天然痘、発疹チフスの発生は、爆撃との関連性が薄いということは、「空襲に際する防疫対策」に効果があったと言うことができる。

まとめ

防空法の「防疫」について述べるにあたって、この「防疫」以外の防空法の項目にも、防疫の効果に寄与したものがあり、防疫効果を期待できる施策（「防毒」「応急復旧」「給水」「清掃」）について、「防疫」も含め、これらを「空襲に際する防疫対策」と定義し、その実態と防空法と防疫行政・衛生行政の関係及び、その成果について述べた。論述にあたっては、陸軍軍医学校教官であった増田知貞が、「空襲下の防疫」で述べた対策に沿って、その実態を記述した。「防疫組織を確立して機動活動」については、もともと伝染病予防のための組織は確立されていたが、防空法によって、組織を再定義することで、空襲対策としての防疫組織による機動活動を可能にした。「衛生施設の完備」にあっては、防疫行政によって保健所が整備されていたが、空襲に対しては、救護任務が主となっていった。

空襲後の「伝染病の病原体の排除掃滅」については、空襲に特化した対策である「清掃」、共同便所の設立といった措置が、防空法に基づいてとられたが、患者の収容、汚染地区の交通遮断、患者の移動制限、死体の処理などの伝染病予防の具体的な手段は、伝染病予防法の規定によりなされたと考えられる。

「伝搬経路の遮断」として、「応急復旧」「給水」「清掃」といった「水にかかわる処置」は、防空法の規定によりとられた。ところによっては給水車を派出したが、水道の復旧作業は、漏水管のたたきつぶしから始まり、これに軍隊を含む多くの人員が支援したことで、比較的短期間で水道は復旧された。これらの努力は、空襲を受けた多くの都市でなされていた。

「個人予防」については、防疫行政・衛生行政としての防疫講習会などを通じて、「疾病に対する抵抗力の養成」の必要性が、個人に浸透した。防空法に基づく「防毒マスク」については、効果を見出すことはできないが、目標の半分の個数である約九五四万個が製造、配布された。

これらをまとめると、「空襲に際する防疫対策」は、伝染病予防に関しては、伝染病予防法から防空法へ根拠となる法規が変わったのみであり、従来の防疫を変えるものではなかった。しかし、空襲に特化した状況、特に「空襲後の処置」にあっては、防空法により強化され、処置がなされることで、伝染病の発生を抑えることができたという点で、国民保護の一面があったと言える。

また、制度構築の際の「空襲判断」（一九四三年）は、第二部の第二章で述べたとおり、「来年度以降更に深刻且激化す」「数機又は数十機の梯団に依る連続攻撃を反復実施する」とされ、被害が大きくなることが予想されていた。その想定された事態に対応できたと言える。その意味で、「防疫」「応急復旧」「給水」及び「清掃」に国民保護の一面はあったと言うことができる。「清掃」、水道の「応急復旧」に関しては、警防団及び家庭防空隣保組織（隣組）の活躍があった。

しかし、終戦後、戦時中からの労働の過重と生活の切り下げにより、国民の健康状態は悪化し、医薬品その他衛生資材の不足、衛生諸施設の荒廃と相まって、さらには、外地からの引揚げ者、復員者の帰国、疎開者などの帰京や都会と地方の騒然たる人の往来によって、伝染病が大流行した。そうした状況を『東京都衛生行政史』は次のように記述している。

終戦直後、発しんチフス、痘そう、コレラ等わが国に常在しない伝染病が爆発的に大流行した。発しんチフスは昭和十六年ごろから都内に発生していたが、戦争が苛烈となった昭和十九年にすでに八四〇名の発生があり、終戦の翌二十一年には全国患者数の約三分の一、九、八六四名の患者と九一四名の死者を出す大流行があった。これは、海外引揚者による病毒の移入や、終戦による社会的混乱、生活条件の悪化、医薬品の不足等各種の悪条件が重なったためで、この同じ条件は、コレラや痘そうの異状な流行をも引き起こした。コレラは昭和二十一年に二十一名発生し、痘そうも一、八一三名の大発生があった。（中略）

このような状態にあって、進駐軍（筆者註：日本に進駐した連合国軍の俗称）の防疫行政に対する指導と援助は、きわめて積極的であった。昭和二十年九月二十二日、連合軍最高司令部（筆者註：連合国最高司令官総司令部）は日本政府に対し覚書「公衆衛生について」を発し、（中略）都の防疫行政に対しても、次々と指示、指令が出され、一方において大量のＤＤＴ薬剤および発しんチフスワクチンが供給された。[63]

戦後、外地からの引揚げ者によって、多くの病気がもちこまれ、爆発的に伝染病が増加したことからも、それ以前は、「空襲に際する防疫対策」によって、伝染病は抑制されていたと言うことができる。しかし、爆発的に増加した伝染病と、さらに、その伝染病を連合国との協力によって、収束させたという皮肉な結果に隠され、伝染病予防に効果をもたらせていた防空法の存在は、これまで評価されることがなかった。

註

（１）東京都編『東京都衛生行政史』（東京都、一九六一年）三二六頁。
（２）同右、三二八、三三二頁。

（3）同右、二二一頁。
（4）内閣印刷局『昭和年間　法令全書　昭和十二年（第11巻—2）』（原書房、一九九七年）六二一—六五頁。
（5）内閣印刷局『昭和年間　法令全書　昭和十六年（第15巻—1）』（原書房、二〇〇一年）二〇一—二〇七頁、内務省「改正された防空法」（『週報』第272号、一九四一年十二月二十四日、内閣情報局、JACAR（アジア歴史資料センター）Ref.A06031043400、週報（国立公文書館））五頁（以下、JACAR：レファレンス番号）。
（6）内閣印刷局『昭和年間　法令全書　昭和十八年（第17巻—2）』（原書房、二〇〇四年）二九〇—二九四頁。
（7）内閣印刷局『昭和年間　法令全書　昭和十九年（第18巻—2）』（原書房、二〇〇五年）一四—二一頁。
（8）「防空計画ノ設定上ノ基準」陸軍大臣・海軍大臣、一九四二年五月（「防空計画ノ設定ノ基準ノ件（陸、海軍省）」国立公文書館デジタルアーカイブ／防空関係資料・防空ニ関スル件（三）／件名番号：034）、「昭和十八年度防空計画設定上ノ基準」陸軍省・海軍省、一九四三年二月（国立公文書館デジタルアーカイブ／防空関係資料・防空ニ関スル件（四）／件名番号：031）、「緊急防空計画設定上の基準」陸軍省・海軍省、一九四四年一月（国立公文書館デジタルアーカイブ／防空関係資料・防空ニ関スル件（六）／件名番号：001）。
（9）「中央防空計画」内務省、昭和十八（一九四三）年七月（「中央防空計画改定ニ関スル件」国立公文書館デジタルアーカイブ／防空関係資料・防空ニ関スル件（五）／件名番号：001）、「中央防空計画」内務省・厚生省・軍需省・農商省・運輸通信省、昭和十九（一九四四）年七月（「中央防空計画設定ニ関スル件」国立公文書館デジタルアーカイブ／防空関係資料・防空ニ関スル件（六）／件名番号：019）（以下、「中央防空計画」内務省等、昭和十九（一九四四）年七月）。
（10）氏家康裕「国民保護の視点からの有事法制の史的考察——民防空を中心として——」（『戦史研究年報』第八号、二〇〇五年三月）六—七頁。
（11）「中央防空計画」内務省等、昭和十九（一九四四）年七月。
（12）東京都編『東京都衛生行政史』三二七頁。
（13）同右、三二八頁。
（14）伝染病予防法には、患者の収容、汚染地区の交通遮断、患者の移動制限、死体の処理、伝染病院、隔離病舎、消毒所等の設置、列車船舶の検疫、予防検疫委員の設置、流行時における健康診断、死体検案、集会制限、物品の出入り売買等の制限などの規定がもうけられていた。
（15）一九四三年九月に東京都政が開始された。それまでは、東京府と東京市が存在した。

(16) 東京都編『東京都衛生行政史』三三二、三三三頁。
(17) 同右。
(18) 大井昌靖「昭和期の軍隊による災害・戦災救援活動」(『軍事史学』第四十八巻第一号、二〇一二年六月)七五頁。当時は、災害対処の法律が制定されていなかったため、防空法が実行的に準用されていた。
(19) 鳥取県『鳥取県震災小誌』(鳥取県、一九四四年九月三日。国立国会図書館デジタルコレクション〈http://dl.ndl.go.jp/info:ndljp/pid/1459876〉五二、五三頁(当該小誌は、米子工業高等専門学校『鳥取地震災害資料』(一九八三年)に複製されて収められている)。
(20) 増田知貞「空襲下の防疫」(『防空事情』第四巻第十号、大日本防空協会、一九四二年十月)五―一一頁。
(21) 同右、二三頁。
(22) 東京都編『東京都衛生行政史』一〇〇二、一〇〇三頁。
(23) 同右。
(24) 同右、三四一、三四二頁。
(25) 東京都編『東京都戦災誌』(東京都、一九五三年)四六八頁。
(26) 東京都編『東京都衛生行政史』一〇〇九頁。
(27) 横浜市・横浜の空襲を記録する会『横浜の空襲と戦災　三』二〇二頁。
(28) 東京都編『東京都衛生行政史』二〇六頁。
(29) 金子雅彦「公衆衛生の危機管理――保健所の変遷――」(中久郎編『戦後日本のなかの「戦争」』世界思想社、二〇〇四年)一三一頁。
(30) 同右、一三四、一三五頁。
(31) 同右。
(32) 東京都編『東京都衛生行政史』二一〇頁。
(33) 金子「公衆衛生の危機管理」一三五、一三六頁。
(34) 東京都編『東京都衛生行政史』二一〇頁。
(35) 内閣印刷局『昭和年間　法令全書　昭和十八年(第17巻―2)』二九〇―二九四頁。
(36) 「中央防空計画」内務省等、昭和十九(一九四四)年七月。
(37) 川崎市『川崎空襲・戦災の記録　資料編』(川崎市、一九七七年)四〇八頁。

(38) 東京都編『東京都衛生行政史』三三三頁。
(39) 社団法人日本水道協会ホームページ http://www.jwwa.or.jp/about/index.html（二〇一六年六月三十日アクセス）。
(40) 井口乗海「防疫上より観たる水道問題の考察」（『水道協会雑誌』第十号、一九三四年三月）一五―一七頁。
(41) 内閣印刷局『昭和年間　法令全書　昭和十九年（第18巻―2）』一四―一二頁。
(42) 「中央防空計画」内務省等、昭和十九（一九四四）年七月。
(43) 建設省編『戦災復興誌　第九巻』（都市計画協会、一九六〇年）一三頁。
(44) 建設省編『戦災復興誌　第五巻』（都市計画協会、一九五七年）三五一頁。
(45) 「水道施設戦災状況一覧表」（『水道協会雑誌』第一四一号、一九四六年十二月）四三頁。
(46) 内閣印刷局『昭和年間　法令全書　昭和十九年（第18巻―2）』一四―一二頁。
(47) 「中央防空計画」内務省等、昭和十九（一九四四）年七月。
(48) 建設省編『戦災復興誌　第四巻～第九巻』（都市計画協会、一九七五―一九六〇年）。
(49) THE UNITED STATES STRATEGIC BOMBING SURVEY, *FINAL REPORT Covering Air-Raid Protection and Allied Subjects in JAPAN* (Civilian Defense Division, 1947), pp.96〔米国戦略爆撃調査団『太平洋戦争白書　第5巻　民間防衛部門④』（日本図書センター、一九九二年）〕（以下、USSBS, *FINAL REPORT*）.
(50) 東京都編『東京都戦災誌』四九七頁。
(51) 「青森空襲の記録」編集委員会『青森空襲の記録』（青森市、一九七二年）三五〇頁。原書は「青森県知事の報告書」（青防第九九二号、昭和二十〈一九四五〉年七月二十三日）。
(52) 甲府市戦災誌編さん委員会『甲府空襲の記録』（甲府市、一九六四年）四二〇頁。
(53) 東京都編『東京都衛生行政史』二二一―二二三頁。
(54) 同右、一一二―一一三頁。
(55) 同右、一一四―一一五頁。
(56) 同右。
(57) 「中央防空計画」内務省等、昭和十九（一九四四）年七月。
(58) 「防毒面の種類と用途」〔「第十二図　防毒面の種類と用途」（『防空関係資料全防空図解防毒』国立公文書館デジタルアーカイブ／防空関係資料・防空図解第四輯・防毒）／件名番号：012〕。

（59）内務省編『時局防空必携（昭和十八年改訂版）』（「「時局防空必携」改訂ニ関スル件」国立公文書館デジタルアーカイブ／防空関係資料・防空ニ関スル件（五）」／件名番号：010）。
（60）USSBS, *FINAL REPORT*, p.154.
（61）「十六年式十七年式防空用防毒面配給状況調」防空総本部業務局援護課（「警備隊装備関係書類綴（警備課）」JACAR：A05020343400、警備隊装備関係書類綴（警備課）（国立公文書館））。
（62）THE UNITED STATES STRATEGIC BOMBING SURVEY, *The Effects of Bombing on Health and Medical Services in Japan* (Medical Division), p.180〔米国戦略爆撃調査団『太平洋戦争白書　第6巻　医療部門』（日本図書センター、一九九二年）〕.
（63）東京都編『東京都衛生行政史』三四二―三四四頁。

第三章　防空法の災害対処（「救護」「非常用物資の配給」「応急復旧」）

はじめに

本章では、「救護」「非常用物資の配給」及び「応急復旧」という三つの項目について、災害対処との関係を明らかにする。第一部で述べたとおり、災害（空襲）対策を包括的に実施する法律の必要性は、一九二三年の関東大震災が契機とされている。そして、日本で防空法制を求める声が陸軍関係者から上がってきたのが、一九二八年頃で、そこから一九三七年の防空法成立までに約一〇年を要した。(1) このため、関東大震災から防空法成立までの間、それに代わるような災害対処に応用できる法律は存在しなかった。また、防空法の目的は、「戦時又は事変に際し航空機の来襲に因り生ずべき危害を防止し又は之に因る被害を軽減する」（防空法第一条）ことであり、災害対処は目的としていない上に、災害対処への準用規定もなかった。(2)

しかし、防空法成立後に発生した災害、すなわち、鳥取地震（一九四三年）、東南海地震（一九四四年）、三河地震（一九四五年）における災害は、防空法の準用と軍隊による救援活動によって対処がなされた。そこで、本章ではこれらの関係を整理するため、例として防空法成立以前の災害（昭和三陸地震（一九三三年））、防空法成立後の前記三つの災害、さらに戦災における活動として横浜大空襲を一例として挙げ、軍隊の活動についても若干触れながら、「救護」「非常用物資の配給」及び「応急復旧」という三つの項目は、空襲対処だけでなく、災害対処にも有効であったことを論じる。

一　防空法に基づく災害対処の体制

第一部で述べたように、防空法の項目である「救護」については、一九三七年の法制定時から項目にあり、「非常用物資の配給」については、一九四三年の法改正により追加され、「応急復旧」は、一九四一年の法改正により追加された。

法の規定により、陸海軍から「防空計画策定上の基準[3]」が示され、一九四四年に示された「中央防空計画」のなかで「第十四章　救護」については、

第百十二条　警防団、特設防護団、隣保班に於ける救出、（中略）災害現場の救護に付計画準備するものとす
第百十四条　都市周辺地区の学校、寺院、公会堂、旅館等を予備救護所（中略）として計画準備し置くものとす
第百十七条　救護に必要なる医薬品其の他の衛生用物資は必要なる品目、数量を確保し且之を分散貯蔵すると共に（中略）迅速円滑なる非常配給を為し得る様計画し置くものとす

第百二十一条　①罹災者に対する収容施設の供与、食品被服等の支給等に関し計画準備し置くものとす

が規定されていた。

そして、「第二十章　非常用衣食住物資の備蓄配給」では、

第百五十一条　重要地区に在りては特定物資に付防空用の非常用衣食住物資（以下防空備蓄と称す）を常備す（中略）防空備蓄特に食糧に関しては（中略）分散配置、防護施設の強化等の措置を講ずる（後略）

第百五十八条　配給機構は（中略）関係機関の構成、業務内容、責任分野相互関係等を具体的詳細に明確ならしめ且必要なる訓練を実施して其の総合的一体活動を図るものとす

とされた。

さらに「応急復旧」については、第一章で述べたとおり、「運輸通信施設、電気、水道、瓦斯等の重要施設の管理者は其の施設の応急復旧に従事せしむる為応急復旧（工作）隊を設置するもとす」「内務省土木出張所、各都庁府県並に防空上の重要都市にして相当多数の土木職員を有するものは公共土木施設の応急復旧を実施する為応急土木工作団を設置するものとす」「各都庁府県は応急復旧を為し又は応急復旧に応援協力せしむる為緊急工作隊を設置するものとす尚罹災者を収容する仮設住宅の建設に当るものとす」と規定されていた。[4]

また、第二部の第一章でも述べたが、警防団令（昭和十四〈一九三九〉年一月二十五日勅令第二十号）により組織された警防団は、「防空、水火消防其の他の警防に従事す」（警防団令第一条）とされ、防空（空襲対処）を実施するだけではなく、災害にも対応する組織であった。[5]そして、国内治安の維持のために内務省が所轄する「総動員警備」を定めた「総動員警備要綱」（昭和十九〈一九四四〉年八月十五日閣議決定）では、総動員警備の主体として警察・消防官吏と並んで警防団が示された。総動員警備は、「非常事態に際し人及物的資源の被害を防止軽減し治安を維持」（「総動員警備要綱」第一条）するもので、ここで言う非常事態とは、「一　沿岸に対する敵の攻撃　二　空襲　三　災害、騒擾其の他の非常事態」（同第二条）とされ、空襲と災害が含まれていた。[6]防空法（法律）に災害対処の規定はないが、その防空（空襲対処）を実施する重要な組織である警防団が、警防団令（勅令）と総動員警備要綱（閣議決定）によって、空襲及び災害に対処する組織と定められたことから、実行上、防空法は災害対処に準用されるという構造になっていた。

二　軍隊による救援活動

軍隊による救援活動は、衛戍条例にその根拠がある。「衛戍」とは、陸軍の軍隊が恒常的にひとつの地に駐屯することで、その軍隊がその地の警備及び軍隊の秩序・軍記・風紀の監視並びに軍隊に属する建造物の保護に任じることを「衛戍勤務」と言い、その指揮をとるのが「衛戍司令官」であった。[7] 衛戍条例（明治四十三〈一九一〇〉年二月二十八日改正勅令第二十六号）第三条によれば、衛戍司令官たる部隊長は、衛戍勤務に関して、編成部隊の指揮系統とは無関係に管轄区の師団長の監督を受けた。[8] また第九条では、災害または非常の際、府県知事より、部隊出動の請求があれば直ちに応ずること、請求を待ついとまがなければ部隊を出動させ処置することが規定されていた。一九三七年、衛戍条例は衛戍令に名称が変更（時代で名称が異なるが、以後「衛戍令」と呼称する）、衛戍司令官の勤務に関する内容などは、軍令事項として衛戍勤務令（軍令陸第三号）へ移された。この結果、衛戍令第九条の規定は衛戍勤務令第六条へと移された。[9] ここに衛戍司令官は、予め災害・非常の際に必要な衛戍地の警備・治安維持の計画を定め、府県知事より請求を受けたならば直ちに応じ、請求を待ついとまがなければ部隊を出動させ処置することとなった。[10]

防衛省防衛研究所所蔵の「宇都宮師管区司令部　規定綴」には、宇都宮師団隷下の東部第三八部隊（歩兵第一一五連隊）、東部第四一部隊（迫撃第一連隊）、東部第三七部隊（歩兵第一〇二連隊）などの部隊長が、それぞれの衛戍地の衛戍司令官として作成した衛戍服務規程・勤務規定を宇都宮師団長に報告する文書などが綴られている。[11]

そのなかで水戸衛戍司令官たる東部第三七部隊長（歩兵第一〇二連隊長）の定めた勤務細則では、災害・非常時には、準備して令を待ち、そのいとまがないときは、臨機応変に処置することを隷下の部隊に求めていた。[12] これはひとつの例であるが、その他の地域や陸軍の部隊においても同様に規定があったことは想像できる。このように災害等の対処手続きは、明治末期から、衛戍令・衛戍勤務令として確立し、師管区の師団長によって監督されていた。明治末期以降発生した大きな災害などにおいては、衛戍令・衛戍勤務令に基づく軍隊の出動は常態化していたと考えられる。

戦時については、衛戍令・衛戍勤務令に加えて「戦時警備」を考慮する必要がある。戦時警備は、第一章で少し触れたが戦時にあって、国内の軍事行動、重要施設等を掩護し、治安を維持するために警備をすることで[13]、本格的な本土空襲開始とされる一九四四年六月十五日の北九州空襲の一ヶ月後、七月十五日に発動された[14]。この際、東条英機参謀総長(首相、陸軍大臣を兼務していた)は、防衛総司令官に対し、警備に使用する兵力は、各軍の警備計画にかかわらず情勢をよく勘案して必要最小限にすることを指示していた[15]。また、一九四四年三月に防衛総司令部は「警備指針」により、戦時警備において、軍隊のとるべき救援活動を「災害時に於ける警備」と「空襲に応ずる警備」に分けて示していた。

「災害時に於ける警備」では、衛戍令・衛戍勤務令により出動するほか、甚大な災害に対し地方官民機関の能力が不十分なときは、戦争遂行上または治安維持上必要とする場合に軍隊を出動させるとされた。その任務は、災害の防止、復旧、救護、国民生活の確保、交通、通信等の業務であり、これらの作業は、応急にとどめ、なるべく速やかに官民機関に移行することとされていた。

「空襲に応ずる警備」では、衛戍令・衛戍勤務令への言及はない。これは戦時警備となるからであろう。しかし、災害時よりも、多くの留意事項が示された。空襲下においては保安、災害救助等を状況に応じて適切に実施し、その重点は、警備よりも援助を主体とすべき場合が多く、被害の局限・応急処置・復旧等に関して官民の活動が不充分であれば、官民機関を鼓舞、推進し、必要であれば自ら中核となって各種業務を処理することとされていた。そして、特殊技能、集団的作業力を必要とする場所では積極的に援助し、工兵隊は特性を発揮させ、交通、通信の復旧は、治安維持だけでなく、救助・救護にも重要なので、応急的に必要範囲を迅速に復旧することとされた。さらに軍需工場等の復旧はもっとも急を要し、各種運輸機関、水道、瓦斯、電気等の復旧に留意して、警備地区内における工場等の価値を十分に知悉し、予め計画的に準備することになっていた(16)。

このように、衛戍令・衛戍勤務令により軍隊は、平時・戦時の区別なく、災害、空襲（戦災）に対して、救援活動にあたるようになっていた。そして、一九四四年七月以降は、戦時警備による対処が加わった。戦時警備時、災害にあっては応急にとどめ、空襲にあっては、応急的に必要な範囲を迅速に、軍需産業を優先して、ライフラインと軍隊の特質に留意し実施するという指針が示されていた。さらに、戦時警備に使用する兵力は必要最小限という指示が参謀総長から出されていた。

三　防空法制定以前における震災対処――昭和三陸地震――

昭和三陸地震は、一九三三年三月三日午前二時三十二分に岩手県釜石町東方約二〇〇キロの海底を震源として発生し、三陸沿岸の宮古、石巻と仙台の各測候所の地震計は強震を記録した。地震後三〇分ほどして津波が襲来し、岩手県が最大の被害を受け、ついで宮城県、青森県も被害を受けた。三県の被害は、死者二、九五五人、負傷者一、〇九六人、流出家屋四、八八五戸、倒壊二、二五六戸、浸水四、一四七戸、焼失二四九戸、さらに漁船七、一二二艘が流出するという大惨事であった(17)。

この災害に対し、岩手県の緊急処置は迅速であった。午前二時四十分には、担当課長らが登庁し、情報収集・被害調査にあたり、午前四時に知事らの幹部が登庁、緊急会議を開き、非常警備司令部を設置し、警察部長を司令官に充てた。午前六時に被害を受けた岩泉の警察署長からの被害報告及び派遣要請を受け、応援の警察官が派遣された。

岩手県知事は、盛岡の衛戍司令官（騎兵第三旅団長）及び盛岡連隊区司令官に通報、救援のため部隊の出動と物資の供給を要請し、午前七時に横須賀鎮守府司令長官、大湊要港部司令官にも救援を要請した。三日午前六時三十分、盛岡連隊区の司令官（陸軍大佐）が県庁に出向き、県当局と陸軍による被害状況の調査と救済の方法について協議し、午前八時に佐官以下五人を罹災地に救護と調査のため派遣した。以後、情報収集のため騎兵連隊から斥候を六一人、交通線の応急修理のため工兵第八大隊から五一人、さらに救護班を一七〇人派出し、罹災者に救護品（毛布、外套、非常食など）を配給した。

海軍は、横須賀鎮守府から駆逐艦五隻が被服・糧食等を積載して、大船渡、釜石、宮古、久慈の各港に向かった。軍艦「厳島」が義捐の品を釜石、宮古に輸送した。大湊要港部司令官は、特務艦「大泊」を輸送任務に充て、駆逐艦四隻を海上の捜索・救難活動に充てた。さらに、霞ヶ浦海軍航空隊と館山海軍航空隊から四機の偵察機が出動し、三日午前十一時には岩手県海岸上空から被災状況を確認、写真偵察を実施した。(18)

軍隊の出動が民衆に与えたインパクトは、次のように『岩手県昭和震災誌』に記録されている。

「〔騎兵斥候班〕第一乃至第五各斥候班は（中略）交通杜絶し被害の劇甚なる寒村僻地の救済に努力したが、是等の地方には未だ各種団体の活動が開始されなかつたので地方民は狂喜感激して之を迎へ」「〔横須賀鎮守府〕各艦は（中略）大船渡・釜石・宮古・久慈の各港に入りて投錨、饑寒の苦しみに生ける心地も無い罹災民の、遙かに其の勇姿を望み狂喜して迎ふ」〔霞ヶ浦航空隊・館山海軍航空隊〕四機の偵察機は（中略）午前十一時早くも本県海岸の上空に機影を現はした。夜の明くるとともに意外に惨憺たる災禍の光景を眼の辺りにし、飢と寒さとに戦慄恐怖してゐた三万四千の罹災民は、皆其の勇ましい轟音を聞いて蘇生の思ひを為し、救援の近く至るべきを察して漸く愁眉を開くを得た。(19)」

新聞報道では、「救援のため軍艦を派遣」「毛布七千枚を配布　陸軍省、各師団の活躍」という見出しで軍隊の救援活動を大きく載せており、民衆に対して頼りになる軍隊を印象づけたことは確かであろう。[20]

午前十時、岩手県は、国防後援統制委員会を招集して「罹災応急救助計画」を定め、この委員会に属する各団体は、県の指示により統制ある行動をとるということになった。これを徹底するために罹災地近接の町村長に対し、管内の諸団体に要請して救援に努力するよう指示が出された。[21]

「罹災応急救助計画」の救助実施計画によれば、

（1）被　服

イ　呉服商と協議すること（反物）

ロ　女子中等学校《ママ》・女子各種学校に仕立を依頼すること

ハ　夜具準備の手配をすること（軍隊より毛布を借入れること）一二、五〇〇枚

ニ　下着・シャツ・ヅボン・外套は愛国婦人会・男女青年団・在郷軍人等を総動員し収集せしめ送付すること、各一、二五〇着宛

ホ　最寄町村の活動を促すこと

（2）食　料

イ　農務課に於て手配方依頼せしむること（米・味噌・醬油類の輸送）

ロ　炊出は最寄町村に依頼すること

（3）　救療班

　衛生課に救療班の派遣を依頼すること

（4）　避難所

　各小学校寺院等を充てること

（5）　死者埋葬

　罹災地に於て適宜処置すること

とされた[22]。

　このように食料、被服は県により手配され、炊き出しなどは、最寄りの町村に依頼された。軍からの援助は毛布のみである。長期に亘る救援の実施主体は、愛国婦人会、在郷軍人会、青年団などのいわゆるボランティア団体であり、軍隊の出動は初動の対応、急場の非常用糧食の配布であった。その後は漸次撤収している。出動した駆逐艦等一一隻、陸軍三七二人（延べ一一、二六四人）、航空機四機は、全て七日以内にその任を解かれた。陸軍の派出人員は七日間の出動で、延べ一、二六四人、青年団員にあっては、近隣の九九の町村から、それぞれ数人〜二〇〇人程度が、震災当日から数日間の交代で三月二十四日までの三週間派出され、その延べ人数は、陸軍の約一〇倍の一四、〇〇三人にのぼった[23]。

　復旧は、県の責任であり、罹災後に策定された「罹災応急救助計画」によって、復旧等の処置がとられた。すなわち防空法成立以前の災害においては、災害救援の法律が存在しないために、府県が災害後に救助計画等を作成して対応していた。このため罹災直後の対応は、警察を中心とする緊急の活動及び軍隊による救援であった。軍隊の救援は初動にとどめられ、府県の救助計画が策定され、官民機関による対応ができるようになると官民機関へと移行した。

四　戦時（本土空襲以前）における震災対処——鳥取地震——

鳥取地震は、太平洋戦争中の一九四三年九月十日午後五時三十六分過ぎに発生し、鳥取市街などで震度六の烈震を記録した。被害は鳥取市を中心とした県下東部が大きく、死者一、二一〇人、負傷者三、八六〇人、全壊・半壊家屋一七、七〇四戸、東部一円のバス運行は、橋の落下や道路の亀裂・沈下でほとんど休止状態となった。鉄道もトンネルの崩壊により不通となり、電信電話網もほとんど全滅、鳥取市を中心とする地区は、外部からの救援物資補給の道が断たれ孤立状態に陥った。(24)

応急対策活動の中核として、鳥取県震災対策本部が県庁舎前庭にテント張りで設置され、同本部長に武島知事、その下に総務・実施・警務の三部を置いて応急対策を講じた。応急対策は空襲による非常事態を想定して展開され、食料品等必要物資の確保、応急資材の手配、救援活動の連絡、民心の安定、治安維持を目的とした報道機関の統制と利用による警備対策などに重点が置かれた。(25)

県下各警察署・警防団には非常招集が発せられ、中部第四七部隊（歩兵第一二一連隊）も出動し、これらは鳥取市街を中心に人命救助・消火活動・応急救護などに従事した。さらに、大日本翼賛壮年団・隣組なども動員され、軍・官・民の三者一体により戦時体制下の全組織を挙げて対応した。(26) 中部第四七部隊は、鉄道が不通となり、外部から救援物資補給の道が断たれたことから、鉄道を復旧させるため、九州などからきた鉄道工夫延べ一・五万人と協力して、兵員延べ二・四千人が復旧作業にあたり、一二日間を費やして同月二十二日に鉄道を全通させた。(27) また、中部第五二部隊（工兵第五四連隊）からの一四〇人は、市内の道路の補修、橋梁の補強・復旧、榎峠の復旧を実施した。(28)

負傷者の救護については、鳥取赤十字病院に救護本部を置き、三〇ヶ所の臨時救護所を設け、県外からの応援もあって、災害発生から一〇日間に七、七五九人の外傷患者を治療した。陸軍病院からは、救護班が出動して治療にあたった[29]。舞鶴鎮守府は、所属駆逐艦に軍医以下下士官兵、看護婦（計一三二人）及び毛布、蚊帳、食料品、医薬品を満載し、現地に派遣、救護にあたらせた[30]。救護について、「近府県並びに陸海軍当局の援助は実に絶大なるもので、大いに感激すると共に限りなき心強さを覚えた」と、当時鳥取震災地を調査した内務省警保局の石割一郎は述べている[31]。

生活物資の配給は震災の翌十一日から、一人一日あたり米二合五勺ずつを無償とし、副食も二十一日まで無償とした。二十二日からは市内一九ヶ所に総合食料配給所をもうけ、必要物資を限定して有償に切り換えた。罹災者の応急収容のために、市公設運動場など一五ヶ所に一二三棟・八八三世帯分の公設バラック（仮設住宅）を建てた[32]。バラック建設の作業は、広島、兵庫、大阪、京都の各府県からの工作隊、姫路師団（第五四師団）及び中部軍から派遣された兵員、合計七二一人により実施された[33]。

一九四三年九月は、敗戦の色が濃くなってきた時期ではあるが、前年に受けた米軍ドーリットル帝都空襲以来、本土空襲は行われていない。しかし、今後予想される空襲に対処するための訓練が実施されていた。『大日本警防』には、「其の鍛錬の発露であらう。大震直後に十数ケ所から発火したに拘らず、消防隊、警防団、隣組防火群等が能く之を抑制して、焼失家屋195棟といふ程度に食止めた[34]」と防空演習の成果が発揮されたことが記されている。

このように「救護」（臨時救護所の設定と治療）、「非常用物資の配給」（生活物資の配給）及び「応急復旧」（工作隊によるバラック建設、鉄道、道路の復旧）がなされており、これらは、「中央防空計画」に基づき県の防空計画で規定された内容と考えられ、さらに応急対策は空襲による非常事態を想定して展開されたことなどから、防空法が災害対処に実行上準用され、有効に機能したことがわかる。

軍隊の派遣数については、医療・防疫関係は、全体で延べ五、八一三人に対し、延べ約一、五〇〇人（全体の四分の一）

が従事した。また震災直後の倒壊家屋等の撤去、緊急の交通確保のために動員されたのは、警防団員らが延べ八、二一二人に対し、軍隊は延べ二、〇〇〇人で全体の約二割であった。鉄道の復旧は、工夫延べ一六、六〇〇人で、軍隊は延べ二、四〇〇人（全体の一割程度）、応急土木対策として、国道の復旧と橋梁の「応急復旧」に警防団等延べ一一、七二三人、軍隊延べ六、一八一人（全体の三分の一）、公設バラックの建設は、一二三棟のうち、六〇棟が軍隊の支援（約半分）であった。[35]このように主体はあくまでも県市などによる「救護」「非常用物資の配給」及び「応急復旧」であり、軍隊はそれを補完するものであった。

鉄道の復旧、橋梁の復旧を担当した部隊は、約一ヶ月に及ぶ支援ののち、鉄道若しくは橋梁の復旧完了をもって撤収している。これは、官民の機能回復に時間を要したということであり、官民で可能な「救護」については、軍隊は一週間で撤収、「非常用物資の配給」については、軍隊の支援はなかったことからもわかる。[36]ここには、軍隊による支援は、応急にとどめ、速やかに官民機関に移行するという姿勢が見られる。こうした軍の姿勢は、定められた持ち場を守ったのであり、官民軍の持ち場がうまく調整されていたと言うことができる。軍隊も戦時とは言いながら日本本土にある部隊は、防空部隊を除けば、直接戦闘には参加していないことから、このような救援活動を実施することは、十分可能であったと考えられる。

五　戦時（本土空襲下）における震災対処

（一）　東南海地震

東南海地震は、一九四四年十二月七日、午後一時三十六分に発生し、地震の規模は関東大震災よりもやや大きく、震源は遠州灘沖の深さ二〇キロメートルの海底であった。この地震では静岡県内の被害がはなはだしく、今井村は総戸数三三六戸のうち、三三二戸が全半壊して、満足に残った家は皆無であり、袋井町では小学校、保育所の倒壊で小学生二〇人と保育園児二一人が圧死した。三重県の熊野灘沿岸では地震後五～六分で大津波が襲来し、錦町、尾鷲町などが大きな被害を受けた。さらに長野県の諏訪地方や大阪市の軟弱地盤まで被害は及んだ。戦争遂行にとって重要な名古屋周辺の軍需工場も大きな被害を受けた[37]。三菱重工業名古屋道徳工場、中島飛行機の半田山方工場など瞬く間に倒壊し、勤労動員中の学徒や女子挺身隊員なども多数圧死した。被害は愛知県、静岡県、三重県、岐阜県、奈良県、滋賀県、和歌山県、大阪府、山梨県、石川県、福井県、兵庫県及び長野県にまたがり、死者一、二二三人、全半壊五四、一七六戸、三重県と和歌山県の被害は、ほとんどが津波によるもので、加えて橋梁流失六一橋、堤防決壊一五五ヶ所、鉄道被害四八ヶ所、船舶流失一、八九八隻、岸壁破壊八九ヶ所であった[38]。

同年六月にサイパン島が米軍に占領され、ここを航空基地として飛び立った米軍の爆撃機B-29により、同年十一月二十四日初めて東京は、空襲を受けた。続いて同月二十九日、十二月三日と空襲が本格化していた[39]。この時期、米軍の爆撃目標は軍需工場であり、名古屋の軍需工場一帯は、東南海地震後の十二月十三日(八〇機)、同十八日(七三機)、同二十二日(六二機)にB-29による爆撃を受けている[40]。

名古屋には、三菱重工業をはじめとする軍用機を製造する軍需工場が多く、この震災に関しては、戦争遂行上の国民の士気にかかわり、米国に対して日本の軍事力と戦争意欲の弱点をさらけ出すことになるという理由によって、厳格な報道管制が敷かれた[41]。内務省検閲課は、(一)全国主要日刊紙、主要通信社に対しては、

「一　災害状況は誇大刺激的に亘らざること

二　軍の施設、軍需工場、鉄道、港湾、通信、船舶の被害等戦力低下を推知せしむるが如き事項を掲載せざること

三　被害程度は当局発表若は記事資料を扱うこと

四　災害現場写真は掲載せざること」

を、(二)東京都及東海、近畿各府県主要日刊社に対しては、

「一　軍隊出動の記事は掲載せざること

二　名古屋、静岡等重要都市が被害の中心地或は被害甚大なるが如き取扱を為さざること」

という緊急指示を電話通達として出していた。[42]このため、残されている極めて少ない記録からの調査となった。

『中部日本新聞』は、十二月八日、愛知県下の状況として、「特別警備隊や緊急工作隊が地元警防団や特設防護団と協力復旧に当つてをり(中略)名古屋市の救助報国団では(中略)罹災者に対する応急救助活動を行つたが水道工作隊(水道局)は給水を要するものには撒水車とトラックにより飲料水を供給」、静岡県下の状況として、「倒壊家屋の整理復旧または失火の消防に敢闘、罹災者の救護は敏速に続けられ、こゝにも鍛へ抜いた防空訓練の成果が十二分に発揮された」と記している。[43]

また、東海地方に瓦斯を供給していた東邦瓦斯では、名古屋市南部の軍需工場で供給する本管が各所で折損したので、各工場からの工作隊や、関東及び近畿の瓦斯協力集団からの応援を得て、復旧にあたったと記録されている。[44]

浜松方面における工場被害は深刻で、軍需工場はほとんど半壊の状況と伝えられた。[45]この被害に対し、震災当日には、中部第一三〇部隊(第一航測連隊)から一〇〇人、陸軍病院から一四人が小糸へ、中部第九七部隊(第七航空教育隊)一〇〇人、三方原飛行隊三〇人が中島飛行機浜松工場へ、その他浜松飛行部隊、高射砲部隊などから、四〇四人が、日本楽器天竜工場、天竜兵器、河合楽器などの軍需工場へ出動した。十二月七日から十一日までの五日間で、延べ二、七〇二人が出動した。[46]

地震津波災害の研究家である山下文男は、『隠された大震災』において、被害の大きかった静岡県などに、秋田、

山形など東北の留守部隊から数人ずつ集めて編成した工作隊（工兵隊）が派遣され、バラック建設にあたったと記している。[47]さらに、「『敵機』の襲来が日常化していたため、空襲に備える訓練が行き届いていて、教師の措置も機敏だったし、生徒たちの行動も不意を突かれたにしては概して規律あるものだった。（中略）その避難行動、防身行動はかなり効果を発揮したに違いない」[48]「日常化していた『敵機』の襲来に備えて防空演習が行なわれているなど、緊張状態と防火、出火への備えが幸して火災も皆無に近かった」[49]と述べ、民防空の体制が災害にも有効だったことを認めている。

少ない記録ながら、災害に対して、防空法に基づく準備や処置が準用され、具体的には「救護」、及び水道、瓦斯の「応急復旧」に有効だったことがわかる。また、軍隊の支援は、五日程度で、軍需工場を中心として、一部で罹災者用のバラック建設などがなされたが、初動にとどめられたと言える。

（二）三河地震

三河地震は、一九四五年一月十三日午前三時三十八分に発生した、愛知県の三河平野の狭い地域をおそった直下型の地震で、明治村などで震度七の激震を記録し、二万三千戸以上の家屋が全半壊し、二、三〇六人の死者を出した。午前三時という深夜であったため、逃げ出す余裕がなく、狭い地域にもかかわらず多くの人が圧死した。[50]山下は、緊迫化する戦況下にあって、この地震被害も東海地震同様、極秘にされ、町村当局などで記録を残すことすらはばかられたと記している。[51]

愛知県は、救護班を二〇個班派遣し、周辺地域から警防団を集め支援をした。また、工作隊を組織して、住宅全壊者へ建物を建設し、傾いた建物を直した。[52]その実数は定かではないが、これが県の実施した支援の記録であり、救護班、工作隊などは「中央防空計画」の規定を受け、県の防空計画で規定していたものと考えられる。

死者がもっとも多かった愛知県明治村には、海軍の明治航空基地があり、第二一〇航空隊が所在していた。この航空隊は、搭乗員の錬成が主任務であったが、同年一月に名古屋を掩護するため敵大型機の邀撃を令されていた[53]。その兵員数は三、六〇〇人程度であった[54]。当該航空隊の日誌の一月十三日の欄には「明治基地付近に強震あり、本隊に於ては被害なし、隣接郷村被害甚大」「隊外震災救護並に被害復旧作業に従事」と記録されている[55]。海軍の活動を調査した名古屋大学災害対策室の林能成・木村玲欧は、「整備隊では（中略）200人ぐらいの全隊員のうち、半分よりやや少ない人数が周囲の集落へガレキの片づけを手伝いに出た。外の集落への手伝いは4－5日から1週間ぐらい行った」「衛生兵2人連れて、和泉集落の小学校に臨時の診療所をつくった」「基地の兵が地元に入って、救助や土木作業をしたり、基地の資材を使って棺桶を作るなどの労働を行った」といった口述記録を得ている。『明治村史』には、これに加えて、死骸の処置、火葬の始末、海軍病院の収容、食料の配布等について海軍の助力を受けたと記されている[56]。

第二一〇海軍航空隊は、震災翌日の十四日、「一四四五より一五二五迄B－29一九機四群に分れ名古屋地区に来襲零戦十三機（延十四機）、月光三機、彗星三機を以て之を邀撃」しており、B－29邀撃任務の傍らで隊外の救援活動にあたっていた[57]。であれば兵員三、六〇〇人中、救援活動に出動した「一〇〇名に満たない数」を少ないとは言えないし、加えてさまざまな救援活動に人員を割いていた。

衛戍令・衛戍勤務令は陸軍を対象にしており、海軍は対象ではない。一方、「国内防衛ニ関スル陸海軍任務分担協定」（以下、「陸海軍任務分担協定」）によれば、陸上区域の防衛は陸軍の担当であった。ここで防衛とは、軍隊の行う一切の防衛行為をさしている。その陸上区域において、例外的に海軍が担当するのは、軍港、要港所在地及びその付近の防空（軍防空、民防空を含む）、海軍航空隊所在地の軍防空（軍が実施する防空戦）及び海軍施設の警備とされていた[58]。海軍明治基地の場合は、自らの基地施設の警備が任務であり、基地周辺の災害への対応は含まれていない。

すなわち、明治航空基地若しくは第二一〇航空隊にとって、「災害時に於ける警備」は任務ではなかった。基地業務にとって重要な道路の啓開などを実施する必要性はあったかもしれないが、周辺の被災住民の救援活動を実施する根拠はなかった。これは陸軍の衛戍司令官の任務であった。しかし、人道的な配慮から実施したものと推察する。

形原町（現在の蒲郡市内）は一、六七四戸中、全壊三一九、半壊七二九、死者二三三人の被害を受けたが、救出作業には、この町に駐屯していた約二、〇〇〇人の「怒部隊」（第七三師団）が活躍し、救出された人の数も五人や一〇人ではなかったとされ、感謝の念をもって語られている。[59] 第七三師団は、司令部を豊川市に置く、常設師団で、ここを衛戍地としていたと考えられる。[60] 他にも中部第二部隊（歩兵第一八連隊）から一五〇人、陸軍病院から五〇人が派遣された。[61]

明治村などは、総戸数の約七〇パーセント、形原町では約六〇パーセントが全半壊しており、自分のことで精一杯のため隣組や地域社会などが協力しあって救出にあたることができなかった。[62] すなわち、防空法の実行的運用による災害対処が不可能であったため、軍隊による救援活動で補った。それは、被害が甚大で、官民機関の機能が失われたためと考えられる。

六　戦災（空襲）対処

戦災における「救護」「非常用物資の配給」及び「応急復旧」の一例として横浜大空襲について述べる。それまで本格的な空襲を受けなかった横浜は、一九四五年五月二十九日、五一七機のB-29と一〇一機の護衛戦闘機P-51により、大規模な爆撃を受けた。爆撃目標は、鶴見、神奈川の工業地帯と保土ヶ谷から港湾正面にかけての工場、倉庫及び伊勢佐木町を中心とする下町の商業地域などで、投下された焼夷弾は、合計二、六六九・六トンで、焼失したとされる面積は横浜市のおよそ三四パーセント、米軍にとっての評価は「優秀な効果」であった。被害は、死者三、五六〇人、重軽傷者一〇、一九八人で全焼民家七九、〇一七戸、全焼工場三一九であった[63]。

これに対して、県は、被害が甚大であることを予想して、無被害地域の国防衛生隊の非常応援出動を命じ、戸塚、川崎、横須賀、鎌倉、藤沢、葉山等から一四〇人、東京都からの応援四八人を横浜市内に派遣し負傷者の救護にあたらせた。「神奈川県防空計画」には、「国防衛生隊」の要員が示され、横浜市だけでも、一二地区で編成されており、要員は医師、歯科医師、薬剤師、薬剤師、産婆、看護婦総計一、九二四人が指定されていた。「国防衛生隊」とは、神奈川県で使用されていた名称で、防空法施行令や警防団令のような勅令、閣議決定によるものではない。さらに神奈川県の「防空医療救護実施要綱」（神奈川県告示第九一一号）によれば、防空医療救護実施は主として「国防衛生隊」とされ、その「国防衛生隊」の本部長は、県医師会長の職にあるもの、隊長及び副隊長は本部長の推薦によった[64]。そして、空襲から二週間で取り扱った患者数は二五、四三一人に達した[65]。

また第二章「空襲に際する防疫対策」で記述したように、保健所は本来の使命達成よりも防空救護が主たる目的となっていったと言われるように、保健所が衛生行政の下で整備されていたことは、「救護」へ大きく貢献するものであったと言える[66]。

応急給食は、二十九日昼食より三十一日朝食までを非常炊き出し並びにパン配給を実施、計一、七六八、〇〇三食を給食した。六月一日より炊き出し給食を中止し、市役所より配給券による総合配給に移行し、一人五日分の米・味噌等、主要食料・副食物について、各区役所ごとに総合配給所を設置し、万全の措置を講じた[67]。

「非常用物資の配給」については、「中央防空計画」に非常用物資の確保が規定されていた。神奈川県の防空計画では、「空襲時主要食糧薪炭配給要綱」（「神奈川県防空計画」第七四条）が定められており、毛布、布団、マッチ、ローソク、石けんなどの非常用備蓄物資が備蓄され、これらが配給された。[68] 配給の末端が、町内会、家庭防空隣保組織（隣組）であったことは、さまざまな文献から明らかである。[69]

一方、救援活動に従事した軍隊の記録は次のとおりである。

「消防」については、横須賀の海軍から四個部隊が支援を実施し、「救護」にあっては、東部軍より衛生隊一〇個班、相武台陸軍士官学校病院の衛生隊一個班、海軍警備隊と戸塚海軍病院衛生隊と混成約二〇人の救護隊、さらに傷者搬送用車両八台・輸送隊八個班（東部軍）が出動し、炊き出しについては、東部軍より貨物自動車五〇両と経理部隊一、〇〇〇人が出動した。

さらに「応急復旧」にあっては、横浜市電で三一台の車両が焼失し、架線が各所で断線しているため、事業者である電気局従業員三〇〇人に加え、軍の工作隊六〇〇人が支援し、焼失車両の清掃に従事、関東配電に対して重要地域の送電線接続工事に協力した。水道局に対しても、事業者である水道局工作隊一、〇〇〇人に加え、横浜地区特設警備隊から六〇〇人が出動して被害地域の鉛管のたたきつぶしを実施した。[70]

このように横浜大空襲においては、「救護」「非常用物資の配給」及び「応急復旧」が戦災への対処として実施されていた。また、軍隊がこれらを支援した記録も残されている。

七　『ＵＳＳＢＳ報告』から（Emergency Medical Services: 非常救護体制、Emergency Welfare: 非常時の福利）

『ＵＳＳＢＳ報告』には、「救護」に関して、“Emergency Medical Services”という項目において次のように記載されている。

空襲による負傷者への救護の準備は、飽和攻撃によって発生した負傷者への救護を満たすには不十分であった。緊急医療の主要な弱点は、人と機材の不足と粉々に破壊されたモラルであった。

しかし、次に示すいくつかの計画は良いものであった。

・人口密度に沿って戦略的な場所に緊急の救護所を置いたこと。

・現場の緊急治療を管理する班の活用は見事であった。

・空襲のないエリアから空襲現場へ緊急医療班の移動を計画したこと

このように、よく考慮された計画にもかかわらず、飽和攻撃は、多くの医療施設に被害を与え、そこで働く多くの医療従事者を死亡させた。それは、医療行為を妨げる結果となった。国家当局の下にある移動医療隊は、それが活動できた場合には、人員の抜けた穴を補い、ベット数と支援物資を補うことで、飽和攻撃からの救護を支援した。これにより、医療行為の欠如による犠牲者が出ることを防いだのは明らかである。

日本の緊急医療組織は、この目的のために特に企画したものではなく、間に合わせで作られたものであった。そして、彼らの待機場所は空襲により大きな被害にあった。東京とその郊外の地域で、総計八五七ヶ所のうち、四四九ヶ所は空襲により破壊された。それらの被害によって、緊急医療を受けられなかった人の被害と死者数が悪化したということが考慮されるべきである。(71)

また、非常用物資の配給については、“Emergency Welfare”という項目で次のように記載されている（要約）。

非常用物資の配給所は、警察の監督下で、空襲がさほど大きくない事態においては、よく機能した。しかし飽和攻撃になってからは、適切には機能できなかった。罹災者への支援の所要は拡大し、緊急用の食糧、宿泊所、薬などは、すぐに尽きた。この配給所におけるボランティアによる炊き出しや、隣組による補助的な食糧の調整などは配給計画によるものであった(72)。

このように『ＵＳＳＢＳ報告』においては、飽和攻撃への対処としては不足していたが、その活動が実行されていたことについては評価がされている。

まとめ

災害における救援活動を防空法の視点から、時代を追って見てきた。戦時（本土空襲開始以前）の鳥取地震、戦時（本土空襲下）の東南海地震及び三河地震における防空法の準用と軍隊の救援活動について触れた。防空法成立以前の災害にあっては、災害後に制定された県の被害対策により、対処されていた。防空法成立後は、防空法の項目のうち、「救護」「非常用物資の配給」及び「応急復旧」は、災害に対して準用され、有効に機能していた。本章の対象ではないが、火災への対応（防火、消防）も適切になされ、防空訓練の成果が発揮されていた。

また軍隊は、災害への救援活動を実施していた。その出動の根拠は、衛戍令・衛戍勤務令であったが、一九四四年七月（本土空襲開始の一ヶ月後）の戦時警備発令後については戦時警備も加わった。その戦時警備は、東条参謀総長の指示により「必要最小限」とされていた（表21参照）。

災害対応の主体である内務省、府県庁及び市町村の対応が不足する場合には軍隊の出動規模が大きく、期間も長

表21　軍官民の災害・戦災対処

	平　時	戦　　時		
		空襲前	空襲下	
災害・戦災	災害	災害	災害	戦災
軍隊	衛戍令・衛戍勤務令	衛戍令・衛戍勤務令	衛戍令・衛戍勤務令	衛戍令・衛戍勤務令 戦時警備
官民	府県庁ごと	防空法準用	防空法準用	防空法
摘要	昭和三陸地震	鳥取地震	東南海地震 三河地震	本土空襲

かった。軍隊の災害救援への姿勢は、「警備指針」に見ることができる。「警備指針」は、一九四四年三月に防衛総軍司令部が策定した参考資料であり、当時の軍隊の姿勢をよく表している。そこでは、災害時は衛戍令・衛戍勤務令に基づく出動、戦災(空襲)時は戦時警備の出動と分けて規定されていた。実際の現場の対応にその区別はなかったものの、救援活動は応急にとどめられ、軍需産業優先で、工兵隊の活用とライフラインの復旧に留意していたことは「警備指針」の規定のとおりであった。

衛戍令・衛戍勤務令には、出動の手続きが定められていたが、撤収時期は示されてはいない。それを明確にしたのも「警備指針」であり、それは速やかに官民機関に移行することであった。一方、「陸海軍任務分担協定」により、出動任務のない海軍基地からの支援にあっては、必ずしも、応急にとどめられることなく支援がなされる場合があった。これは例外的な事項と考えて良いであろう。

軍隊による救援活動が「応急にとどめ、速やかに官民機関に移行する」ものだった理由のひとつとして、各被災地に防空法を中心として、警察、消防、警防団及び家庭防空隣保組織(隣組)による民防空体制が築かれていたことが挙げられる。防空法には災害対処の規定はないが、実行上、「救護」「非常用物資の配給」「応急復旧」については準用されていた。これらは「陸海軍以外の者の行う」(防空法第一条)という条文のとおり、軍隊からの支援を前提としない体制を確立するものであった。「救護」「非常用物資の配給」「応急復旧」は、府県庁や市町村役場を中心として、現場では警防団、さらに家庭防空隣保組織(隣組)といった住民組織が活動をしていた。それだけでは不足する部分、特に初動の応急的対処を軍隊が補完していた。

このように、当時の日本は、災害に対しては、軍隊の衛戍令・衛戍勤務令及び戦時警備、官民の防空法とその準用によって、軍・官民の持ち場が明確にされ、その役割分担の下で対応してきた。これは、防空法が、災害に対しても対応できる法律であったことを示している。

さらに、横浜空襲だけでなく、これを含め三四五回を数える日本本土空襲にあっても、防空法に基づく、これらの対処活動は常に行われていたと考えることができる。

当時、災害対処の法律は、制定されていなかったため、災害への対処は、防空法を実行上準拠することにより対処されていた。防空法がなければ、各地方の府県ごと、発災後の対処計画により実施されることとなる。このため、初動において軍隊が救援活動をすることはあっても、各府県等の対処には遅れが生じる。救護の体制や救援物資等は、「中央防空計画」に基づいた、各府県等の防空計画により準備され、災害対処の際に、空襲に準じて実施することで対処されており、防空法は有効に活用されたと考えられる。

第一部で述べたように制度構築の際には、当初は非常変災への対応としての防護団と通じての防空体制を確立しようとする動きが陸軍にあったものの、成立した法律に、災害対処への準用などの規定はなかった。しかし、災害対処に実行上準用されたという点では、法施行において、国民保護の一面があり、その項目として、「救護」「非常用物資の配給」「応急復旧」は、想定以上の事態に対処したと言える。

さらにその配給には組織化された家庭防空隣保組織（隣組）が、大きな役割を果たしており、組織的な対処がなければ大きな混乱が発生したであろうことは容易に想像できる。

註

（1）第四師団司令部『大阪防空演習記事』（教導社出版部、一九二九年）四五二頁（防衛省防衛研究所公開史料「大阪防空演習記事（全）　第4師団司令部」中央―軍隊教育演習記事―225）。

（2）内閣印刷局『昭和年間　法令全書　昭和十二年（第11巻―2）』（原書房、一九九七年）六二―六五頁、内閣印刷局『昭和年間　法令全書　昭和十六年（第15巻―1）』（同右、二〇〇一年）二〇一―二〇七頁、内閣印刷局『昭和年間　法令全書　昭和十八年（第17巻―2）』（原書房、二〇〇四年）二九〇―二九四頁。

（3）陸軍省・海軍省「昭和十八年度防空計画設定上の基準」（「昭和十八年度防空計画設定上ノ基準ニ関スル件」国立公文書館デジタルアーカイブ／防空関係資料・防空ニ関スル件（四）／件名番号：031）。

（4）「中央防空計画」内務省・厚生省・軍需省・農商省・運輸通信省、昭和十九（一九四四）年七月（「中央防空計画設定ニ関スル件」国立公文書館デジタルアーカイブ／防空関係資料・防空ニ関スル件（六）／件名番号：019）。

（5）「警防団令」一九三九年一月二十五日勅令第二十号（「御署名原本・昭和十四年・勅令第二〇号・警防団令制定消防組規則廃止」JACAR（アジア歴史資料センター）Ref.A03022336700、御署名原本・昭和十四年・勅令第二〇号・警防団令制定消防組規則廃止（国立公文書館）」）（以下、JACAR：レファレンス番号）。

（6）「総動員警備要綱」一九四四年八月十五日閣議決定（「総動員警備要綱ノ設定ニ関スル件」JACAR：A03023611100、公文別録・国家総動員計画及物資動員計画関係書類・昭和四年～昭和二十年・第三巻・昭和十九年（国立公文書館）。

（7）秦郁彦編『日本陸海軍総合事典』（東京大学出版会、一九九一年）六七七頁。

（8）「衛戍条例ヲ改正ス」（「衛戍条例ヲ改正ス」国立公文書館デジタルアーカイブ／公文類聚・第34編・明治43年公文類聚・第三十四編・明治四十三年・第三巻・官職門二・官制二（内務省・大蔵省・陸…）／件名番号：040）。

（9）「衛戍条例ヲ改正ス（衛戍令ノ改正等ノ為）」一九三七年勅令百五十二号（「衛戍条例中ヲ改正ス・（衛戍令ノ改正等）」JACAR：A01200736700、公文類聚・第六十一編・昭和十二年・第八巻・官職六・官制六（陸軍省・海軍省）（国立公文書館）」。条例改正の理由に、「衛戍勤務令に移すを適当とするものある」、及び逐条改正の要旨の部分に「現慣行に従ひ勅令の題名を『衛戍令』と改む」と記載されている。

（10）石田準吉『国家総動員史　補巻』（国家総動員史刊行会、一九八七年）一四二七頁。

（11）「規定綴（衛戍勤務規定）」宇都宮師管区司令部（防衛省防衛研究所公開史料「規定綴（衛戍勤務規定）　昭和19．2　宇都宮師管区司令部」本土―東部―223　規定綴（衛戍勤務規定））。

（12）「水戸衛戍勤務細則」水戸衛戍司令官（防衛省防衛研究所所蔵「規定綴（衛戍勤務規定）」）。

（13）原剛・安岡昭男編『日本陸海軍事典』（新人物往来社、二〇〇三年）一四三頁。戦時警備とは、戦時または事変に際し、軍事上の障害を除く目的をもって、国内における軍事行動と主要施設・資源を掩護し、軍機を保護し、かつ所要に応じて治安を維持するため警備すること、と記載されている。

（14）大陸命第千五十六号（一九四四年七月十一日）（「命　巻15（1）」JACAR：C14060910200、大陸命綴（大東亜戦争）巻15　昭19．07．05～19．08．11（第1051～1100号）（防衛省防衛研究所））。

（15）大陸指第二千五十八号（一九四四年七月十一日）（「指　巻10　第2027号～2072号」JACAR：C14060931600、大陸指綴（大東亜戦争）巻10　昭19．04．25～19．08．19（第1967～2130号）（防衛省防衛研究所））。

（16）「警備指針　昭和十九年三月一日」防衛総司令部、一九四四年三月（防衛省防衛研究所公開史料「警備指針　2／2部　S19．3．1」「警備指針　1／2部　S19．3．1」本土―全般29、30）。

（17）吉村昭『三陸海岸大津波』（文春文庫、文藝春秋、二〇〇四年）七八―七九頁。

（18）岩手県『岩手県昭和震災誌』（岩手県知事官房、一九三四年。国立国会図書館デジタルコレクション〈http://dl.ndl.go.jp/info:ndljp/pid/1232408〉）。

（19）同右、二八三―二九六頁。

（20）『大阪毎日新聞』（一九三三年三月四日、三月五日）。

（21）岩手県『岩手県昭和震災誌』三一五頁。国防後援統制委員会とは、国防後援並びに銃後の慰問救恤等に関し統制を期するために県下の各種団体を網羅して組織した委員会である。

（22）同右、三一五―三一七頁。

（23）同右、六一六―六二六頁

（24）鳥取県『鳥取県史　近代第2巻、政治編』（鳥取県、一九六七年）六六九、六七〇頁。鳥取県『鳥取県震災小誌』（鳥取県、一九四四年九月三日。国立国会図書館デジタルコレクション〈http://dl.ndl.go.jp/info:ndljp/pid/1459876〉）七―三〇頁（当該小誌は、米子工業高等専門学校『鳥取地震災害資料』（一九八三年）に複製されて収められている）（以下、『鳥取県震災小誌』）。

（25）鳥取県『鳥取県史　近代第2巻　政治篇』六六九、六七〇頁、『鳥取県震災小誌』三一頁。

（26）同右。

（27）鳥取県『鳥取県史　近代第3巻　経済篇』（鳥取県、一九六七年）七六六、七六七頁。

(28)『鳥取県震災小誌』七一—七八頁。
(29)鳥取県『鳥取県史　近代第4巻　社会篇文化篇』(鳥取県、一九六七年)三八五頁。
(30)『鳥取県震災小誌』七一—七四頁。
(31)石割一郎「鳥取震災地横断記」(『大日本警防』第十七巻第十号、一九四三年十月)六—七頁。
(32)鳥取県『鳥取県史　近代第4巻　社会篇文化篇』三八五、三八六頁。
(33)『鳥取県震災小誌』七一—七八頁。
(34)今村明恒「鳥取地震所感」(『大日本警防』第十七巻第十号、一九四三年十月)三頁。
(35)『鳥取県震災小誌』六四—七七頁。
(36)同右、七二—七四頁。
(37)山下文男『隠された大震災—太平洋戦争秘録—』(東北大学出版会、二〇〇九年)二〇—二二頁。
(38)同右、八一—八三頁。
(39)『東京大空襲・戦災誌』編集委員会『東京大空襲・戦災誌　第3巻　軍・政府〔日米〕公式記録集』(東京空襲を記録する会、一九七三年)二七、五〇、六七頁。
(40)平塚柾緒『米軍が記録した日本空襲』(草思社、一九九五年)六六頁。
(41)山下文男「戦時下に消えた大地震—東南海・三河地震と軍機保護法—」(『文化評論』第三〇五号、一九八六年八月)一三四頁。
(42)「勤務日誌　昭和十九年自十一月至十二月」内務省検閲課(「昭和十九年自十一月至十二月・勤務日誌」JACAR:A06030107600、昭和十九年自十一月至十二月・勤務日誌(国立公文書館))〈画像:110／180〉。
(43)愛知県史編さん委員会『愛知県史　資料編二七　近代四　政治・行政四』(愛知県、二〇〇六年)七八六頁。
(44)東邦瓦斯株式会社社史編集委員会『東邦瓦斯五〇年史』(東邦瓦斯株式会社、一九七二年)一二八頁、日本瓦斯協会協会史編さん特別委員会『日本瓦斯協会史』(日本瓦斯協会、一九七六年)一〇頁。ガス協力集団とは、一九四四年十月、各種の相互援助とガスの供給確保を図るために全国を一一ブロック(東邦瓦斯の社史には八ブロックとある)に分け、それぞれのブロックで結成したものである。
(45)「被害状況につき日銀審査部報告　昭和十九年十二月十一日」(日本銀行本店所蔵　総務部「昭和二十年　戦災被害状況」(静岡県『静岡県史』静岡県、一九九三年))八〇一頁。
(46)浜松市『浜松市史　新編史料編四』(浜松市、二〇〇六年)一七〇頁。

（47）山下『隠された大震災』一七八、一七九頁。
（48）山下文男『戦時報道下──隠された大地震・津波──』（新日本出版社、一九八六年）一四〇頁。
（49）山下「戦時下に消えた大地震」一三八頁。
（50）山下『隠された大震災』六三―八四頁。
（51）同右、一六五頁。
（52）安城市歴史博物館『企画展三河地震』（安城市歴史博物館、二〇〇六年九月）一〇四頁。
（53）「戦時日誌」第210海軍航空隊（「第210海軍航空隊戦時日誌（第5号）　自昭和20年1月1日至昭和20年1月31日　第3航空艦隊所属第210海軍航空隊（徳島派遣隊を含む）」JACAR：C13120013800、戦時日誌　第210航空隊　昭和19年9月～20年3月（防衛省防衛研究所））〈画像：25／50〉。一九四五年一月八日に第3航空艦隊から、名古屋を邀撃空域（掩護目標）として、対大型機邀撃戦闘実施の命令を受けたことが記録されている。
（54）林能成・木村玲欧「一九四五年三河地震による災害と海軍基地の対応について」（『歴史地震』第二十一号、二〇〇六年）二二六頁。
（55）「戦時日誌」第210海軍航空隊（「第210海軍航空隊戦時日誌（第5号）　自昭和20年1月1日至昭和20年1月31日　第3航空艦隊所属第210海軍航空隊（徳島派遣隊を含む）」JACAR：C13120014000、戦時日誌　第210航空隊　昭和19年9月～20年3月（防衛省防衛研究所））〈画像：6／53〉。
（56）林・木村「一九四五年三河地震による災害と海軍基地の対応について」二二五―二三三頁。
（57）「戦時日誌」第210海軍航空隊「第210海軍航空隊戦時日誌（第5号）　自昭和20年1月1日至昭和20年1月31日　第3航空艦隊所属第210海軍航空隊（徳島派遣隊を含む）」。
（58）「国内防衛ニ関スル陸海軍任務分担協定」参謀本部、1943年8月15日（「国内防衛に関する陸海軍任務分担協定」JACAR：C05034892200、公文備考　昭和11年E教育、演習、検閲　巻4（防衛省防衛研究所））。
（59）山下『戦時報道下』二九一、二九二頁。
（60）「第七三師団史」（防衛省防衛研究所公開史料「第73師団史（S40．3記述）　S19．7．6～20．9．20」野々山秀美、本土―東部―106）1944年7月6日、「軍令陸甲第77号　在内地師団臨時動員等要領」によって、当時、留守第三師団は第73師団となり常設の師団とされた。
（61）愛知県史編さん委員会『愛知県史　資料編二七　近代四　政治・行政四』七九八頁。

（62）安城市歴史博物館『企画展三河地震』一〇三頁。
（63）今井清一『大空襲5月29日――第二次大戦と横浜――』（有隣新書、有隣堂、一九八一年）一一一―一二四頁。
（64）「防空医療救護実施要綱」神奈川県告示第九一一号第四条、第五条〔横浜市・横浜の空襲を記録する会『横浜の空襲と戦災　3　公式記録編』（横浜市、一九七五年）〕一九八頁（以下、『横浜の空襲と戦災　3』）。
（65）『横浜の空襲と戦災　3』二〇二、二〇三頁。
（66）東京都編『東京都衛生行政史』（東京都、一九六一年）二一〇頁。
（67）同右、七九―八四頁。
（68）『横浜の空襲と戦災　3』八一、八二頁。
（69）内務省編『時局防空必携（昭和十八年改訂版）』（「「時局防空必携」改訂ニ関スル件」国立公文書館デジタルアーカイブ／防空関係資料・防空ニ関スル件（五）」／件名番号：010）。
（70）『横浜の空襲と戦災　3』七九―八四頁。
（71）THE UNITED STATES STRATEGIC BOMBING SURVEY, *FINAL REPORT Covering Air-Raid Protection and Allied Subject in JAPAN* (Civilian Defense Division, 1947), p.9〔米国戦略爆撃調査団『太平洋戦争白書　第5巻　民間防衛部門④』（日本図書センター、一九九二年）〕.
（72）*Ibid.*, p.10.

第五部　民防空政策と国民保護

これまで、民防空による空襲対処を大きく三つの流れ、すなわち、「空襲前の準備」「空襲時の対処」「空襲後の処置」に分けてとらえ、防空法の項目を中心に、民防空のもつ国民保護の一面について論述してきた。ここでは、これまで述べてきたことを踏まえ、国民保護的な一面について述べ、民防空政策の歴史的な意義を明らかにしていく。

一　『ＵＳＳＢＳ報告』における評価

『ＵＳＳＢＳ報告』については、各章ごとに、関連のある部分を記述し、効果等を考察するための史料として参照してきたが、ここでは、民防空全般に対する所見についてまとめる。民防空全般に対する『ＵＳＳＢＳ報告』の評価は、次のとおりである。

日本の民防空の全体像は、良いものではなかった。国家が大戦に従事することへの想定の範囲を超えていたこと、重要産業の防御に僅かな考慮しか払わなかったこと。そして本質的な経済活動と国民の安全を持続させることへの配慮も少なかった。これらなしで、戦争に勝利を収めるための努力にはならない。もちろん、あのような飽和的な戦略爆撃は決して予測することはできなかったという議論が先行するけれども、計画をち密に作成し、網羅された対策がとられるべきであった。(1)

全般的に、民防空政策は、決して良い評価ではない。その弱点として、
①戦争の現実は、国家の想定を超えていた
②重要産業の防御への考慮不足
③経済活動と国民の安全を持続させることへの配慮不足
という三つのことが述べられている。そして、予想をはるかに超えた飽和攻撃であったとしても、計画をち密に作成し、網羅された対策がとられるべきであったと述べている。

『ＵＳＳＢＳ報告』からは、日本の民防空は、その配慮がなかったわけではなく、計画のち密さが足らなかったと言うことができる。また、これまで、それぞれの項目において、『ＵＳＳＢＳ報告』を参照してきたが、そこでは、政策自体を否定する記述は見あたらなかった。これは、民防空が、経済活動と国民の安全を持続させるには必要な政策であり、そこに国民保護の一面はあったと解釈して良いであろう。しかしながら、法の施行にあたっては、その持続への配慮、すなわち手段が不足していたと言うことができる。

二　「空襲対処」のまとめ

第二部「空襲への準備」、第三部「空襲時の対処」、第四部「空襲後の処置」に分けて述べてきた「空襲対処」につ

いて、その結果をまとめる。

（二）第二部「空襲への準備」

第二部では、空襲を受ける前の段階となる事前の準備に関わることについて述べた。そして、第一章「組織・訓練」においては、空襲に備えて、事前にどのような準備をしたのかという視点でとらえ論述した。その第一節では、組織について、警防団と家庭防空隣保組織（隣組）について述べた。そして、それ以降の各章での記述から、警防団は、「燈火管制」の徹底、「防火」のための訓練及び「消防」「応急復旧」「清掃」において、その活動が明らかになった。数値化して実績として評価できるものではないが、『ＵＳＳＢＳ報告』からも、その活動は評価されており、民防空を推進する上で必要不可欠な組織であったと言える。

また、家庭防空隣保組織（隣組）についても同様に以後の記述から、「防火」に限らず、空襲後の「救護」「非常用物資の配布」及び「清掃」にも尽力した。『ＵＳＳＢＳ報告』では、この組織がなければ、被害が増大したと述べており、戦後に解体されたとはいえ民防空のためには不可欠な組織であったと言える。

第二節では、防空演習や政府による啓蒙活動によって、市民に対する防空への意識の浸透が図られたことを述べた。そして、「燈火管制」（第三部第二章）、「消防・防火」（第三部第四章）で述べた空襲への対処がなされていたのは、訓練や広報活動による啓蒙によるものと言えよう。

第二章「空襲判断」においては、民防空の体制は、当初の見積もりの一〇倍を超える焼夷弾攻撃に対処することになったことを述べ、日本全体に対する空襲様相及び、東京空襲について整理し、以後の分析のための資料を提示した。

第三章「事前の防御措置」においては、第一節「『分散疎開』『避難』」で、閣議決定による法施行により、四三〇万人の一般人と四一万人の学童が分散疎開により空襲の対象となっていた都市部から疎開し、さらに沖縄から一六・五万人が避難したことを述べた。そして、日本全国の戦争による死者の割合などからは、そのうちの約九・三万人が犠牲にならずにすんだと分析し、ここに国民保護の一面があったとの結論を得た。第二節では、木造建築の防火改修について述べ、効果はなかったという結論を得た。第三節では、「防弾」、特に防空壕について述べた。制度構築の際の想定では、施行段階で必要性が否定され、情勢悪化によりあわてて作られた防空壕によって助かった人がいたのは確かであり、数値的には測れないが、国民保護の一面があったことを否定できるものではないと結論づけた。

(三) 第三部「空襲時の対処」

第三部では、米軍の爆撃機が飛来し、空襲を受けている状況での対処について、第一章「『監視』『通信』『警報』」、第二章「燈火管制」、第三章「偽装」、第四章「消防・防火」という章立てで論述した。

第一章「『監視』『通信』『警報』」は、先行研究により効果が明らかにされ、八八回受けた爆撃のうち、八三パーセントで有効な警報が発せられたことから、国民保護の一面があったと結論づけた。

第二章「燈火管制」では、日本本土に対する三四五回の爆撃のうち、夜間の精密爆撃（一九回）と夜間の気象偵察機の投弾（三六回）に対しての効果を認めた。しかし。夜間のエリア攻撃（六九回）に対しては、燈火管制をする意義は認められるものの、効果はなく、ここに国民保護の一面を見出すことはできなかった。

第三章「偽装」では、「偽装」が写真分析に対しては無力であったが、昼間の爆撃において爆撃機の操縦士や爆撃手を困惑させる効果はあったことを述べた。多くの空襲の累積によって、最終的に多くの施設が破壊されたが、水道施設、一部の工場及び瓦斯溜などが、被弾を受けずに残ったことから、想定された事態に、ある程度の対処ができたと評価でき、国民保護の一面があったと結論づけた。

第四章「消防・防火」では、函館大火の犠牲者の割合から、東京都及び地方空襲において約六万人の命が失われずにすんだと分析した。

第三部「空襲時の対処」全体として、防空法は、実績と見なせる効果があり、国民保護の一面をもっていたと言えると結論づけた。

（三）　第四部「空襲後の処置」

第四部では、これまで関心の薄かった分野に焦点をあて、実証的ではないが、実施された事実をもとに、その実態を第一章「応急復旧」、第二章「空襲に際する防疫対策」、第三章「災害対処」について述べた。

第一章では、市民のライフラインの復旧努力について記述し、水道、電気、瓦斯及び路面電車については、「応急復旧」の実態があったことを述べた。第二章では、空襲被害後の伝染病の発生を防ぐための防疫効果を発揮したと考えられる事項について「応急復旧」「清掃」「給水」を含め、これらの効果を明治時代から存在した伝染病予防法を基礎とする防疫行政・衛生行政との関係のなかでまとめ、空襲に特化した状況では、防空法により強化され、処置がとられ、伝染病の発生を抑えたと結論づけ、「防毒」については、防毒マスクを準備したが、効果は測れないとした。第三章では、防空法が空襲だけでなく、災害においても有効だったという部分に焦点をあて、軍の実施する災害、戦災後の救援活動との関係のなかでの防空法の位置づけを明らかにし、「救護」「非常物資の配給」及び「応急復旧」について考察した。

第四部は、空襲後の処置であり、被害の大小に関係なく企業、自治体は、処置を実施せざるをえなかった。実証的な論述はできなかったものの、制度構築の際における想定以上の事態に対応した事実が存在したことを整理することができた。そして、それら空襲後の処置をなしうる根拠となった防空法には、国民保護の一面があったと言える。「転換」「阻塞」「応急運輸」及び「応急労務の調整」については、本書では、調査の対象外とした。

各項目ごとの論述の結果を表22にまとめた（三〇二～三〇三頁）。効果あり、効果なしについては、三四五回の空襲に対してどの程度のものだったのかを記した。そして、効果から、具体的な事項すなわち成果を見出した。この成果は定性的であるが、数的な蓄積によって実績となり、定量的な評価によって国民保護の一面の有無を判定することができた。また、定量的な評価ができない場合には、制度構築の際の想定に照らして、どのような結果であったかを考察することで、国民保護の一面があったか否かを記した。さらに、災害対処に準用できるか否か、さらには、これを実行もしくは、法の施行に貢献した組織についても記した。

三　その他の考察

防空法は、それぞれが単独で機能していたわけではない。各項目が関連しあって相乗効果を生んで、機能していた。たとえば、「監視」「通信」「警報」は、三つが連接してひとつの機能すなわち、防空情報、警戒警報・空襲警報の伝達という重要な機能を果たしていた。また、第四部の第二章で述べたとおり、今で言う生物化学兵器や伝染病への対処は、「防毒」「防疫」「応急復旧」「給水」「清掃」が互いに密接に関連しあって機能していた。空襲後の復旧活動は、「救護」「非常用物資の配布」「応急復旧」が関連していた。かつ、これらは災害時にも準用されていた。

敵爆撃機への民防空による直接の対処としては、「燈火管制」「偽装」「阻塞」（「阻塞」は、本書では触れていない）が関連していた。建築物は、「防火」「防弾」「偽装」の各項目による建築要領などの規定を受けていた。

防空法は、このように各項目が、密接に関連しあって空襲による被害の軽減と局限を図ろうとしたものである。

また、防空法は、制定までに長い期間を要したことは、法律を施行する準備が進んでからの実施であったと言うこともできる。もっとも早くから訓練が行われていたのは「燈火管制」であり、一九一九年の横須賀での訓練は、法成立（一九三七年）の一八年前である。「偽装」は、一九二九年の大阪防空演習時には、その必要性が唱えられた。それは「偽装」が追加された法改正（一九四一年）の一二年前である。さらに「偽装指導要領」等が、各機関の研究によって確立されてからの法改正であった。「防火」にあっては、市民による防火訓練が実施されたのは一九三四年で、法成立の三年前であるが、官民諸団体による訓練は、一九二八年の大阪防空演習（法成立の一四年前）から実施されていた。「応急復旧」は、一九三三年の関東防空演習時には、訓練項目となっており、法改正（一九四一年）の八年前である。

このように防空法は長い期間をかけて、準備され、訓練、研究がなされ、制定された法律であって、戦争が始まって泥縄的に制定されたものではないと言える。

ま　と　め

ここまで、空襲対処の流れに沿って、民防空政策の中心となった防空法の項目について、国民保護の一面をとりだして述べてきた。各項目の効果、成果及び実績は、表22のとおりである。調査した全ての項目で、制度構築上、国民保護の一面があったと言える。法の施行にあっては、「燈火管制」「防火（木造建築の防火改修）」及び「防毒」を除いては、国民保護の一面を見ることができた。また、組織として、警防団及び家庭防空隣保組織（隣組）は、防空法を実施する上で大きな役割をもっていた。

第三部の第二章、第四章で算出したのは、防空法を中心とした民防空政策がなかった場合に考えられる死者数とい

表22

項目		根拠	効果		成果（定性的評価）	実績（定量的評価）	災害対処に準用	国民保護の一面		組織
			有無	対象数				制度構築時	法施行	
監視通信警報		先行研究	あり	427回の空襲警報のうち88回の空襲	30分前に警報を出すことで準備可能となった	88回のうち83パーセントが有効な警報	なし	あり	あり	民防空の組織ではない
燈火管制		本書	あり	夜間の空襲のエリア爆撃以外65／345戦術的な効果	不明	不明	なし	あり 国際法にも規定あり	なし	警防団による指導
分散疎開		先行研究	あり	全ての空襲（345回）	疎開者は空襲を確実に逃れた	児童41万人　その他430万人	なし	あり	あり	—
転換		なし	対象外	未調査	未調査	未調査	なし	不明	不明	—
偽装		本書	あり	202／345（昼間の空襲）	惑わした	浄水場被害は1／112自治体　東京の瓦斯溜4／9残存	なし	あり	わずかにあり	各企業体の実施要綱による
消防・防火	防火改修	先行研究	なし	—	なし	なし	不明	あり	なし	—
消防・防火	消防防火	本書	あり	全ての空襲（345回）	半焼家屋数は防火の成果	東京で0.36パーセント、地方都市で4.06パーセントの消火率	あり	あり	あり	警防団　家庭防空隣保組織
防弾		先行研究	あり	全ての空襲（345回）	防空壕内で助かった人は多い	測れない	なし	あり	あり	—
防毒		本書	不明	不明	測れない（防毒マスクを生産配布したのみ）	測れない（毒ガス攻撃を受けなかった）	不明	あり	不明	—

避難		先行研究	あり	全ての空襲(345回)	避難した人は戦闘に巻き込まれなかった(沖縄)	16.5万人	なし	あり	あり	—
救護		本書	あり	全ての空襲(345回)	災害対処に準用された	測れない	あり	あり	あり	「中央防空計画」に規定された組織
防疫		本書	あり	全ての空襲(345回)	『USSBS報告』、空襲による伝染病発生者数の分析	測れない	あり	あり	あり	「中央防空計画」に規定された組織
非常用物資		本書	あり	全ての空襲(345回)	災害対処に準用された	測れない	あり	あり	あり	警防団　家庭防空隣保組織
応急復旧		本書	あり	全ての空襲(345回)	復旧活動が迅速になされた	水道37／112自治体　電気5／9配電会社　瓦斯5／11ブロック　路面電車13／34自治体で実施の記録	あり	あり	あり	「中央防空計画」に規定された組織
清掃		本書	あり	全ての空襲(345回)	空襲後に実施　防疫に寄与	14／112自治体で記録あり	あり	あり	あり	警防団　家庭防空隣保組織
阻塞		本書	対象外	未調査	未調査	未調査	なし	不明	不明	—
給水		本書	あり	全ての空襲(345回)	防疫に寄与	測れない	あり	あり	あり	—
応急運輸		本書	対象外	未調査	未調査	未調査	なし	不明	不明	—
応急労務の調整		本書	対象外	未調査	未調査	未調査	なし	不明	不明	—

うことでもあり、そこでは、少なくとも「分散疎開・避難」の考察から約九・三万人、「消火・防火」の考察から約六万人という数値を算出した。すなわち、民防空政策がなければ、約一五・三万人の死者がさらに発生したと考えることができる。民防空政策は、これを未然に防いだのであり、第二次世界大戦における軍人軍属以外の国内（本土及び沖縄）における死者三四・七万人が、さらに増えて五二・七万人となることを防ぐ（局限する）という成果があったと言うことができる。

それ以外の成果は数字として明確にできないということであり、「成果なし」とは言えない。たとえば、警戒警報・空襲警報が鳴らなければ、逃げる機会を逸することから被害が増えた可能性もある。この場合に発生したかもしれない死者数を算出することは、不可能である。

問題点を指摘することは大事なことであるが、効果、成果及び実績を全く考慮しないのは、健全な思考とは言えない。この考えの下に、わずかではあるが、民防空政策の効果、成果及び実績を明らかにし、これを考察した。その結果、民防空政策の歴史的意義として、「防空法を中心とした民防空政策は、国民を保護するための政策であった」という仮説は証明されたものと考える。

註

（1）THE UNITED STATES STRATEGIC BOMBING SURVEY, *FINAL REPORT Covering Air-Raid Protection and Allied Subject in JAPAN* (Civilian Defense Division, 1947), p.14〔米国戦略爆撃調査団『太平洋戦争白書　第5巻　民間防衛部門④』（日本図書センター、一九九二年）〕.

おわりに

本書では、防空法を中心とした民防空政策は、国民保護の政策であったことを論述した。特に防空法のポジティブな面だけを抽出して、その国民保護的な面を明らかにすることができた。

すでに国民保護法も成立してから十二年が経過した。各自治体では、国民保護計画が策定され、また、訓練も実施されている。国民保護の始点とも言える防空法をポジティブにとらえた研究は、本来は法案作成前になされているべきで、その研究の結果を踏まえての、法制定となるのが理想であったと言える。法案作成にあっては、多少なりとも防空法の研究はなされたのかもしれないが、公にしていなければ、研究の意義は薄い。時代の推移や技術の発展を考えると、現代にあって、この研究の成果をそのまま応用するには、やや遅きに失した感はある。しかしながら、民防空政策の歴史的な意義として、防空法のポジティブな面をまとめることができたのは、大きな一歩と考える。

本研究においては、防空法のいくつかの主要な項目については、ある程度満足のいく調査ができた。しかし、いくつかの項目にあっては、先行研究からの引用のみでまとめたものもあり、これらの項目については、まだまだ研究の余地がある。今後は、これらの項目についてさらなる調査を進めていきたい。

参考文献

（アルファベット順、五十音順）

Aircraft action report(carrier-based aircraft)（国立国会図書館憲政資料室所蔵マイクロフィルム、請求番号 USB-06 R1）.

Commander Task Group THIRTY-EIGHT POINT ONE "*Report of Operation of Task Group THIRTY-EIGHT POINT ONE Against the Japanese Empire 1 July 1945 to 15 August 1945*," pp.38-42（国立国会図書館憲政資料室所蔵マイクロフィルム、請求番号 USB-06 R1）.

Headquaters 20th Air Force 20th Bomber Command, *Mission Report Mission No.6 NAGASAKI 1944.8.10-8.11*（国会図書館憲政資料室所蔵マイクロフィルム、請求番号 YFA-23 R.2）.

Theodore Roscoe, *UNITED STATES SUBMARINE OPERATIONS IN WORLD WAR II* (Wisconsin: United States Naval Institute, 1949).

THE UNITED STATES STRATEGIC BOMBING SURVEY, *FINAL REPORT Covering Air-Raid Protection and Allied Subject in JAPAN* (Civilian Defense Division, 1947)〔米国戦略爆撃調査団『太平洋戦争白書　第5巻　民間防衛部門④』（日本図書センター、一九九二年）〕.

THE UNITED STATES STRATEGIC BOMBING SURVEY, The Effects of Bombing on Health and Medical Services in Japan (Medical Division)〔米国戦略爆撃調査団『太平洋戦争白書　第6巻　医療部門』（日本図書センター、一九九二年）〕.

THE UNITED STATES STRATEGIC BOMBING SURVEY, *Evaluation of Photographic Intelligence in the Japanese Homeland PART FIVE CAMOUFLAGE, CONCEALMENT, AND DECEPTION* (Photographic Intelligence Section, 1947)〔米国戦略爆撃調査団『太平洋戦争白書　第49巻　情報部門①』（日本図書センター、一九九二年）〕.

"*USS Hancook Aircraft Action Report*," Entry 55 Security-Classified Carrier-Based Navy and Marine Corps Aircraft Action Reports (USB-6 R-13, 0507-0776 コマ、国会図書館所蔵).

愛知県史編さん委員会編『愛知県史　資料編27　近代4　政治・行政4』（愛知県、二〇〇六年）。

阿部源蔵「家庭防火群組織を完了して」(『大日本消防』第十一巻九号、大日本消防協会、一九三七年九月)。

青木哲夫「桐生悠々『関東部空大演習を嗤ふ』の論理と歴史的意味」(『生活と文化』豊島区立郷土資料館紀要第十四号、二〇〇四年十二月)。

青木哲夫「日本の民防空における民衆防護—待避を中心に—」(『政経研究』第九十二号、二〇〇九年五月)。

「青森空襲の記録」編集委員会『青森空襲の記録』(青森市、一九七二年)。

安城市歴史博物館『三河地震：直下型地震の恐怖：企画展』(安城市歴史博物館、二〇〇六年九月)。

家永三郎責任編集『日本平和論体系9　桐生悠々』(日本図書センター、一九九三年)。

井口乗海「防疫上より観たる水道問題の考察」(『水道協会雑誌』第十号、一九三四年三月)。

池田保吉「家庭防火の実際」(『一億人の防空』金星堂、一九四一年)。

石川捷治「第一回北九州防空演習(一九三一年七月)—地域における戦争準備体制形成ノート—」(『法政研究』第五十五巻第二—四合併号、一九八九年三月)。

石津朋之・永松　聡・塚本勝也『戦略原論』(日本経済新聞社、二〇一〇年)。

石田準吉『国家総動員史　補巻』(国家総動員史刊行会、一九八七年)。

石割一郎「鳥取震災地横断記」(『大日本警防』第十七巻第十号、一九四三年十月)。

磯崎陽輔『国民保護法の読み方』(時事通信出版局、二〇〇四年)。

茨城交通株式会社三十年史編纂委員会『茨城交通株式会社三十年史』(茨城交通株式会社、一九七七年)。

今井清一『大空襲5月29日—第二次大戦と横浜—』(有隣新書、有隣堂、一九八一年)。

今市宗雄「太平洋戦争期における『住民避難』政策」(『軍事史学』第二十四巻第一号、一九八八年六月)。

今村明恒「鳥取地震所感」(『大日本警防』第十七巻第十号、一九四三年十月)。

E・バーレット・カー(大谷　勲訳)『戦略・東京大空爆』(光人社、一九九四年)。

伊予鉄道株式会社『伊予鉄道百年史』(伊予鉄道株式会社、一九八七年)。

岩手県『岩手県昭和震災誌』(岩手県知事官房、一九三四年。国立国会図書館デジタルコレクション)〈http://dl.ndl.go.jp/info:ndljp/pid/1232408〉。

岩村　豊「瓦斯事業に於ける工場防空対策」(『帝国瓦斯協会雑誌』第三十一巻第二号、一九四二年三月)。

上田誠一「今次空襲と民防空」(『建築雑誌』第五十六巻第六八八号、一九四二年七月)。

上田誠一「防空法の改正について」（『斯民』第三十九編三号、一九四四年三月）。

上原公子ほか『国民保護計画が発動される日』（自治体研究社、二〇〇六年）。

氏家康裕「国民保護の視点からの有事法制の史的考察――民防空を中心として――」（『戦史研究年報』第八号、二〇〇五年三月）。

菰田康一『防空読本』（時代社、一九四三年）。

大井昌靖「防空法の功罪――燈火管制に意義はあったのか――」（『拓殖大学大学院国際関係研究科紀要』第五号、二〇一二年三月）。

大越一二『東京大空襲時に於ける消防隊の活躍』（警察消防通信社、一九五七年）。

大阪瓦斯株式会社社史編集室『大阪瓦斯五十年史』（大阪瓦斯株式会社社史編集室、一九五五年）。

大阪府交通課　重村誠夫「燈火管制時に於ける都市の交通と交通整理」（『大大阪』第十巻第八号、一九三四年八月）。

『大阪毎日新聞』（一九三三年三月四日、三月五日）。

大城将保「沖縄戦の死者数について」（『沖縄史料編集所紀要』第八巻、一九八三年三月）。

大坪義勢陸軍中佐「国民防空知識普及資料」（『偕行社記事』第814号、一九四二年七月。防衛省防衛研究所公開史料、中央―偕行社記事―471）。

奥住喜重・早乙女勝元『新版　東京を爆撃せよ――米軍作戦任務報告書は語る――』（三省堂、二〇〇七年）。

奥住喜重・日笠俊男『ルメイの焼夷電撃戦――参謀による分析報告――』（岡山空襲資料センター、二〇〇五年）。

外務省ホームページ〈http://www.mofa.go.jp/mofaj/gaiko/k_jindo/giteisho.html〉（ジュネーヴ諸条約及び追加議定書）。

笠原包道『レーダー航法』（海文堂出版、一九七七年）。

加藤於兎丸「時局下に於ける上下水道の使命」（『水道協会雑誌』第九十二号、一九四一年一月）。

金子雅彦「公衆衛生の危機管理――保健所の変遷――」（中久郎編『戦後日本のなかの「戦争」』世界思想社、二〇〇四年）。

河木邦夫「民間防衛の史的変遷について」（『防衛大学校紀要』第一〇〇輯、二〇一〇年三月）。

川口勝彦・首藤拓茂『福岡の戦争遺跡を歩く』（海鳥社、二〇一〇年）。

川崎市『川崎空襲・戦災の記録　資料編』（川崎市、一九七七年）。

「10．関東防空演習防護提要／附録第4　工作班業務書」（関東防空演習統監部「関東防空演習諸規定集」昭和八年七月一日、JACAR（アジア歴史資料センター）Ref.C13070903900、関東防空演習諸規定集　昭和8年7月1日（防衛省防衛研究所））一七〇頁（以下、JACAR：レファレンス番号）。

「規定綴（衛戍勤務規定）」宇都宮師管区司令部（宇都宮師管区司令部「規定綴（衛戍勤務規定）昭和19．2」防衛省防衛研究所公開史料、本土—東部—223 規定綴（衛戍勤務規定））。

清川豊三郎「敵機の空襲と我等の体験」（『大日本警防』第十六巻、第五号、一九四二年五月）。

「勤務日誌　昭和十九年自十一月至十二月」内務省検閲課（「昭和十九年自十一月至十二月・勤務日誌」国立公文書館デジタルアーカイブ／米国から返還された公文書〔返青・内務省等関係〕／請求番号：返青 42003000）。

工藤洋三・奥住喜重『写真が語る日本空襲』（現代史料出版、二〇〇八年）。

栗原久作「焼夷弾火災と五人組制度に就て」（『大日本消防』第十巻六号、大日本消防協会、一九三六年六月）。

警視庁・東京瓦斯株式会社「瓦斯工作物の防護に就て」（『帝国瓦斯協会雑誌』第三十一巻第一号、一九四二年一月）。

「警備指針　昭和十九年三月一日」一九四四年三月（防衛総司令部「警備指針　2／2部　S19．3．1」「警備指針　1／2部　S19．3．1」防衛省防衛研究所公開史料、本土—全般29、30）。

京福電気鉄道社史編さん事務局『京福電気鉄道50年の歩み』（京福電気鉄道株式会社、一九九三年）。

建設省編『戦災復興誌　第四巻～第九巻』（都市計画協会、一九五七～一九六〇年）。

黒田康弘『帝国日本の防空対策』（新人物往来社、二〇一〇年）。

纐纈　厚『総力戦体制研究』（三一書房、一九八一年）。

郷田　豊『世界の市民防衛』（日本市民防衛協会、一九八七年）。

甲府市戦災誌編さん委員会『甲府空襲の記録』（甲府市、一九七四年）。

「国内防衛ニ関スル陸海軍任務分担協定」参謀本部、一九四三年八月十五日（「国内防衛に関する陸海軍任務分担協定」JACAR：C05034892200、公文備考 昭和11年 E 教育、演習、検閲 巻4（防衛省防衛研究所））。

国民保護法制研究会『有事から住民を守る』（東京法令出版、二〇〇四年）。

小島郁夫「愛知県における警防団——愛知県広報にみる昭和戦時期の国民保護組織——」（『軍事史学』第四十八巻第一号、二〇一二年六月）。

小林仁示訳『米軍資料　日本空襲の全容　マリアナ基地B-29部隊』（東方出版、一九九四年）。

「最高戦争指導会議ニ関スル綴　其の一　昭和19年8月4日～20年4月16日」（JACAR：C12120334800、最高戦争指導会議に関する綴 其1　昭和19年8月4日～20年4月16日（防衛省防衛研究所））。

坂　信弥「私の履歴書」（『私の履歴書一八集』日本経済新聞社、一九六三年）。

三省堂『ぶっくれっと』の水島朝穂氏の連載〈「防空法制下の庶民生活」115号～123号〉〈http://www.asaho.com/jpn/sansei/115.html〉から〈http://www.asaho.com/jpn/sansei/123.html〉

静岡瓦斯株式会社『静岡瓦斯五十年史』（静岡瓦斯株式会社、一九六一年）。

静岡県『静岡県史』（静岡県、一九九三年）。

静岡鉄道株式会社『静岡鉄道』（静岡鉄道株式会社、一九六九年）。

柴田武彦・原　勝洋『ドーリットル空襲秘録』（アリアドネ企画、二〇〇三年）。

渋谷区役所ホームページ〈http://www.city.shibuya.tokyo.jp/anzen/bosai/hasai/kyusyutu.html〉。

ジム・スミス、マルコム・マッコネル（新庄哲夫訳）『ラスト・ミッション――日米決戦終結のシナリオ――』（麗澤大学出版会、二〇〇六年）。

島崎孝彦「防空と水道」（『水道協会雑誌』第一〇〇号、一九四一年九月）。

島村　喬『本土空襲』（図書出版社、一九七一年）。

社団法人日本水道協会ホームページ〈http://www.jwwa.or.jp/about/index.html〉。

昭雲生「北九州防空演習雑感」『偕行社記事』第684号（一九三一年九月）一三九頁。

浄法寺朝美『日本防空史』（原書房、一九八一年）。

新海悟郎・笠間一夫「都市対空偽装概論」（『建築雑誌』第四十九巻第六〇七号、一九三五年十二月）。

「水道施設戦災状況一覧表」（『水道協会雑誌』第一四〇号、一九四五年十二月）。

鈴木栄樹「防空動員と戦時国内体制の再編」（『立命館大学人文科学研究所紀要』第五十二号、一九九一年九月）。

須藤亮作『隣組長の手記』（自家出版、一九七〇年）。

西部瓦斯株式会社史編纂委員会『西部瓦斯株式会社史』（西部瓦斯株式会社、一九八二年）。

「戦時日誌」第二一〇海軍航空隊（防衛省防衛研究所図書館所蔵）。

千田哲雄編『防空演習史』（防空演習史編纂所、一九三五年。国立国会図書館デジタルコレクション。インターネット公開なし）。

第1復員局　厚生省引揚援護局（複製）「重要国策決定綴　巻2　昭16．12～17．7」（防衛省防衛研究所公開史料、中央―戦争指導重要国策文書―1123～1127）。

第三師団司令部「名古屋防空演習ノ概要」（『偕行社記事』第661号付録、一九二九年十月。防衛省防衛研究所公開目録、中央―偕行社記事―352、353）。

「大東亜戦争における民防空政策」研究資料87RO-4H（防衛省防衛研究所、一九八七年）。

「第七三師団史」（野々山秀美「第73師団史（S40．3記述）　S19．7．6～20．9．20」防衛省防衛研究所公開史料、本土―東部―

106）。
第四師団司令部『大阪防空演習記事』（教導社出版部、一九二九年）四五二頁（防衛省防衛研究所公開史料「大阪防空演習記事（全）　第4師団司令部」中央―軍隊教育演習記事―225）。

高杉造酒太郎『日本建築学会七〇年史』（日本建築学会、一九五六年）。

「巽史料」（防衛省防衛研究所公開史料、文庫―巽史料―1～270）。

竹内　武『民空消防　防空指導全書』（東和出版社、一九四三年）（国立国会図書館デジタルコレクション。インターネット公開なし）。

武川文三「テルミット焼夷弾とその防火方法」（『大日本警防』第十六巻第五号、一九四二年五月）。

舘林三喜男等『防空総論　国民防空叢書　1』（河出書房、一九四三年。国立国会図書館デジタルコレクション）〈http://dl.ndl.go.jp/info:ndljp/pid/1460441〉。

田辺平学『ドイツ防空・科学・国民生活』（相模書店、一九四二年。国立国会図書館デジタルコレクション）〈http://dl.ndl.go.jp/info:ndljp/pid/1267175〉。

橘川武郎『日本電力業発展のダイナミズム』（名古屋大学出版会、二〇〇四年）。

田辺平学ほか「近畿防空演習に見たる偽装の諸形態」（『建築雑誌』第四十九巻第六〇〇号、一九三五年六月）。

チェスター・マーシャル（高木晃治訳）『B-29東京爆撃三〇回の実録』（ネコパブリッシング、二〇〇一年）。

地方自治体における国民保護研究会『地方自治体における国民保護』（東京法令出版、二〇〇六年）。

中部配電社史編纂委員会『中部配電社史』（中部配電社史編纂委員会、一九五四年）。

土田宏成『近代日本の「国民防空」体制』（神田外語大学出版局、二〇一〇年）。

電気局「戦争と路面電車」（『市政週報』第七十四号、一九四〇年九月）。

『東京朝日新聞』（一九三四年三月四日）。

東京瓦斯株式会社『東京瓦斯九十年史』（恒陽社印刷所、一九七六年）。

東京市『市政週報』（市政専門図書館所蔵〈雑誌記号：ＯＰＳ　雑誌番号61〉）、『東京市広報』（東京：議会官庁資料室所蔵）。

東京警備司令部「関東防空演習記事」（一九三三年）（東京警備司令部「関東防空演習記事　昭和8年」防衛省防衛研究所公開史料、中央―軍隊教育演習記事―158）。

東京警備司令部「昭和9年度東京市・横浜市・川崎市総合防護団連合防空演習に就て」（『偕行社記事』第721号、一九三四年十月。防衛省防衛研究所公開目録、中央―偕行社記事―406）。

『東京大空襲・戦災誌』編集委員会『東京大空襲・戦災誌　第1巻　都民の空襲体験記録集　3月10日篇』（東京大空襲を記録する会、一九七三年）。

『東京大空襲・戦災誌』編集委員会『東京大空襲・戦災誌　第2巻　都民の空襲体験記録集　初空襲から8・15まで』（東京大空襲を記録する会、一九七三年）。

『東京大空襲・戦災誌』編集委員会『東京大空襲・戦災誌　第3巻　軍・政府〔日米〕公式記録集』（東京大空襲を記録する会、一九七三年）。

『東京大空襲・戦災誌』編集委員会『東京大空襲・戦災誌　第4巻　報道・著作記録集』（東京大空襲を記録する会、一九七三年）。

『東京大空襲・戦災誌』編集委員会『東京大空襲・戦災誌　第5巻　空襲下の都民生活に関する記録』（東京大空襲を記録する会、一九七四年）。

東京都編『東京都衛生行政史』（東京都、一九六一年）。

東京都編『東京都戦災誌』（東京都、一九五三年）。

東部軍管区司令部「3月10日帝都空襲ヲ中心トスル民防空戦訓」（稲留参謀「空襲戦訓綴　昭和19年」防衛省防衛研究所公開史料、陸空―本土防空―75）。

東邦瓦斯株式会社社史編集委員会『東邦瓦斯50年史』（東邦瓦斯株式会社、一九七二年）。

都市防空に関する調査委員会『都市防空に関するパンフレット』（建築学会、一九四〇～四一年）〈http://strage.aij.or.jp/da1/sonota/pdf/chousa_07_01.pdf〉〈http://strage.aij.or.jp/da1/sonota/pdf/chousa_07_02.pdf〉。

鳥取県『鳥取県史』（鳥取県、一九六七年）。

鳥取県『鳥取県震災小誌』（鳥取県、一九四四年九月三日。国立国会図書館デジタルコレクション）〈http://dl.ndl.go.jp/info:ndljp/pid/1459876〉。

土木学会防空施設研究委員会「防空施設研究報告」（『土木学会誌』第二十四巻第八号、一九三八年八月）。

富山地方鉄道株式会社『富山地方鉄道五十年史』（富山地方鉄道株式会社、一九八三年）。

豊橋鉄道創立五〇周年記念事業委員会『豊橋鉄道五〇年史』（豊橋鉄道家具式会社、一九七四年）。

内閣印刷局『昭和年間　法令全書　昭和十二年（第11巻―2）』（原書房、一九九七年）。

内閣印刷局『昭和年間　法令全書　昭和十二年（第11巻―4）』（原書房、一九九八年）。

内閣印刷局『昭和年間　法令全書　昭和十六年（第15巻―1）』（原書房、二〇〇一年）。

内閣印刷局『昭和年間　法令全書　昭和十六年（第15巻―4）』（原書房、二〇〇一年）。

内閣印刷局『昭和年間　法令全書　昭和十六年（第15巻―5）』（原書房、二〇〇二年）。

内閣印刷局『昭和年間　法令全書　昭和十八年（第17巻―2）』（原書房、二〇一四年）。

内閣印刷局『昭和年間　法令全書　昭和十九年（第18巻―2）』（原書房、二〇一五年）。

内閣印刷局『昭和年間　法令全書　昭和十九年（第18巻―6）』（原書房、二〇一五年）。

内閣情報局『週報』（JACAR：A06031016200、週報（国立公文書館））。

内務省編『時局防空必携（昭和十八年改訂版）』（「「時局防空必携」改訂ニ関スル件」国立公文書館デジタルアーカイブ／防空関係資料・防空ニ関スル件（五）」／件名番号：010）。

内務省防空局『防空関係法令及例規』（「防空関係法令及例規送付ノ件」国立公文書館デジタルアーカイブ／防空関係資料・防空ニ関スル件（四）／件名番号：004）。

長崎電気軌道株式会社『五〇年史』（長崎電気軌道株式会社、一九六七年）。

中埜喜雄「〈研究ノート〉国家総動員法」（『産大法学』第十三巻第三号、一九七九年十二月）。

日本建築学会『建築学の概観（一九四一―一九四五）』（日本学術振興会、一九五五年）。

日本土木史編集委員会『日本土木史――大正元年～昭和十五年――』（土木学会、一九六五年）。

日本の空襲編集委員会『日本の空襲　五』（三省堂、一九八〇年）。

ノーマン・ポルマー（手島　尚訳）『アメリカ潜水艦隊――〝鋼鉄の鮫〟太平洋を制す――』（〈第二次世界大戦ブックス〉サンケイ出版、一九八二年）。

八十八年史編纂委員会『土佐電鉄八十八年史』（土佐電気鉄道株式会社、一九九一年）。

服部卓四郎『大東亜戦争全史』（原書房、一九六五年）。

服部雅徳「大東亜戦争中の防空警報体制と活動」（『新防衛論集』第十二巻第二号、一九八四年十月）。

服部雅徳「東京大空襲時の防空監視状況」（『鵬友』第十巻第五号、一九八五年一月）。

浜松市『浜松市史』（浜松市、二〇〇六年）。

林　能成・木村玲欧「一九四五年三河地震による災害と海軍基地の対応について」（『歴史地震』第二十一号、二〇〇六年）〈http://sakuya.ed.shizuoka.ac.jp/rzisin/kaishi_21/P223-233.pdf#search〉。

人見牧太『関西配電社史』（関西配電株式会社精算事務所、一九五三年）。

平塚柾緒『米軍が記録した日本空襲』（草思社、一九九五年）。

広島電鉄株式会社社史編纂委員会『広島電鉄開業八〇創立五〇年史』（奥窪央雄、一九九二年）。

古屋哲夫「民衆動員政策の形成と展開」（『季刊現代史』第六号、一九七五年八月）。

防衛総司令部参謀陸軍中佐難波三十四『現時局下の防空──『時局防空必携』の解説──』（大日本雄弁会講談社、一九四一年）。

防衛庁防衛研修所戦史室『戦史叢書66　大本営陸軍部（6）　昭和十八年六月まで』（朝雲新聞社、一九七三年）。

防衛庁防衛研修所戦史室『戦史叢書19　本土防空作戦』（朝雲新聞社、一九六八年）。

防衛法規研究会監修『自衛官国際法小六法　平成20年版』（学陽書房、二〇〇七年）。

「防空関係資料・防空ニ関スル件（一）～（六）」（国立公文書館デジタルアーカイブ）。

北陸配電社史編纂委員会『北陸配電社史』（北陸配電社史編纂委員会、一九五六年）。

星野昌一「建築偽装指針に就て」（『建築雑誌』第五十五巻第六七一号、一九四一年）。

星野昌一「建築偽装の基礎事項（遠距離認識）に就いて」（『建築学会論文集』第二十一巻一五六―一六一号、一九四一年）。

星野昌一「各種建築物の偽装に就て」（『建築学会論文集』第二十九号、一九四三年五月）。

星野昌一「防空と迷彩」（『有終』第三十一巻第十一号、一九四四年十一月）。

星野昌一「定年退官に当たって──四〇年の研究生活をかえりみて──」（『生産研究』第二十一巻第九号、一九六九年九月）。

本間重紀「国家総動員法と国家総動員体制」（『法律時報』第五十巻第十三号、一九七八年十二月）。

前田哲男『戦略爆撃の思想──ゲルニカ─重慶─広島への軌跡──』（朝日新聞社、一九八八年）。

増田知貞「空襲下の防疫」（『防空事情』第四巻第十号、一九四二年十月）。

松浦総三『天皇裕仁と東京大空襲』（大月書店、一九九四年）。

松浦総三『天皇裕仁と地方都市空襲』（大月書店、一九九五年）。

松藤秀雄『九州配電株式会社十年史』（九州配電株式会社精算事務所、一九五二年）。

宮崎繁樹「市民防衛（民間防衛）について」（『法律論議』第五十二巻第六号、一九八〇年三月）。

宮下孝雄『迷彩と偽装』（成武堂、一九四三年。国立国会図書館デジタルコレクション）〈http://dl.ndl.go.jp/info:ndljp/pid/1450680〉。

「民防空関係綴（其の1）」（「陸軍大佐　稲留勝彦資料「民防空関係綴（其の1）　昭和17～20」防衛省防衛研究所公開史料、陸空―本土防空―66）。

森松俊夫『「大本営陸軍部」大陸命・大陸指総集大成⑨　昭和十九年』（エムティ出版、一九九四年）。

森光 繁『四国瓦斯株式会社五十年史』（四国瓦斯株式会社、一九六二年）。

森本 敏・浜谷英博『早わかり国民保護法』（ＰＨＰ研究所、二〇〇五年）。

安井繁禮『東部軍管区における空襲記録』（安井繁禮、一九五二年）。

柳澤 潤「日本陸軍の本土防空に対する考え方とその防空作戦の結末」（『戦史研究年報』第十一号、二〇〇八年三月）。

山下文男『隠された大震災』（東北大学出版会、二〇〇九年）。

山下文男「戦時下に消えた大地震――東南海・三河地震と軍機保護法――」（『文化評論』第三〇五号、一九八六年八月）。

山下文男『戦時報道下――隠された大地震・津波――』（新日本出版社、一九八六年）。

山田康夫『民間防衛体制――諸外国の実例に学ぶその仕組み――』（入門新書：時事問題解説、教育社、一九七二年）。

山本 勇『中国配電株式会社十年史』（中国配電株式会社精算事務所、一九五三年）。

山本唯人「東京大空襲時の民間救護――東京大空襲・戦災資料センター『民間救護活動調査』の分析を中心に――」（『政経研究』第八十七号、二〇〇六年）。

湯浅 博『吉田茂の軍事顧問 辰巳栄一』（日本工業新聞社、二〇一一年）。

横浜市交通局『横浜市営交通八十年史』（横浜市交通局、二〇〇一年）。

横浜市水道局『横浜水道百年の歩み』（横浜市水道局、一九八七年）。

横浜市・横浜の空襲を記録する会『横浜の空襲と戦災 3 公式記録編』（横浜市、一九七五年）。

吉村 昭『三陸海岸大津波』（文春文庫、文藝春秋、二〇〇四年）。

吉村辰夫ほか「昭和十年度東京、横浜、川崎三市防空演習燈火管制状況機上視察報告に就て」（『建築雑誌』第五十巻六〇八号、一九三六年一月）。

米山秀隆『マンションの終末期問題と新たな供給方式』、富士通総研経済研究所研究レポートNo.239（二〇〇五年九月）〈http://www.fujitsu.com/downloads/JP/archive/imgjp/group/fri/report/research/2005/no239.pdf〉。

陸軍科学研究所「焼夷弾に対する認識及び処置に就」（『偕行社記事』第721号、一九三四年十月。防衛省防衛研究所公開史料、中央―偕行社記事―406）。

陸軍主計総監 辻村楠造監修『国家総動員の意義』（青山書院、一九二六年。国立国会図書館デジタルコレクション）〈http://dl.ndl.go.jp/info:ndljp/pid/1017896〉。

陸軍省「昭和十七年陸亜密大日記 第18号、3／3」JACAR：C01000305300、昭和17年「陸亜密大日記 第18号 3／3」（防衛省防衛研究所）。

陸軍省・参謀本部「国民防空指導に関する指針」昭和十五（一九四〇）年五月（参謀本部「国民防空指導に関する指針　S15．5」防衛省防衛研究所公開史料、本土―全般―45）。

琉球政府『沖縄県史　第八巻』（国書刊行会、一九八九年）。

レオンス・ペイヤール（長塚隆二訳）『潜水艦戦争 1939-1945』（早川書房、一九七三年）。

Warbird ホームページ〈http://www.warbirds.jp/kyuhi/baku.htm〉。

渡辺洋二『日本本土防空戦』（現代史出版会、一九七二年）。

渡辺洋二『異端の空――太平洋戦争日本軍用機秘録――』（文春文庫、文藝春秋、二〇〇〇年）。

あとがき

本書は、拓殖大学大学院国際協力科（安全保障専攻）後期博士課程の学位請求論文として執筆したものである。私が、本研究の主題である「防空法」を知ったのは、拓殖大学に入学する前、修士課程として在学していた放送大学大学院文化科学研究科における修士論文の題材を探しているときである。当時、国民保護法が成立し、国民保護行政の整備が進められる中、戦時中の「防空法」の存在を、本書でも引用している氏家康裕氏の論文を読んで知った。そして、研究しようとした動機は本論で述べたとおりである。

また、一方で地域の活動として、地元の消防団員を二年間ほど努め、中学校のＰＴＡ会長や町内会役員を務める中で、地域の人の繋がりに危機感を持ったことが、この研究への取り組みに拍車をかけた。

私が住む町では、ＰＴＡ主催の様々な学校行事の参加率が約二割程度、町内行事（防災訓練、体育祭など）での参加率は、約一割（いずれも学術的な根拠はなく大雑把な計算である）である。町内会の活動として組長を集めて、様々な連絡や調整の場である組長会が開催されるものの、これでさえ、参加率は半分以下が通常で、不参加者には、配布物を別途自宅へ届ける算段をするのも役員の仕事である。そのような中で、努力をされている防災担当の町内役員さんの「顔を知っているだけで防災なんだよ。知らない人の心配はできないんだ」ということばが印象的で、「互いが顔を知ることで、災害時に人を心配できる」というのは大事なことなんだと強く感じた。

今は隣組という言葉は使われていないものの、戦時中の隣組、防火、バケツリレーぐらいはなんとなく知っていた。研究を始めて、先行研究を調査したところ、互いに助け合う組織であったはずの町内会、隣組に対しては、多くの批判が述べられていた。良いところは全くなかったかのようにも論じられている。現在の消防団の前身でもある警防団にいたっても同様である。悪いところばかりなのに、戦後復活して、町内会、組などが存在しているのは不思議なことであり、一方で、町内会への加入率が上がらないのも、これだけの批判があればうなずけるというのが、研究当初の感想であった。

戦時中の防火（いわゆる「敢闘精神とバケツリレー」）についての修士論文を書き上げたとき、防空法には色々な項目があり、これらを総て調査してみたいと思い、引き続き、今度は拓殖大学の博士課程への進学を決めた。

そして、修士課程の修業式寸前に発生したのが、東日本大震災である。この災害を通して地域の繋がりの重要性が報道されるものの、戦時中の話になれば、町内会、隣組は、やはり批判を受けるばかりである。しかし、その批判には、何が良くて、何が悪かったのか、今の災害に応用できるのかといった視点はないように感じ、敢えて「何が良くて」にチャレンジしたのが本書である。

物事は、多角的にみることが重要であるが、本書では防空法の負の部分にはほとんど触れていない。それは、他の先行研究で十分に指摘されているからである。そのため、「良いことばっかり書き連ねている」という批判を受けることは当然ではあろうが、そこだけに論点を持って行くのはご容赦願いたい。負の部分も含めた防空法の様々な実態から、「現代に生かせる教訓はなにか」という議論を期待したいのである。批判・意見は甘んじて受ける覚悟はあるので、なんらかの形で、もらえればと思う。

放送大学大学院（修士）の修業には科目履修学生を含め四年半を要し、その後拓殖大学で三年間、仕事と両立させる中で、研究をつづけることができたのは、妻の助けがあったからこそである。博士課程三年間の学費を捻出、通学にかかる費用も工面してもらった。この援助なしに、博士課程での研究はできなかったであろう。あらためて感謝をしたい。

また、拓殖大学大学院の遠藤哲也先生には、素晴らしい指導をいただいた。本質を突いた的確な指導により、何度も進む道を修正することができた。あまり人が触れない分野の研究だけに、それを指導するのは大変なご苦労があったと思うと感謝に絶えない。

本書の出版にあたっては、錦正社の中藤正道社長、本間潤一郎氏には多大な支援をいただいた。博士論文の出版がそもそも可能であるのかの検討から始まって、校正作業には多大な労力をいただき、様々な助言をいただいた。そのご尽力に御礼申し上げたい。

二〇一六（平成二十八）年九月

二等海佐　大井昌靖

な行

は行

ま行

や行

ら行

さ行

た行

事 項 索 引

な行

は行

ま行

や行

ら行

索　　引

同一項目が2つ以上ある場合は、2番目以降の項目名を、1字下げて――で示す場合がある。

数字が含まれている場合は、五十音順にこだわらず、数字順にしてある。

長音（ー）、濁音、半濁音は無視して並べてある。
→は、矢印の右側の項目を見よの意である。

人 名 索 引

あ行

か行

さ行

た行

著者略歴

大井　昌靖（おおい　よしやす）

2 等海佐。防衛大学校防衛学教育学群准教授

1962 年生。1985 年防衛大学校卒。同年海上自衛隊入隊。護衛艦「みょうこう」、旧技術研究本部（現防衛装備庁）、防衛省防衛政策課などで勤務後、2010 年から現職。2011 年放送大学大学院修業、2014 年拓殖大学大学院国際協力学研究科後期博士課程（安全保障専攻）満期退学。一方で、地域活動に励み、横須賀市消防団、子供会会長、中学校の PTA 会長を経験。現在は、町内会役員を務めるとともに地域の子供に祭囃子を教える。修士（学術）、博士（安全保障学）。

主要業績

「桂太郎と『統合参謀本部』――「世界最古の統合参謀本部」を崩壊させた桂の建議は何を意味していたのか――」（『海外事情』第 60 巻 10 号、2013 年 10 月）

「米国の弾道ミサイル防衛の趨勢――第二期オバマ政権におけるイージス BMD の動向――」（『海外事情』第 62 巻 4 号、2014 年 4 月）

「明治期の海軍における軍法会議の適用に関する一考察――艦船の衝突・座礁等の事故に対する刑罰・懲戒処分を中心に――」（『軍事史学』第 50 巻第 1 号、2014 年 6 月）

「NATO の進めるミサイル防衛――ウクライナ情勢によるロシア対策に影響されなかったミサイル防衛――」（『海外事情』第 62 巻 4 号、2014 年 12 月）

「イスラエルのミサイル防衛――ロシアが探知・公表した標的ミサイル発射試験の意味するもの――」（『海外事情』第 63 巻 4 号、2015 年 4 月）

「明治期の日本海軍の海難救助――海軍の実施した海難救助の実態を中心に――」（『軍事史学』第 52 巻第 1 号、2016 年 6 月）

民防空政策《みんぼうくうせいさく》における国民保護《こくみんほご》

――防空《ぼうくう》から防災《ぼうさい》へ――

平成二十八年十月　三日　印刷
平成二十八年十月十五日　発行

※定価はカバー等に表示してあります。

著者　大井昌靖
発行者　中藤正道
発行所　㈱錦正社
〒一六二―〇〇四一
東京都新宿区早稲田鶴巻町五四四―六
電話　〇三（五二六一）二八九一
FAX　〇三（五二六一）二八九二
URL　http://kinseisha.jp/

印刷　㈱平河工業社
製本　㈱ブロケード

ISBN978-4-7646-0345-5

関連書

大本営陸軍部 戦争指導班 機密戦争日誌〔新装版〕（全二巻）
防衛研究所図書館所蔵　軍事史学会編　二〇〇〇〇円
参謀たちの生の声が伝わる貴重な第一級史料。

大本営陸軍部 作戦部長 宮崎周一中将日誌
防衛研究所図書館所蔵　軍事史学会編　一五〇〇〇円
大本営陸軍部作戦部長が明かす対米（対中）作戦の実情。

元帥畑俊六回顧録
軍事史学会編　伊藤隆・原剛監修　八五〇〇円
陸軍研究にとって欠かせない初出の貴重な史料。

日本軍の精神教育
―軍紀風紀の維持対策の発展―
熊谷光久著　三八〇〇円
日本陸海軍の精神教育の実態と刑罰・懲罰の制度に鋭く迫る。

砲・工兵の日露戦争
―戦訓と制度改革にみる白兵主義と火力主義の相克―
小数賀良二著　四二〇〇円
日本陸軍は、日露戦争で何を学んだのか？

日ソ張鼓峯事件史
笠原孝太著　三〇〇〇円
「初めてソ連側の重要史料を駆使して、日ソ双方の視点を交錯させつつまとめあげた力作」秦郁彦氏推薦！

明治維新と陸軍創設
淺川道夫著　三四〇〇円
陸軍建設にまつわる諸課題を実証的に検証

明治期国土防衛史
原　剛著　九五〇〇円
明治初期から日露戦争までの国土の防衛姿勢とは？

江戸湾海防史
淺川道夫著　二八〇〇円
幕末の江戸湾海防政策の変遷を軍事史の観点から考察

お台場
―品川台場の設計・構造・機能―
淺川道夫著　二八〇〇円
日本初の本格的海中土木構造物「品川台場」築城の歴史

丹波・山国隊
淺川道夫・前原康貴著　一八〇〇円
維新勤王隊のルーツを探る

日本の軍事革命
久保田正志著　三四〇〇円
ジェフリーパーカー「軍事革命」論は日本に当てはまるか？

元寇役の回顧
―紀念碑建設史料―
太田弘毅編著　六八〇〇円
元寇紀念碑建設運動と護国運動に史料面から光を当てる。

蒙古襲来絵詞と竹崎季長の研究
佐藤鉄太郎著　九五〇〇円
蒙古襲来絵詞は江戸時代に改竄されていた。新学説。

関連書

蒙古襲来
―その軍事史的研究―
軍事史的観点から蒙古襲来の真相に迫る。
太田弘毅著　九〇〇〇円

日本中世水軍の研究
―梶原氏とその時代―
実証的研究による中世水軍史の集大成。海賊研究の最高峰。
佐藤和夫著　九五一五円

招魂と慰霊の系譜
―「靖國」の思想を問う―
「招魂と慰霊の系譜」を問いなおす。
國學院大學研究開発推進センター編　三四〇〇円

霊魂・慰霊・顕彰
―死者への記憶装置―
戦死者「霊魂・慰霊・顕彰」の基礎的研究。
國學院大學研究開発推進センター編　三四〇〇円

慰霊と顕彰の間
―近現代日本の戦死者観をめぐって―
慰霊・追悼・顕彰研究の基盤を築くために。
國學院大學研究開発推進センター編　三二〇〇円

戦前昭和ナショナリズムの諸問題
戦前のナショナリズムの問題点に多角的に迫る。
清家基良著　九五一五円

英米世界秩序と東アジアにおける日本
―中国をめぐる協調と相克　一九〇六～一九三六―
日本の外交史研究の可能性に挑む大作。
宮田昌明著　九八〇〇円

「大東亜共栄圏」の形成過程とその構造
―陸軍の占領地軍政と軍事作戦の葛藤―
「大東亜共栄圏」とはなんだったのか？
野村佳正著　四二〇〇円

イズムから見た日本の戦争
―モンロー主義・共産主義・アジア主義―
日本の戦争百年の遺産と負債を明らかにする。
平間洋一著　四八〇〇円

中国海軍と近代日中関係
日中関係史の中で中国海軍の発展と諸問題を考察する。
馮青著　三四〇〇円

ケネディとベトナム戦争
―反乱鎮圧戦略の挫折―
大国による軍事介入の象徴ベトナム戦争に軍事史的側面から迫る。
松岡完著　六八〇〇円

総統からの贈り物
―ヒトラーに買収されたナチス・エリート達―
ゲルト・ユーバーシェア／ヴァンフリート・フォーゲル著　守屋純訳　二八〇〇円
ヒトラーとナチス・エリート達のスキャンダラスな関係。

関連書

国防軍潔白神話の生成
戦争に負けて、戦史叙述で勝った旧ドイツ参謀本部。
守屋　純 著　一八〇〇円

ハプスブルク家かく戦えり
―ヨーロッパ軍事史の一断面―
ハプスブルク家を主役に欧州軍事史を通史として叙述する。
久保田正志著　七〇〇〇円

真珠湾
―日米開戦の真相とルーズベルトの責任―
真の開戦責任が日本ではなく、ルーズベルトにあった!?
G・モーゲンスターン著／渡邉明訳　三〇〇〇円

プリンス オブ ウエルスの最期 主力艦隊シンガポールへ
―日本勝利の記録―
シンガポール陥落の重大さを訴え、チャーチルの責任にも言及。
R・グレンフェル著 田中啓眞訳　一八〇〇円

第二次世界大戦㈠
―発生と拡大―
第二次世界大戦の諸相を斬新な視角で問い直す。
軍事史学会編　三九八一円

第二次世界大戦㈢
―終　戦―
第二次世界大戦終末の諸相を斬新な視角で問い直す。
軍事史学会編　四三六九円

日中戦争再論
最新の日中英語研究文献目録も収録した総合研究書。
軍事史学会編　四〇〇〇円

日中戦争の諸相
実証的研究を積み重ねて綴った画期的論集。
軍事史学会編　四五〇〇円

再考・満州事変
満州事変とは何だったのか？　70年目の検証。
軍事史学会編　四〇〇〇円

日露戦争㈠
―国際的文脈―
日本の進路を方向付けた日露戦争の真相に迫る総合研究書。
軍事史学会編　四〇〇〇円

日露戦争㈡
―戦いの諸相と遺産―
軍事史学会40年の蓄積を投入した日露戦争の実相。
軍事史学会編　四〇〇〇円

第一次世界大戦とその影響
60年の歴史を有す現在進行中のＰＫＯを歴史的に検証。
軍事史学会編　四〇〇〇円

ＰＫＯの史的検証
一次大戦は日本・国際社会にどのような影響を及ぼしたのか。
軍事史学会編　四〇〇〇円

※価格税別